Linux操作系统应用与安全项目化实战教程

主　编　李亚方
副主编　刘　静　吴伶琳　普　星

北京理工大学出版社
BEIJING INSTITUTE OF TECHNOLOGY PRESS

内容简介

“Linux 操作系统应用与安全”是计算机网络技术、信管安全与管理等计算机相关专业的一门核心课程。本书基于工学结合、项目载体、任务驱动的教学模式，紧扣全国网络、安全与云计算大赛最新大纲。全书分为 6 个大项目、23 个子任务，结构清晰，内容丰富，通俗易懂，实例众多。本书内容涵盖 Linux 的基本概念、基本操作、核心服务器技术、安全防护技能等，具有较强的实战性。

本书以 CentOS 6.5 进行 Linux 服务器配置与安全管理的讲解，侧重网络服务的实用性技术及实际应用，图文并茂，所有实验全部在 VMware 虚拟机上操作完成。本书由多年从事计算机网络与安全技术教学工作的教师及工程技术人员编写，可以作为计算机相关专业的教学用书，以及全国网络、安全与云计算大赛的指导用书，也可以作为 IT 培训或工程技术人员的自学参考用书。

图书在版编目（CIP）数据

Linux 操作系统应用与安全项目化实战教程 / 李亚方主编. —北京：北京理工大学出版社，2020.7（2024.1 重印）

ISBN 978－7－5682－8817－0

Ⅰ.①L… Ⅱ.①李… Ⅲ.①Linux 操作系统－高等学校－教材 Ⅳ.①TP316.85

中国版本图书馆 CIP 数据核字（2020）第 137178 号

责任编辑：孟祥雪　　**文案编辑**：孟祥雪
责任校对：周瑞红　　**责任印制**：施胜娟

出版发行 / 北京理工大学出版社有限责任公司
社　　址 / 北京市丰台区四合庄路 6 号
邮　　编 / 100070
电　　话 / (010) 68914026（教材售后服务热线）
(010) 68944437（课件资源服务热线）
网　　址 / http://www.bitpress.com.cn

版 印 次 / 2024 年 1 月第 1 版第 5 次印刷
印　　刷 / 三河市天利华印刷装订有限公司
开　　本 / 787 mm×1092 mm　1/16
印　　张 / 12.75
字　　数 / 282 千字
定　　价 / 39.80 元

前　言

为深入贯彻《国务院关于大力发展职业教育的决定》中明确提出的“坚持以就业为导向，深化职业教育教学改革”的指导思想，同时配合职业院校的教学改革和建设，更好地满足我国应用型职业教育教学的需要，我们编写了这本符合企业岗位要求、能提高学生操作技能的项目化实战教程。

党的二十大报告中指出，推动战略性新兴产业融合集群发展，构建新一代信息技术、人工智能、生物技术、新能源、新材料、高端装备、绿色环保等一批新的增长引擎。Linux 操作系统课程是信息技术、计算机类学科的重要组成部分，在新一代信息技术、人工智能、物联网、数字经济、网络安全、数据安全中发挥着巨大作用。

本书以 CentOS 6.5 这个比较成熟的 Linux 版本为主，图文并茂，深入讲述 Linux 服务器的核心技术与安全管理技能，引导学生自己思考和动手，做出要求的效果。用 VMware 虚拟机搭建实验环境，让每个学生上课的时候都可以独立操作，每次实验作业都要提交操作截图，及时评分和记录，以此来加强学习的监督和管理。

本书以学生为中心，列出学生进行自主学习的情境、要点、实验步骤和操作效果，这样是为了引导和督促学生进行思考和探索，提高学习效率。6 大项目分类清晰，23 个子任务由浅入深、逐层推进、相互关联，前面的任务为后继任务作铺垫，后继任务对前面的任务进行复习巩固，不断地刺激和训练学生的操作能力，提高学生在 Linux 操作系统应用与安全方面的技能。此外，在每个任务中也编写了相关的理论基础，做到理论够用，实战为主，理实结合，融会贯通。

本书既可以作为信息类相关专业的教学用书，也可以作为技能竞赛、IT 培训的指导用书或工程技术人员的自学用书，还可以为参加相关 IT 工程师考试的读者提供参考和帮助。

由于时间仓促及编者水平有限，书中难免有不足之处，恳请广大读者批评指正，如有任何建议和意见，请发至邮箱 tczj_lyf@sina.com。

编　者

目 录

项目一

CentOS Linux 简介与基本操作

任务 1　CentOS Linux 简介与安装

【学习目的】

（1）了解 Linux 操作系统是一个怎样的操作系统，知道它的常见种类与功能特性。

（2）了解虚拟机的作用，掌握 VMware 虚拟机的安装。

（3）掌握 CentOS 6.5 的安装、启动与网络配置。

【学习环境】

CENTOS LINUX 安装

（1）硬件：PC 1 台。

（2）软件：VMware、CentOS 6.5。

【学习要点】

CENTOS 模式切换与用户设置

（1）Linux 简介、种类与特色。

（2）VMware 虚拟机的安装。

（3）CentOS 6.5 的安装。

（4）CentOS 的启动设置。

（5）设置网卡地址，实现 Firefox 浏览器上网。

【理论基础】

1. 主流 Linux 简介

（1）Red Hat Linux 是全世界应用最广泛的 Linux 操作系统，Red Hat 公司总部位于美国北卡罗来纳州，在全球拥有 22 个分部。Red Hat 因其易于安装而闻名，在很大程度上减轻了用户安装程序的负担，其中 Red Hat 公司提供的图形界面安装方式非常类似 Windows 操作系统的软件安装方式，但是从 2003 年开始 Red Hat 公司不再提供免费技术支持。

自 Redhat Linux 9.0 以后，Red Hat 公司开始单独发布企业版 RHEL（RH Enterprise

Linux)，同时与开源社区合作开发 FC（Fedora Core）。FC 没有 RHEL 关于稳定性方面的太多顾虑，因而内核版本更新更快、新功能更多、软件发布更及时。

（2）CentOS 是 Community Enterprise Operating System 的简称，它以 Red Hat 公司发布的源代码原件重建 RHEL，并修正了已知 bug。作为 RHEL 的克隆版本，CentOS 可以像 RHEL 一样地构筑 Linux 操作系统环境，但不需要向 Red Hat 公司支付任何产品和服务费用。Red Hat 公司对这种发行版的态度是："我们其实并不反对这种发行版，真正向我们付费的用户，他们重视的并不是系统本身，而是我们所提供的商业服务。"所以，CentOS 可以得到 RHEL 的所有功能，甚至成为更好的软件，在众多 RHEL 的克隆版本中，CentOS 是很出众、很优秀的。但 CentOS 并不向用户提供商业支持，当然也不负任何商业责任。CentOS、RHEL、FC 三种系统的安装方式、操作命令等基本一致。

（3）Ubuntu 是一个以桌面应用为主的 Linux 操作系统，其名称来自非洲南部祖鲁语或豪萨语的"ubuntu"一词，译为"吾帮托"或"乌班图"，意思是"人性""我的存在是因为大家的存在"，是非洲的一种传统价值观，类似"仁爱"思想。

（4）openSUSE 项目是由 Novell 发起的开源社区计划，旨在推进 Linux 的广泛使用。openSUSE 网站提供了自由简单的方法来获得发行版 SUSE Linux。但是其版本升级过渡不够平滑，小版本的升级容易出现问题，且中文支持不够好，国内源更新太慢。

2. CentOS 服务器构建与特色

CentOS Linux 具有环境稳定、升级更新支持快、代码开源、服务稳定和保守性强等特点。所以，用 CentOS Linux 操作系统搭建自由、安全、稳定的服务器是大多数企业的选择，其可以用来满足网页发布、DNS 服务、邮件服务、论坛架设等多功能交互平台的需要。

Linux 的设计理念：一切皆文件，由众多目的单一的小程序组成，一个程序只实现一个功能，多个程序组合完成复杂任务，以文本文件保存配置信息，尽量避免与用户交互。

3. 虚拟机

虚拟机是指通过软件模拟的、具有完整硬件系统功能的、运行在一个完全隔离环境中的完整计算机系统，目前流行的有 VMware、VirtualBox 等。通过虚拟机软件，用户可以在一台物理计算机上模拟出一台或多台虚拟的计算机，这些虚拟机就像真正的计算机那样进行工作，例如可以安装操作系统、安装应用程序、访问网络资源等。对于用户而言，它只是运行在物理计算机上的一个应用程序，但是对于在虚拟机中运行的应用程序而言，它就是一台真正的计算机。

所谓"工欲善其事，必先利其器"，不需要为了学习 Linux 而特意再购买一台新电脑，而应该通过虚拟机软件来模拟仿真系统。在学习期间不应该把 Linux 操作系统安装到真机上面，因为在学习过程中免不了要"折腾"Linux 操作系统。通过虚拟机软件安装的系统可以模拟出硬件资源，把实验环境与真机文件分离以保证数据安全，更重要的是，当操作失误或配置有误导致系统异常的时候，可以快速把操作系统还原至出错前的环境状态，进而缩短重装系统的等待时间。

【素质修养】

1. Linux 之父——林纳斯·本纳第克特·托瓦兹的故事

Linux 内核的发明人林纳斯是著名的电脑程序员、黑客，当林纳斯还是个大学生时，他发明了开源的操作系统 Linux，在当今世界的操作系统领域是最具生命力的（包括谷歌和 Facebook 均采用该操作系统），世界上最快的超级计算机也采用该系统，同时也是 Android 的核心。

林纳斯 1969 年 12 月 28 日出生于芬兰赫尔辛基市，父亲尼尔斯. 托瓦兹（Nils Torvalds）是一名活跃的共产主义者及电台记者，曾当选芬兰共产党中央委员会委员。托瓦兹毕业于赫尔辛基大学计算机系，1997 年至 2003 年在美国加州硅谷任职于全美达公司（Transmeta Corporation），受聘于开放源代码开发实验室（OSDL：Open Source Development Labs，Inc），全力开发 Linux 内核。

与很多其他黑客不同，林纳斯行事低调，一般很少评论商业竞争对手（比如微软）产品的好坏，但坚持开放源代码信念，并对微软等对手的 FUD 战略大为不满。例如，在一封回应微软资深副总裁 Craig Mundie 有关开放源代码运动的评论（Mundie 批评开放源代码运动破坏了知识产权）的电子邮件中，林纳斯写道：“我不知道 Mundie 是否听说过艾萨克·牛顿（Isaac Newton）爵士？他不仅因为创立了经典物理学而出名，也还因为说过这样一句话而闻名于世：我之所以能够看得更远，是因为我站在巨人肩膀上。”林纳斯又说道：“我宁愿听牛顿的也不愿听 Mundie 的，他（牛顿）虽然死了快 300 年了，却也没有让房间这样臭气熏天。”

林纳斯曾在他的自传《乐者为王》中自嘲：“我是一个长相丑陋的孩子，凡是见过我小时候照片的人，都会觉得我的相貌酷似河狸。再想象一下我不修边幅的衣着，以及一个家族祖祖辈辈遗传下来的大鼻子，这样，在你脑海中我的模样就形成了。”但这丝毫也影响不了林纳斯对整个商业社会的巨大价值——Linux 代表着网络时代新形式的开放知识产权形态，这将从根基上颠覆以 Windows 为代表的封闭式软件产权的传统商业模式。

2. Linux 之父——林纳斯·本纳第克特·托瓦兹的思维

林纳斯于 1991 年发明了 Linux 操作系统，描述该系统为“开源的操作系统，只是因为爱好，并且不会把它做得很大很专业”。Linux 因为它的大和专业在当今世界是如此的重要，这是开源项目的典范，任何人都可以做出自己的贡献。自 2005 年以来，来自 1 200 公司的近 12 000 名程序员把他们的代码添加到主要的 Linux 操作系统（称为内核）。除了发明了操作系统，林纳斯还发明了一种方法叫做 Git，就是很多人一起致力于一个电脑程序项目。

林纳斯说：“我坚信有一天我能成功，所以到现在我一直还在坚持。有时候你需要很多的自信，相信你能做到，我可能会听取他人的建议，听取外部的意见，欢迎其他人加入该项目，我认为这样更容易、更有趣。有时候人们不需要别人的同意，但可以一直做自己喜欢的事情”。

【任务实施】

1. VMware 虚拟机的安装

VMware Workstation 是一款桌面计算机虚拟软件，能让用户在单一主机上同时运行多个不同的操作系统。每个虚拟操作系统的硬盘分区、数据配置都是独立的，而且多台虚拟机可以构建为一个局域网。Linux 操作系统对硬件设备的要求很低，没有必要再买一台计算机，课程实验用虚拟机就完全可以实现，而且 VMware 还支持实时快照、虚拟网络、拖曳文件以及预启动执行环境（Preboot Execution Environment，PXE）网络安装等方便实用的功能。

第 1 步：运行下载完成的 VMware Workstation 虚拟机软件包，将看到图 1－1－1 所示的虚拟机程序安装向导初始界面。

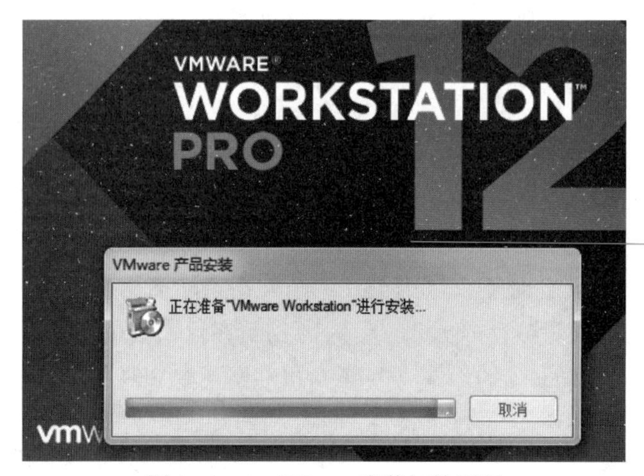

图 1－1－1　VMware 安装初始界面

第 2 步：在虚拟机软件的安装向导对话框单击“下一步（N）”按钮，如图 1－1－2 所示。

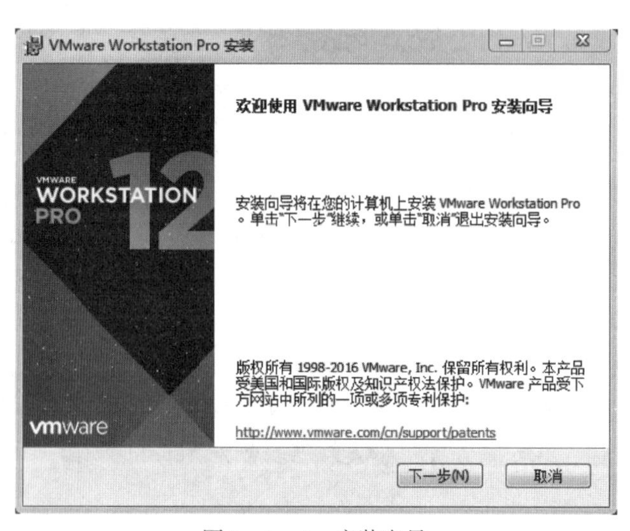

图 1－1－2　安装向导

第 3 步：在“最终用户许可协议”对话框选中“我接受许可协议中的条款（A）”复选框，然后单击“下一步（N）”按钮，如图 1－1－3 所示。

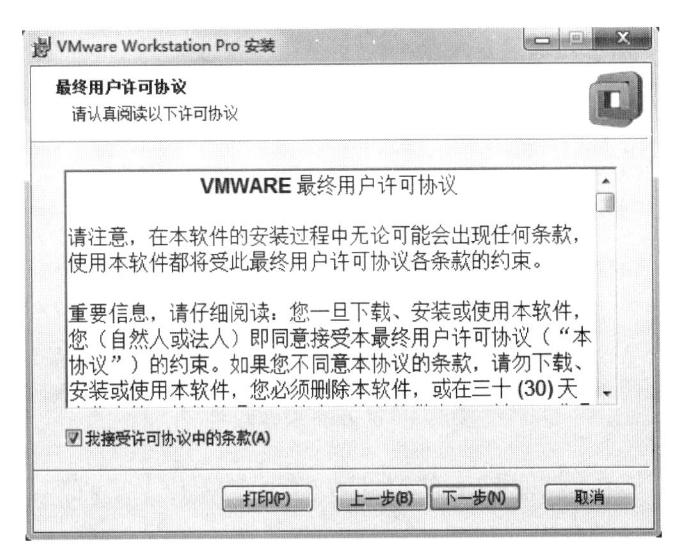

图 1－1－3　最终用户许可协议设置

第 4 步：选择虚拟机软件的安装位置（可选择默认位置），选中“增强型键盘驱动程序（需要重新引导以使用此功能（E））”复选框后，单击“下一步（N）”按钮，如图 1－1－4 所示。

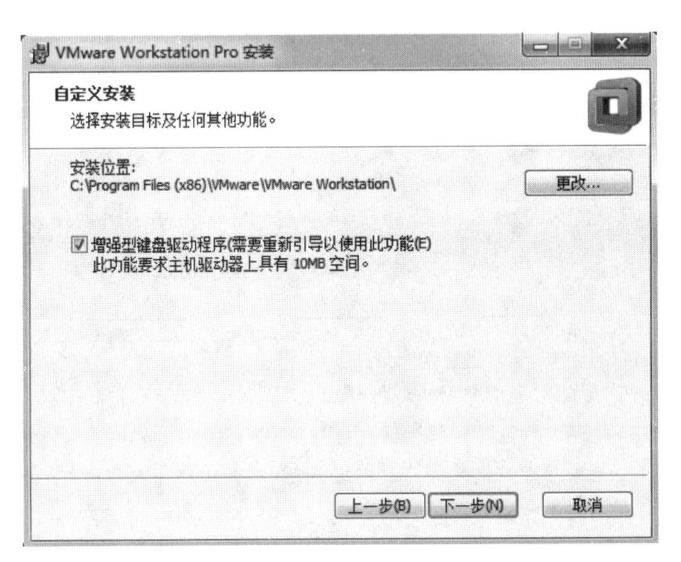

图 1－1－4　安装位置设置

第 5 步：根据自身情况适当选择“启动时检查产品更新（C）”与“帮助完善 VMware Workstation Pro（H）”复选框，然后单击“下一步（N）”按钮，如图 1－1－5 所示。

第 6 步：选中“桌面（D）”和“开始菜单程序文件夹（S）”复选框，然后单击“下一步（N）”按钮，如图 1－1－6 所示。

第 7 步：一切准备就绪后，单击“安装（I）”按钮，如图 1－1－7 所示。

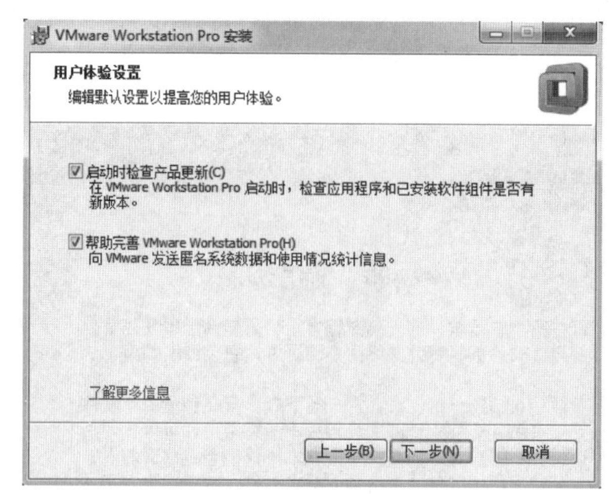

图1－1－5　用户体验设置

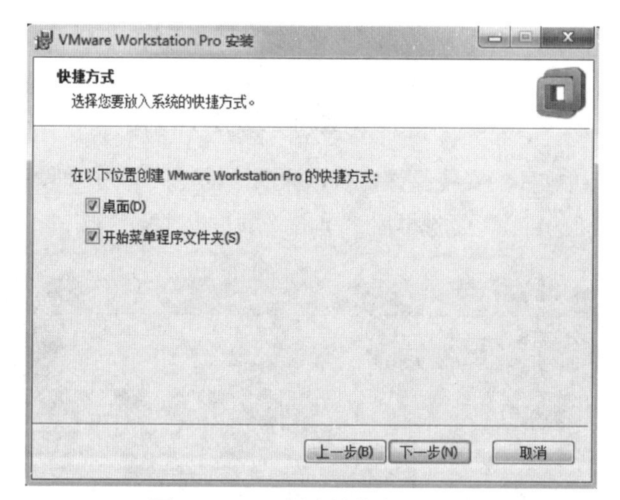

图1－1－6　创建快捷方式设置

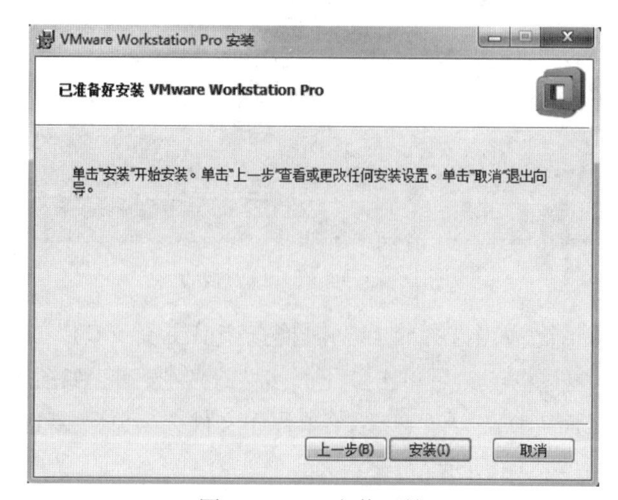

图1－1－7　安装开始

第8步：进入安装过程，耐心等待虚拟机软件的安装过程结束，如图1－1－8所示。

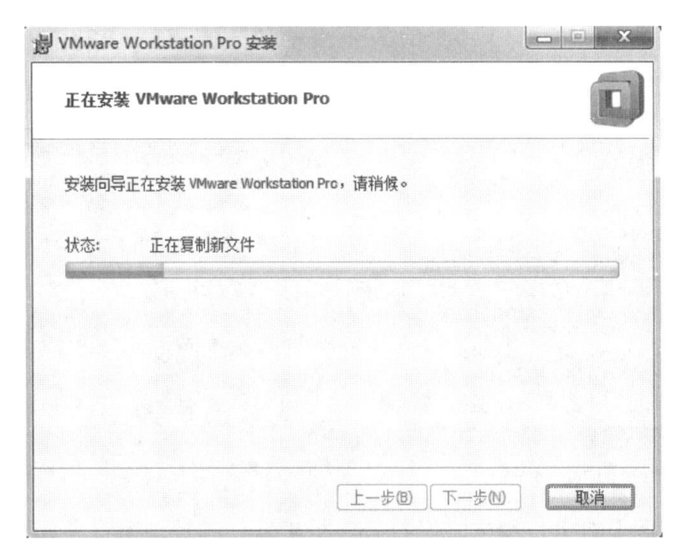

图1－1－8　安装过程

第9步：5～10分钟后，虚拟机软件便会安装完成，然后单击“完成（F）”按钮，如图1－1－9所示。

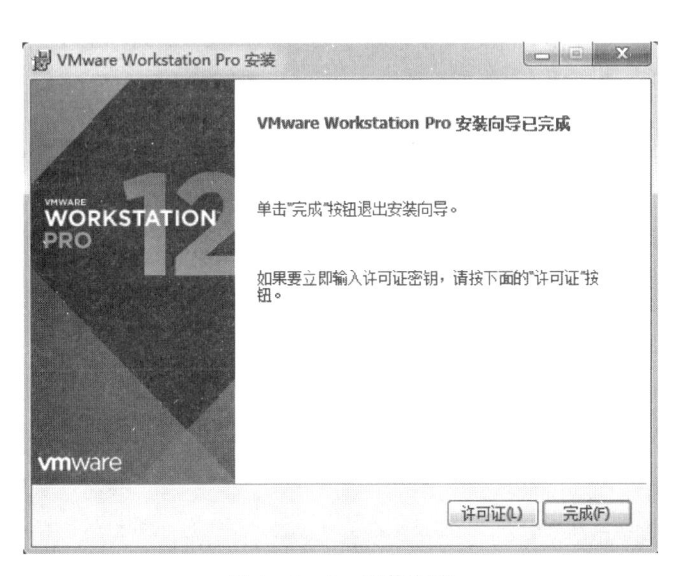

图1－1－9　安装完成

第10步：双击桌面上生成的虚拟机快捷图标，弹出如图1－1－10所示的对话框，输入许可证密钥（或者选择试用）之后，单击“继续（C）”按钮（这里选择的是“我希望试用VMware Workstation 12 30天（W）”单选框）。

第11步：在出现“欢迎使用VMware Workstation 12”对话框后，单击“完成（F）”按钮，如图1－1－11所示。

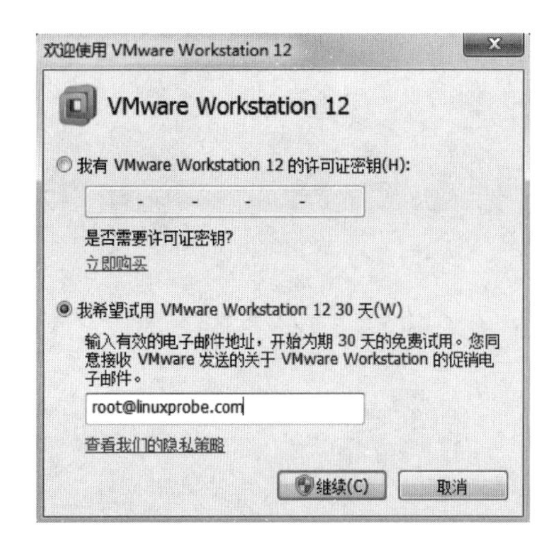

图 1－1－10　许可证密钥

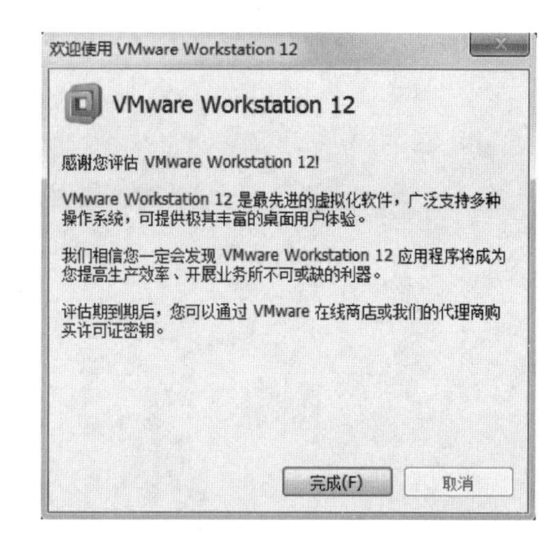

图 1－1－11　VMware 安装成功

第 12 步：在桌面上双击快捷方式，打开虚拟机软件的管理窗口，如图1－1－12所示。

图 1－1－12　VMware 虚拟机管理界面

2. 新建一台 VMware 虚拟机

在安装完虚拟机之后，不能立即安装 Linux 操作系统，因为还要在虚拟机内设置操作系统的硬件标准。只有模拟出了虚拟机内系统的硬件资源，才可以正式安装 Linux 操作系统。VMware 虚拟机的强大之处在于不仅可以调取真实的物理设备资源，还可以模拟出多网卡或硬盘等资源。

第 1 步：在图 1－1－12 所示的管理窗口中，单击“创建新的虚拟机”按钮，并在弹出的“新建虚拟机向导”对话框中选中“典型（推荐）（T）”单选框，然后单击“下一步（N）>”按钮，如图 1－1－13 所示。

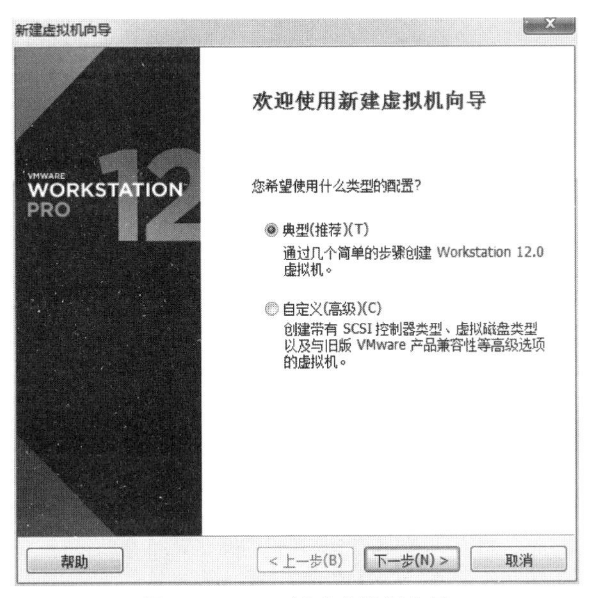

图 1－1－13　新建虚拟机向导

第 2 步：选中“稍后安装操作系统（S）。”单选框，然后单击“下一步（N）>”按钮，如图 1－1－14 所示。可以自定义安装位置，以及设置安装属性等。

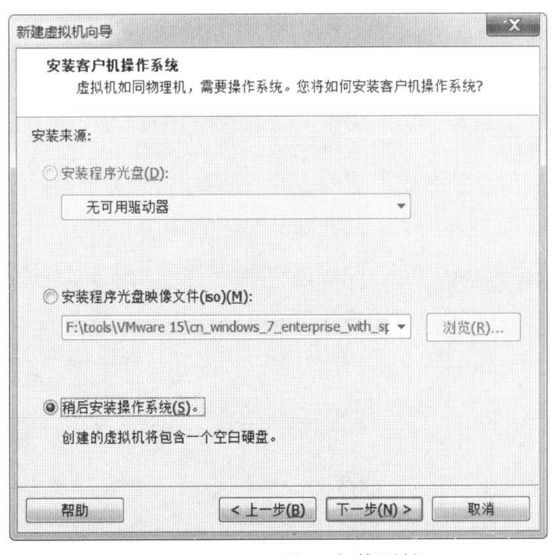

图 1－1－14　设置安装属性

第 3 步：在图 1－1－15 所示界面中，将客户机操作系统的类型选择为“Linux（L）”，版本选择为“CentOS 64 位”，然后单击“下一步（N）>”按钮。

第 4 步：填写“虚拟机名称（V）:”字段，并在选择安装位置之后单击“下一步（N）>”按钮，如图 1－1－16 所示。

第 5 步：将虚拟机系统的“最大磁盘大小（GB）（S）:”设置为 20.0 GB（默认即可），选中“将虚拟磁盘拆分成多个文件（M）”单选框，然后单击“下一步（N）>”按钮，如图 1－1－17 所示。

图 1－1－15　客户机操作系统的类型选择

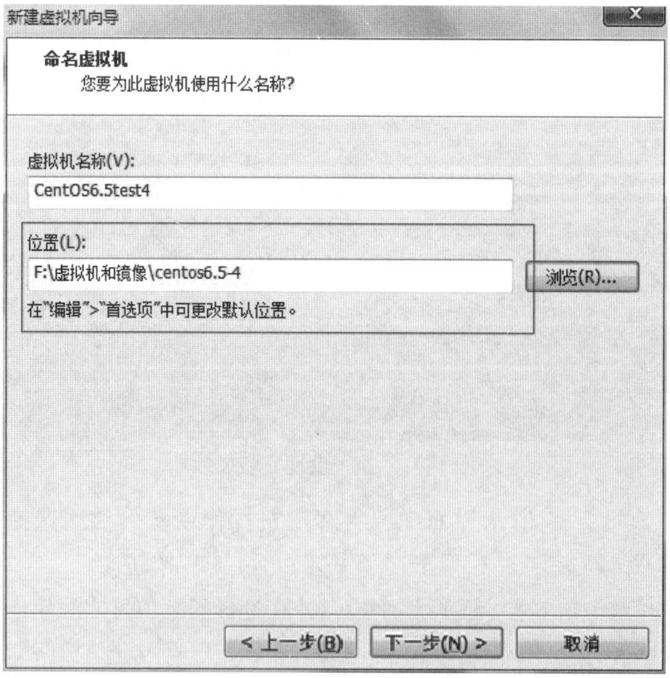

图 1－1－16　设置虚拟机名称与安装位置

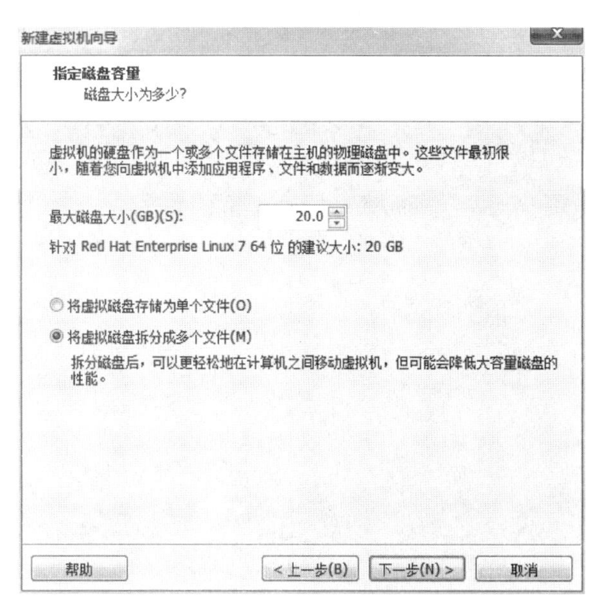

图 1－1－17　设置磁盘容量

第 6 步：单击“自定义硬件（C）...”按钮，如图 1－1－18 所示。至此，创建了另一个没有系统的虚拟机。

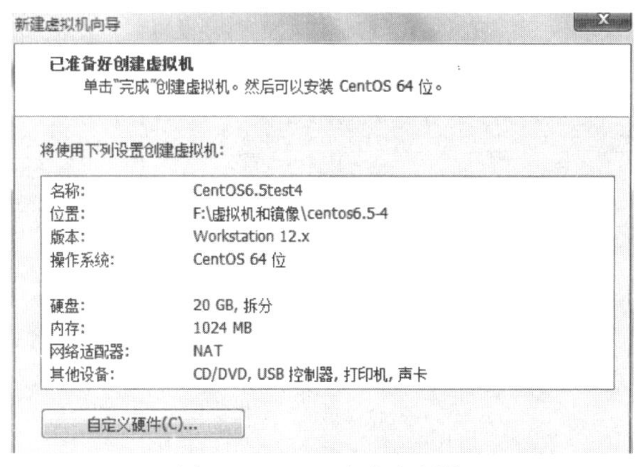

图 1－1－18　自定义硬件

第 7 步：在出现的图 1－1－19 所示的界面中，建议将虚拟机系统内存的可用量设置为 2 GB，最低不应低于 1 GB。

第 8 步：根据真机的性能设置处理器的数量以及每个处理器的核心数量，并开启虚拟化功能，如图 1－1－20 所示。

第 9 步：对于光驱设备，此时应在“使用 ISO 映像文件（M）：”的下拉列表框中选中已下载的 CentOS 系统镜像文件，如图 1－1－21 所示。

第 10 步：VMware 虚拟机软件为用户提供了 3 种可选的网络模式，分别为桥接模式、NAT 模式与仅主机模式。这里选择桥接模式，在这种模式的虚拟机内部可以使用网络，外部也可以访问到虚拟机的 IP 地址，可以使用远程连接根据 Shell 来操作虚拟机，如图 1－1－22 所示。

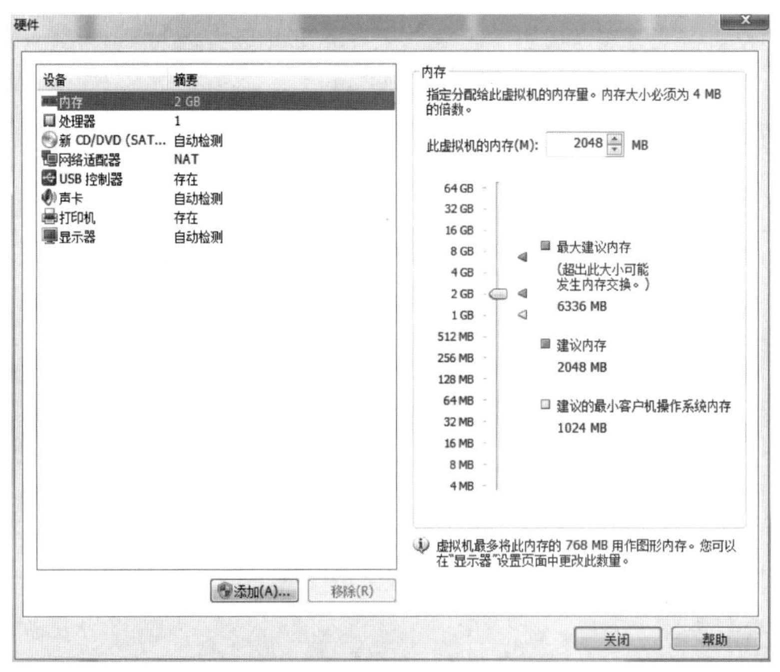

图 1－1－19　虚拟机内存设置

图 1－1－20　虚拟机处理器设置

图 1－1－21　光驱映像文件设置

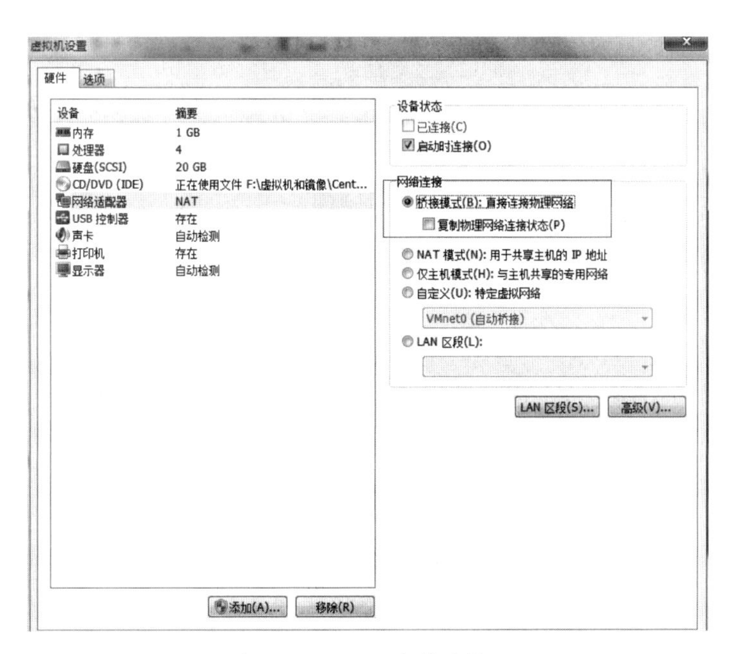

图 1－1－22　网卡模式设置

桥接模式：相当于在物理主机与虚拟机网卡之间架设一座桥梁，从而可以通过物理主机的网卡访问外网。

NAT 模式：让 VMware 虚拟机的网络服务发挥路由器的作用，使得通过虚拟机软件模拟的主机可以通过物理主机访问外网。在真机中，NAT 虚拟机网卡对应的物理网卡是 VMnet8。

仅主机模式：仅让虚拟机内的主机与物理主机通信，不能访问外网，在真机中仅主机模式网卡对应的物理网卡是 VMnet1。

第11步：至此，虚拟机硬件设置完毕，单击“开启此虚拟机”按钮，完成虚拟机的设置，如图1－1－23所示。

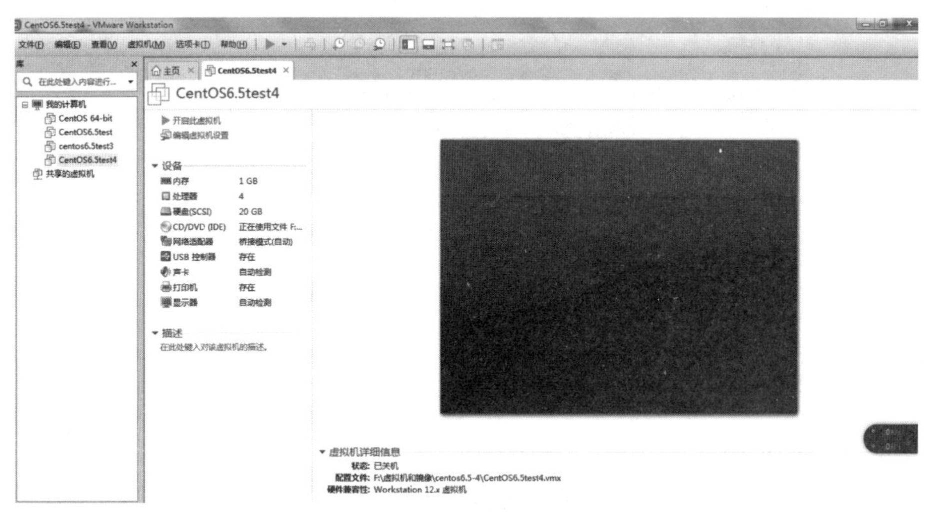

图1－1－23　虚拟机硬件设置完成

3. CentOS的安装

安装CentOS时，计算机的CPU要能支持虚拟化技术（Virtualization Technology，VT）。所谓VT，指的是让单台计算机能够分割出多个独立资源区，并让每个资源区按照需要模拟出系统的一项技术，其本质就是通过中间层来实现计算机资源的管理和再分配，让系统资源的利用率最大化。如果开启虚拟机后依然提示“CPU不支持VT技术”等报错信息，就重启计算机并进入BIOS，把VT虚拟化功能开启即可。

第1步：进入虚拟机，按【Enter】键，如图1－1－24所示。

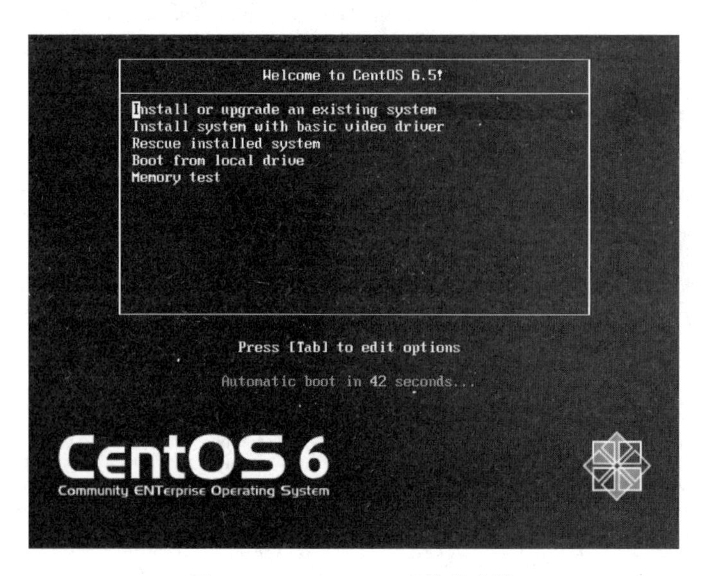

图1－1－24　Centos系统的安装

第 2 步：利用上、下、左、右方向键选中“Skip”选项，然后按【Enter】键，如图 1-1-25 所示。这里询问是否确认镜像文件是完整的，如果下载的镜像文件没问题，则直接跳过，进入系统安装界面。

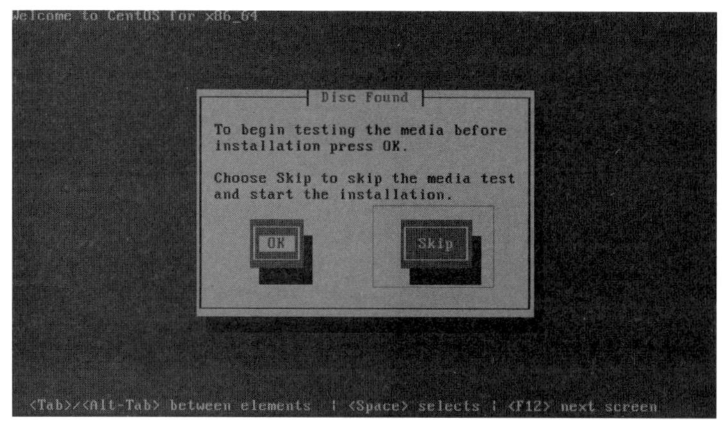

图 1-1-25　系统安装界面

第 3 步：语言选择“Chinese（Simplified）（中文（简体））”，如图 1-1-26 所示。

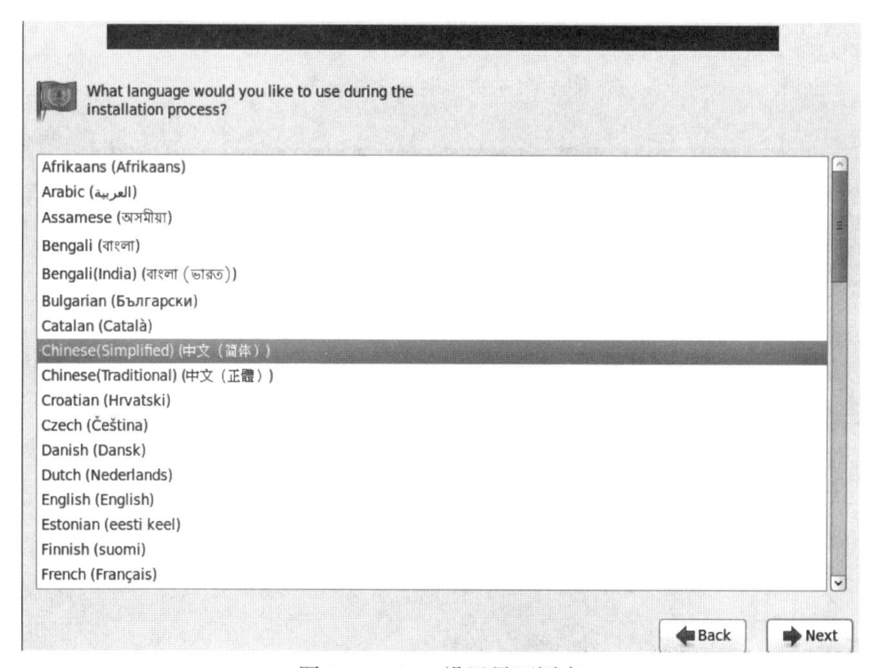

图 1-1-26　设置界面语言

第 4 步：键盘选择“美国英语式”，如图 1-1-27 所示。

第 5 步：确认主机名。Linux 操作系统不同于 Windows 操作系统，Linux 操作系统不要求主机名区别于同一个局域网下的主机，所以这里使用默认设置即可，如图 1-1-28 所示。

第 6 步：时区选择“亚洲/上海”，如图 1-1-29 所示。

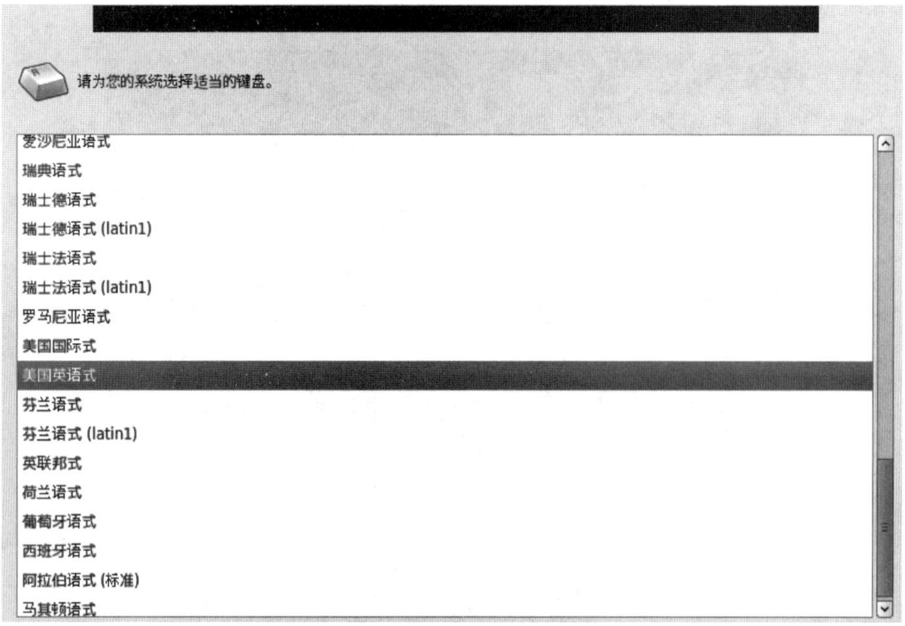

图 1－1－27　设置键盘模式

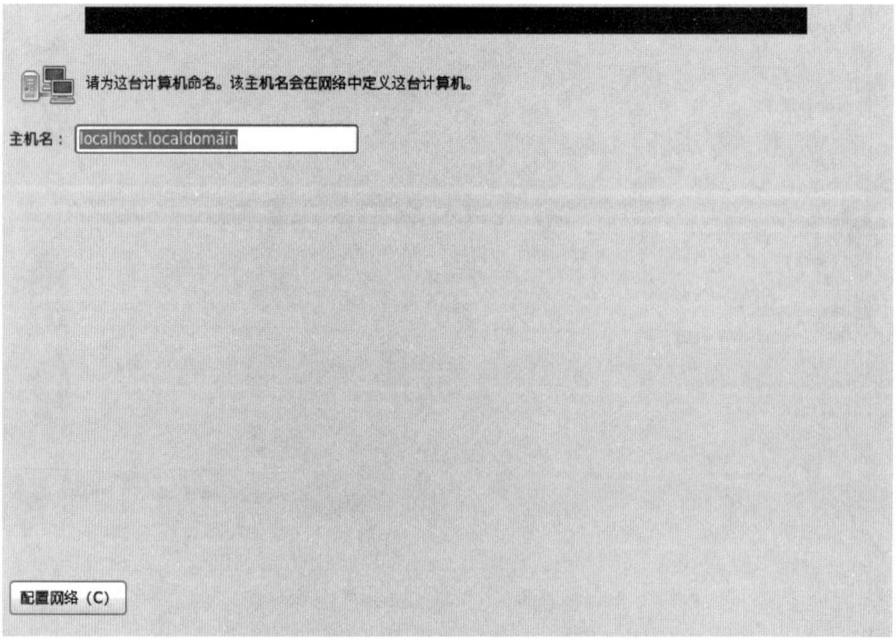

图 1－1－28　设置主机名

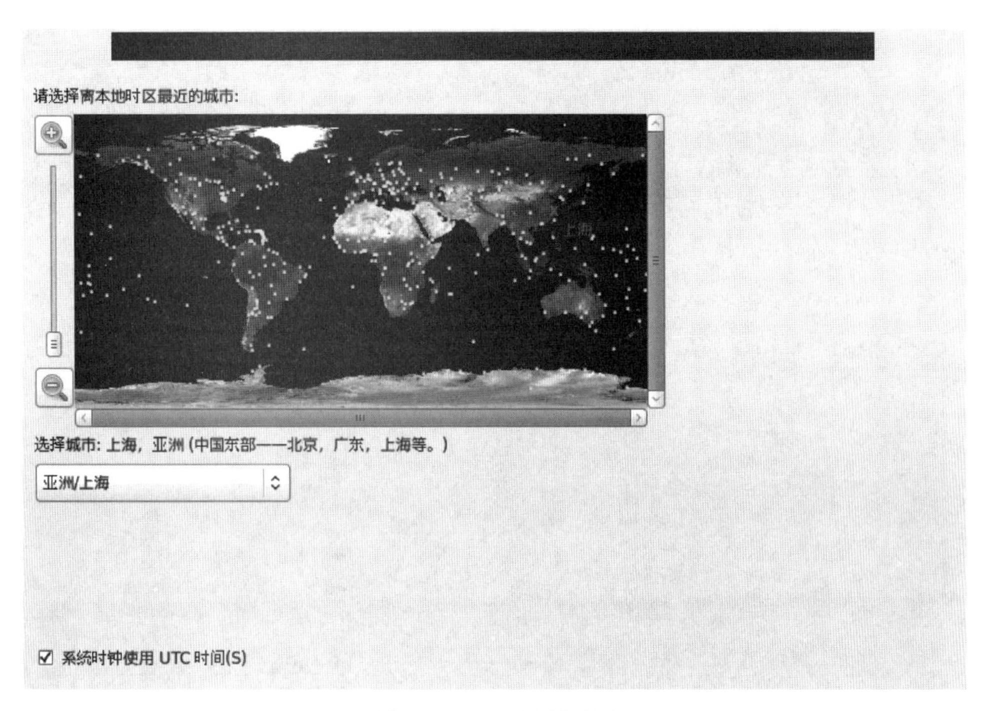

图 1－1－29　选择时区

第 7 步：设置密码。如果设置得过于简单（如“123456”），会弹出如图 1－1－30 所示的提示框。在此，单击“无论如何都使用（U）”按钮。

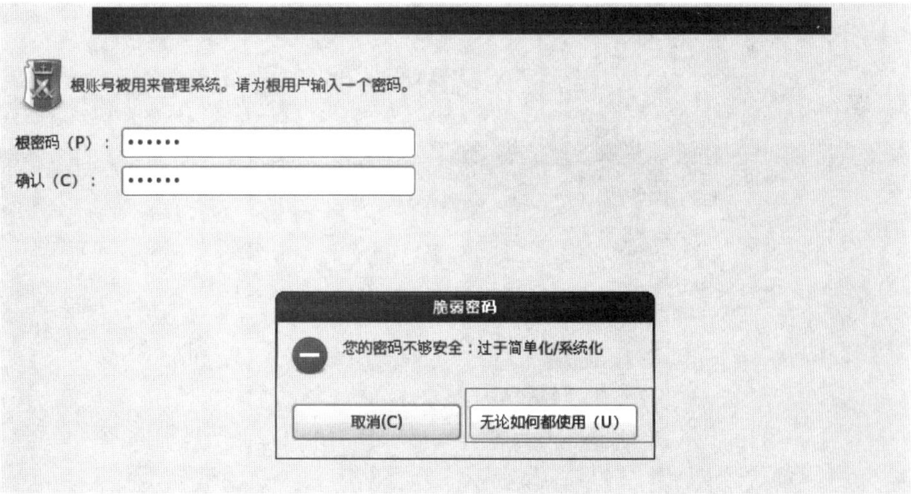

图 1－1－30　设置 root 密码

第 8 步：选择创建自定义分区，这里需要创建/home（home 分区 2000 MB）、/boot（boot 分区 200 MB）、swap（swap 分区一般是内存的两倍，即 2000 MB），如图1－1－31 所示。

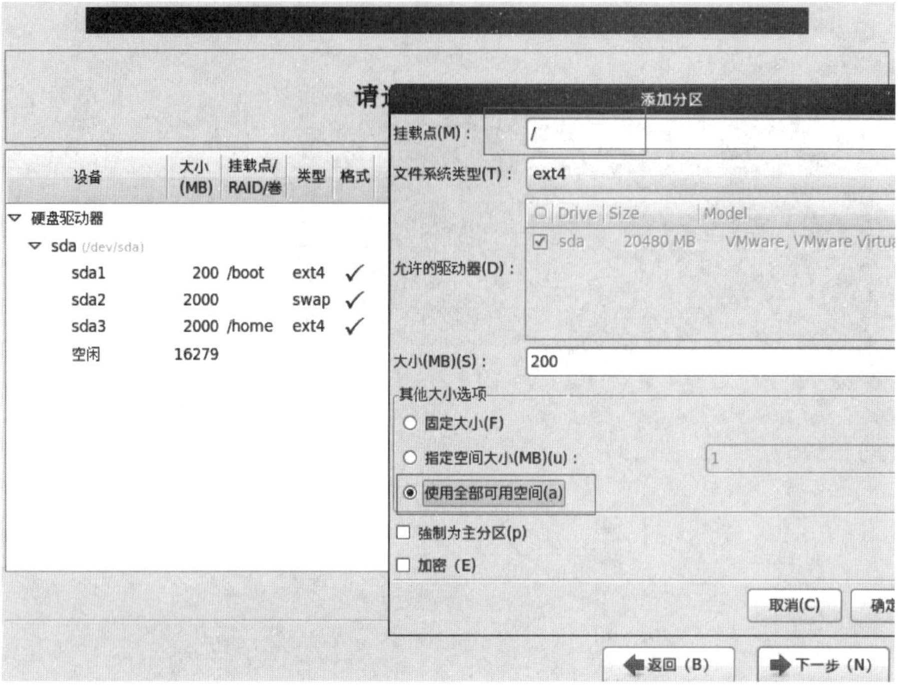

图 1－1－31　设置分区

第 9 步：这里要选择格式化，格式化才能使分区生效，将修改写入磁盘。至此，格式化完成后进行下一步，如图 1－1－32 所示。

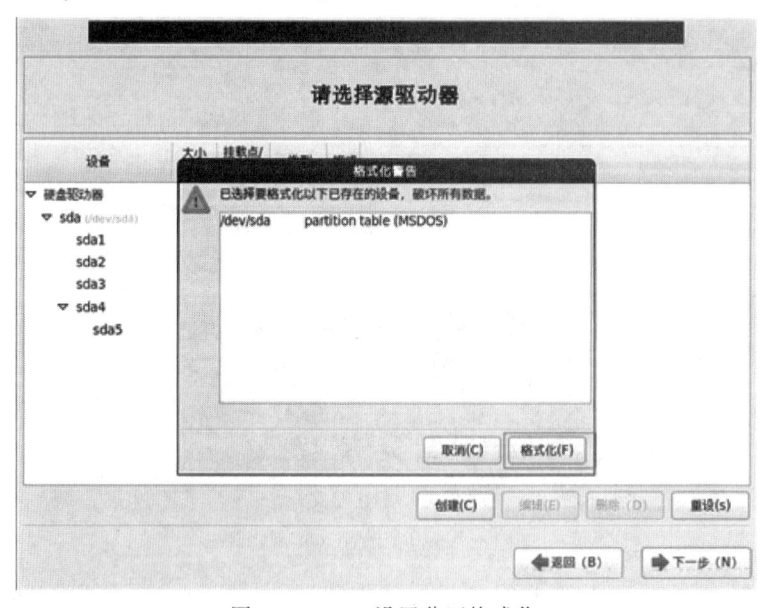

图 1－1－32　设置分区格式化

第 10 步：初始学习时，选择“Basic Server”选项（基本服务器）即可，如图 1－1－33 所示。这里没有安装图形化，随着后续学习的深入，将作其他选择。

图 1－1－33　选择基本服务器

第 11 步：开始安装，如图 1－1－34 所示。

图 1－1－34　Centos 软件系统开始安装

第 12 步：系统安装完成，需要重新启动，选择重新引导，如图 1－1－35 所示。

4. 启动 CentOS，设置网络地址，使用 Firefox 浏览器上网

第 1 步：重新启动 CentOS，如图 1－1－36 所示。

第 2 步：输入用户名、密码，如图 1－1－37 所示。

第 3 步：设置网卡 eth0 的地址为外网卡的地址＋100，其他信息跟外网卡一致，连接并使用 Firefox 浏览器上网，如图 1－1－38 所示。

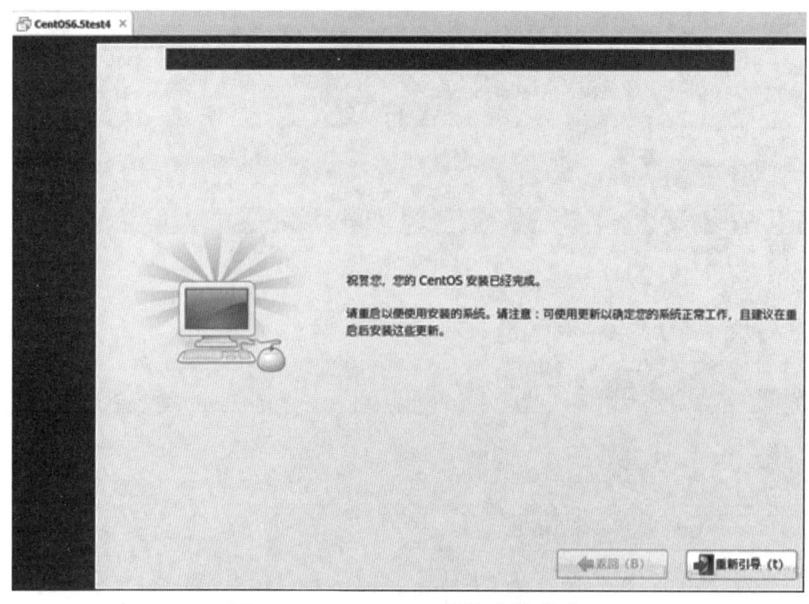

图 1－1－35　Centos 系统安装完成

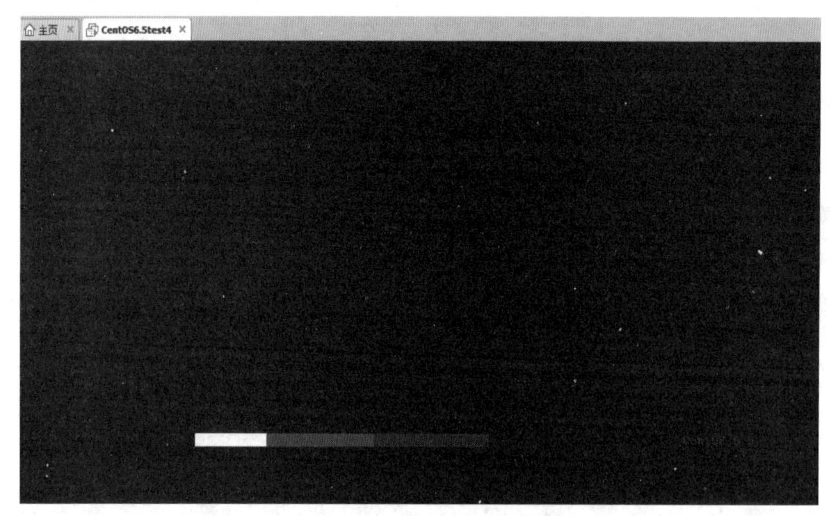

图 1－1－36　重新启动 CentOS

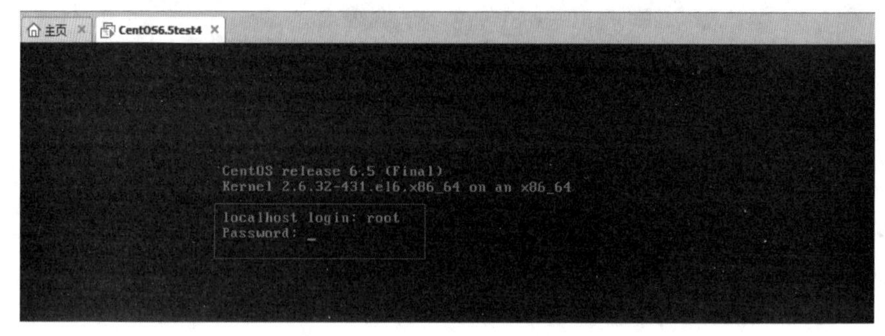

图 1－1－37　CentOS 系统登录

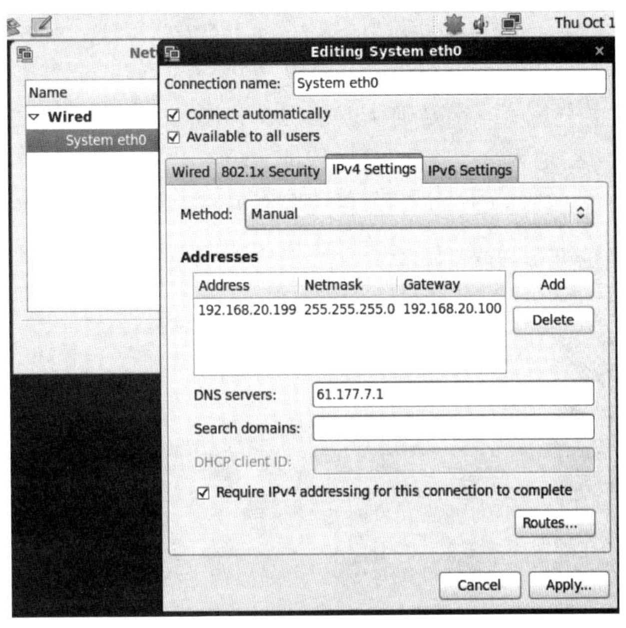

图 1－1－38　网卡地址配置

5. CentOS 7 版本安装

（1） CentOS 7 版本的 Linux 下载，可以从阿里云提供的网络仓库 https://opsx. alibaba. com/mirror 直接获取最新或较新的版本，也可以直接从如图 1－1－39 所示的网址下载，注意要下载 . iso 光盘映像文件：

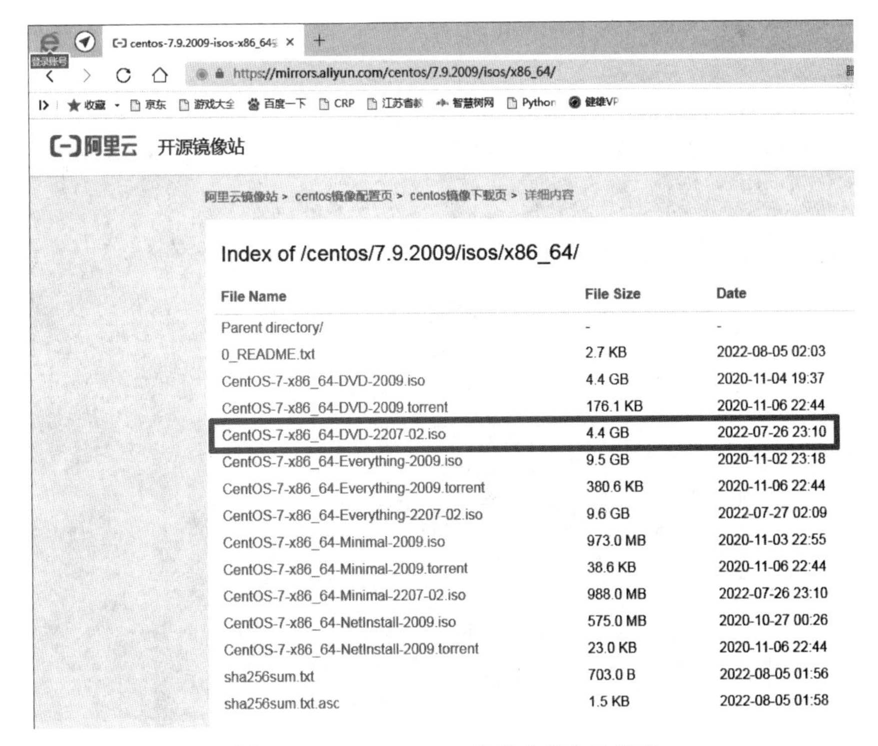

图 1－1－39　CentOS 7 光盘映像文件下载

https://mirrors. aliyun. com/centos/7. 9. 2009/isos/x86_64/

https://mirrors. cloud. tencent. com/centos/7. 9. 2009/isos/x86_64/

（2）在安装的过程中其中一步是确认安装源，如图1－1－40所示，单击“软件选择”选项，选择GNOME或KDE和一些感兴趣的软件，单击“完成”按钮。设置root系统的账户和密码（字母＋数字，8位以上），还可以再设置另一个账户及密码。

图1－1－40　安装界面及软件选择

（3）如果电脑上安装了虚拟机，不能启动和安装Linux系统，请重启电脑，按F12或F2键，进入BIOS模式，在高级选项里将“Inter Virtualization Technology”开启。如图1－1－41所示。

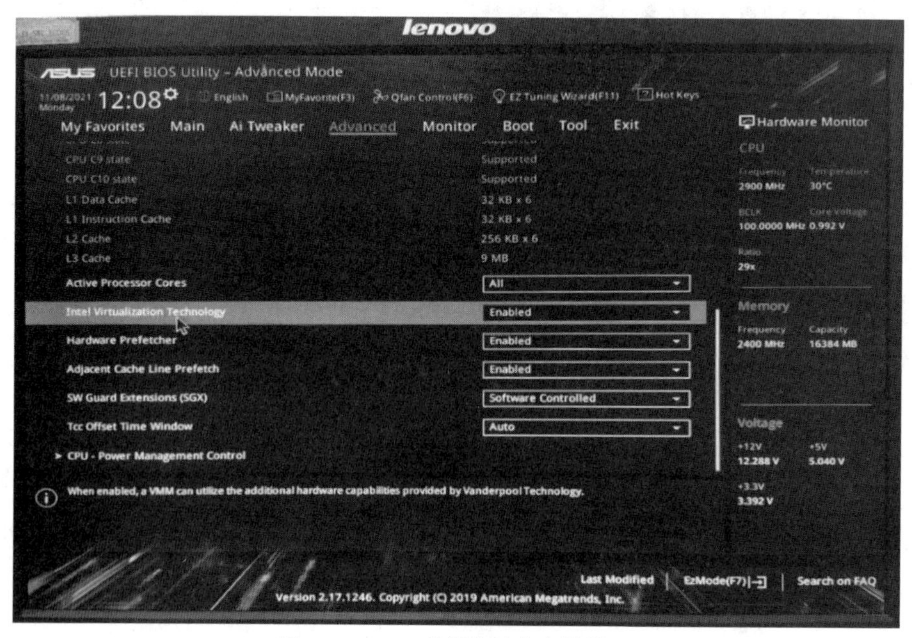

图1－1－41　虚拟化技术支持设置

（4）GNOME 是大多数现代 Linux 发行版的默认桌面，它干净、简单、组织良好。在大多数主流现代 Linux 发行版中，包括 RHEL、CentOS、kali、Ubuntu、Fedora、Debian 等，GNOME 均作为默认桌面广泛使用。

（5）KDE 即 K 桌面环境（K Desktop Environment 的缩写），是 Linux 操作系统上流行的桌面环境之一，是一个网络透明的现代化桌面环境，支持 Linux、FreeBSD、Unix、Mac OS X 和微软的 Windows。

5. Linux 模式切换

（1）Linux 的 7 个运行级别如下：

```
0 - halt                      //所有进程关闭,机器将有序地停止,可以理解为关机
1 - Single user mode          //单用户模式,只有少数进程启动,同时所有服务不启动
2 - Multiuser, without NFS    //多用户模式,网络文件系统(NFS)服务不启动
3 - Full Multiuser mode       //多用户模式。允许多用户登录系统,是默认的启动级别
4 - unused                    //留给用户自定义的运行级别
5 - X11                       //多用户模式,系统启动后运行 X - Window,图形化的
                              //登录窗口
6 - Reboot                    //所有进程被终止,系统重启
```

（2）Linux 图形界面与命令行模式切换

```
在命令行下输入:init n  //n = 0,1,2,3,4,5,6
例如:
#init 3                //进入命令行模式界面,每次切换都要重新输入用户名和密码
#init 5                //进入图形界面,每次切换都要重新输入用户名和密码
#init 0                //关机
#init 6                //重启
```

【实验作业】

（1）在自己的计算机上下载并安装 VMware 7.0 以上版本的虚拟机，下载 CentOS 6.5 安装包软件（32 位或 64 位），并在虚拟机上安装 CentOS 6.5 系统，提交操作截图（见图 1 - 1 - 42）。

（2）配置 CentOS 的网卡为桥接模式并设置为启动时连接，配置光驱的连接方式为使用 ISO 镜像文件，选择下载的光盘文件并设置为启动时连接，提交操作截图（见图 1 - 1 - 43）。

（3）启动 CentOS，设置网卡 eth0 的地址为外网卡的地址 + 100，其他信息跟外网卡一致，连接并使用 Firefox 浏览器上网，提交操作截图（见图 1 - 1 - 44、图 1 - 1 - 45）。

图 1－1－42　安装 Vmware 虚拟机

图 1－1－43　设置光盘映像文件

图 1 - 1 - 44　设置网卡

图 1 - 1 - 45　Frefox 浏览器上网

任务 2　CentOS Linux 基本操作命令

CENTOS 的
基本操作命令 1

【学习目的】

（1）了解 Linux 中 Shell 的概念、功能与使用。

（2）区分 Linux 操作系统的文件类型。

（3）熟练掌握常用的 Linux 命令及其功能。

CENTOS 的
基本操作命令 2

【学习环境】

（1）硬件：PC 1 台。

（2）软件：VMware、CentOS 6.5。

【学习要点】

（1）Shell 与内核的关系。

（2）Linux 操作系统中命令行的规则与基本操作规范。

（3）常用 Linux 命令的功能与操作。

【理论基础】

首先介绍系统内核和 Shell 终端的关系与作用，然后介绍 Bash 解释器的 4 大优势并学习 Linux 命令的执行方法。经验丰富的运维人员可以通过合理地组合适当的命令与参数来更精准地满足工作需求，迅速得到自己想要的结果，还可以尽可能地降低系统资源消耗。本书精挑细选出常用的重要的 Linux 命令，它们与系统工作、系统状态、工作目录、文件、打包压缩与搜索等主题相关，为今后学习更复杂的命令和服务做好必备知识铺垫。

1. Shell

Linux 操作系统的内核负责完成对硬件资源的分配、调度等管理任务。系统内核对计算机的正常运行来讲非常重要，因此一般不建议直接编辑内核中的参数，而通过基于系统调用接口开发出的程序或服务来管理计算机，以满足日常工作的需要，如图 1－2－1 所示。

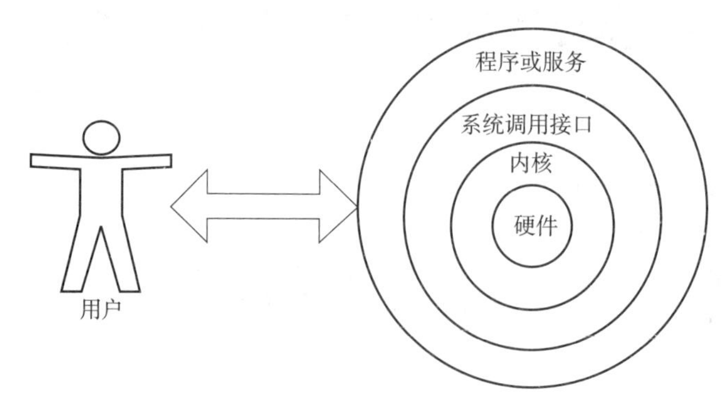

图 1－2－1　Linux 系统结构

虽然 Linux 操作系统中有些图形化工具［比如逻辑卷管理器（Logical Volume Manager，LVM）］确实非常好用，能极大地降低运维人员操作出错的概率，但是，很多图形化工具其实是调用脚本来完成相应的工作，往往只是为了完成某种工作而设计的，缺乏 Linux 命令原有的灵活性及可控性。再者，图形化工具相较于 Linux 命令行界面会更加消耗系统资源，因此经验丰富的运维人员甚至不会给 Linux 操作系统安装图形界面，需要开始运维工作时直接

通过命令行模式远程连接，这样效率更高。

Shell 就是这样的一个命令行工具。Shell（也称为终端或壳）充当的是人与内核之间的翻译官，用户把一些命令“告诉”终端，它就会调用相应的程序服务去完成某些工作。现在许多主流 Linux 操作系统默认使用的终端是 Bash（Bourne – Again Shell）解释器。主流 Linux 操作系统选择 Bash 解释器作为命令行终端主要有以下 4 项优势：

（1）通过上、下方向键来调取执行过的 Linux 命令。

（2）命令或参数仅需输入前几位就可以用【Tab】键补全。

（3）具有强大的批处理脚本。

（4）具有实用的环境变量功能。

读者可以在今后的学习和工作中细细体会 Linux 操作系统命令行的美妙之处。

2. 重要说明

（1）Linux 中命令和文件名均区分字母大、小写。

（2）Linux 中不存在磁盘符的说法，分区也是文件。目录结构最顶端是“/”，任何目录、文件、设备等都在“/”之下。

（3）Shell：Linux 命令行，它是用户和 Linux 操作系统之间的接口。对于 Linux 来说，无论是 CPU、内存、磁盘还是用户、键盘等，都是文件，Linux 操作系统管理的命令是它正常运行的核心。Shell 有两种类型，即内置 Shell 和外置 Shell（Linux 应用程序）。

（4）Linux 是一个真正的多用户操作系统，多用户可以同时登录，使用虚拟控制台的访问方式。可用【Alt + F1】~【Alt + F6】组合键访问前 6 个虚拟控制台。

3. Linux 中不同类型的文件颜色不同

（1）普通文件：黑色。

（2）目录文件：蓝色。

（3）可执行文件：绿色。

（4）包文件：红色。

（5）链接文件：青蓝色。

（6）设备文件：黄色。

4. Tab 补全

Tab 补全是非常有用的功能，可以用【Tab】键来自动补全命令或文件名，省时、准确。

5. Linux 操作系统中的特殊符号

（1）*：通配符，代表零个或多个字符或数字。

（2）?：通配符，只代表一个任意的字符或数字。

（3）#：在命令行中，表示用户标识符，代表 root 用户；在配置文件中，表示注释说明，即“#”后面的内容不执行。

（4）|：管道符，把前面的命令运行的结果传输给后面的命令。

（5）grep：过滤一个或多个字符，是一种强大的文本搜索工具。

（6）$：在命令行中，表示用户标识符，代表非 root 用户；在正则表达式里被定义为“行”的最末端，是变量替换的代表符号。

（7）<：输入重定向的命令。

（8）>：输出重定向的命令。

（9）>>：追加重定向的命令。

【素质修养】

1. Linux 作为开源操作系统，其命令确实很多，需要苦练和积累

勤学如春起之苗，不见其增，日有所长；辍学如磨刀之石，不见其损，日有所亏。我们不能小看微小的积累与进步，这些终将让我们发生质变，也不能有任何懈怠与侥幸，这会让我们与优秀产生巨大差距。每天多努力一点，积累下来就是巨大的财富。

2. 丢掉死记硬背，5 种常用的记忆方法

记忆是每个人学习过程中最重要的部分。没有记忆，知识便无从谈起。

记忆力是我们最宝贵的财富，它能在生活中的各个领域为我们提供支持。但是为什么大多数人的记忆力都不理想？就是因为我们常规的记忆方式通常都是死记硬背。

《学习之道》的作者芭芭拉·奥克利告诉我们，大脑虽小，但空间无限。人类天生就有极好的记忆力，只是需要有人指导我们如何使用它。芭芭拉·奥克利总结出 5 个方法，它们是：

（1）记忆宫殿法。

简单地说，记忆宫殿法实际上就是“地点法”或“定位法”。“记忆宫殿”是一个暗喻，象征任何我们熟悉的、能够轻易地想起来的地方。这个方法有 5 步：

首先，打造自己熟悉的宫殿。

其次，想象你宫殿里的房子，在房子里放上喜欢的家具：电视、沙发、浴缸、柜子、凳子等（5－8 个即可）。

接下来，把要记忆的东西图像化。

第四步，把图像化的东西放置在宫殿里的房子里。电视上、沙发上，浴缸上、柜子上、凳子上等。如果记忆的数量多，放的位置可以多加几个。

第五步，可以选择顺时针走访宫殿里的房子，走访时，要多留意图像化的物品对应的位置。

（2）间隔重复法。

重复对于记忆至关重要，但重复多少次才好呢？

芭芭拉·奥克利说，我们可以把需要记忆的知识内容简要重复几天，可以是每天早上或晚上的几分钟，随着记忆逐渐深刻，可以延长重复的间隔时间，从几天再到几个月。

（3）创建意群法。

创建意群是记忆的另外一个方法，它能简化学习内容。

比如我们记英语单词的时候，只要记住它们的首字母，把它们串起来，就能记住好几个单词。

（4）编故事法。

无论记忆的是什么内容，死记硬背的方法不可取，高效的记忆技巧是：编故事。

比如想要记住这几个词：消防栓、热气球、电池、桶、木板、钻石、骑士、公牛、牙膏、标识，死记硬背会很费力。

我们可以联想这样一个故事情节：想像自己站在一个巨大的消防栓旁边，把一束气球系在消防栓上。气球数量多得把消防栓拽离了地面，高高地飘到了空中。突然之间，这些气球碰到了一堆电池，爆炸了。电池是装在许多大桶里被发射到空中的，而这些大桶是被像跷跷板一样的木板抛到空中的。弹出大桶的木板是架在一颗巨大的钻石上的，那颗钻石硕大无比、闪闪发光。突然，一个身穿银盔白甲的骑士拿起钻石，逃之夭夭。然而没逃出多久，他便被一只公牛拦住了去路。想要通过，唯一的办法就是用牙膏给公牛刷牙。公牛移到一边，露出了身后巨大的霓虹灯标识牌，上面写着“恭喜你”，然后就发生了巨大的爆炸。

把这些词融入到上面的故事里，形象生动，好记还不容易忘。

（5）肌肉记忆法。

许多教育者研究发现，肌肉记忆与体育锻炼有关。我们的大脑是一个器官，但是它工作起来更像一块肌肉。

大脑与肌肉最大的相似之处就在于，大脑也是一种不用则废的装置。规律的锻炼可以让我们的记忆力和学习能力得到实质性的提升，更有助于促进与记忆力相关的脑区中新神经元的形成。

总之，强大的记忆力是每个人高效学习的重要保障，学会以上5个训练记忆力的方法，能帮助我们不断进步。记忆法并不属于某些天才人物，是每个希望提升记忆力的人都能学会的重要能力，这样我们才能创造性地思考未来。

【任务实施】

1. 列出目录内容命令 ls

ls -1 或 ll：每列仅显示一个文件或目录的名称。

ls -a 或 -all：显示所有文件和目录。

ls -r：以相反顺序显示文件或目录。

ls -s 或 -size：显示文件和目录的大小，以区块为单位。

ls -sh：人性化显示目录文件的大小。

ls -d：显示指定目录的信息。

ls -R：递归显示目录中的内容。

ls -da *：查看当前文件夹内所有以“a”开头的文件或目录。

ls /etc | grep d$：显示“/etc”下所有以“d”结尾的文件或目录。

ls -X：将显示结果按扩展名排列。

ls -S：将显示结果按大小排列。

2. 帮助命令

whatis：概述命令的作用。

man 或 -h 或 -help：详述命令的作用，包括这种参数的作用。

man -k files：查看 files 文件的作用。

info：查看命令的作用。

3. 用户命令

who：查看当前登录的用户。

w：显示已经登录用户的详细信息。

whoami：查看当前登录的用户是谁。

su：切换用户命令。

4. 几个实用的小命令

history：查看之前输入的命令。

id root：查看用户 ID 情况。

clear：清屏幕命令。

pwd：显示当前目录的绝对路径。

reboot：重启。

shutdown：关机。

5. 目录、文件相关命令

cd：切换目录。

cd /：切换到根目录下。

cd ..：切换到上级目录。

mkdir：创建目录。

mkdir -p/a/b/c/d/e：依次建立多级目录。

touch：创建文件。

rm：删除文件或目录。

rmdir：删除空目录。

cp：复制。

scp：通过 ssh 端口传输文件。

例如复制 192.168.0.1 下 "/home/test.file" 到本机的 "/home" 目录下：

```
scp username@192.168.0.1:/home/test.file./home/
```

mv：移动文件或修改文件名称。

pwd：查看当前路径。

grep：查找文件内容。

例如查找内容包含 help，并且扩展名为 cfg 的文件：

```
grep help *.cfg
```

find 查找文件。

find /sbin/ -name "i*"：查找“/sbin”目录下的以字母 i 开头的文件。

find / -empty：查找空文件或目录。

which：查看命令所在的具体路径。

6. 文件内容相关命令

cat：查看文件内容，与 Windows 操作系统中的 type 命令相同，内容太长时不适用。

more：与 cat 类似，但自动截屏，并显示当前内容所占总内容的百分比，不过只能向下翻，不能回翻。

less：同 more 类似，区别在于可上、下翻看内容，但不显示比例。

tail：只查看文件内容的最后几行，包括空行，默认为 10 行，可用参数 n 增减数量。

head：只查看文件内容的前几行。

wc：统计文件的字节数、行数等。

grep：过滤工具。配合 more 命令，即前面命令的输出作为后面命令的输入。

例如查看“httpd. conf”中含有“php”字样的行：

```
more httpd.conf | grep php
```

7. 软件安装

rpm：安装或卸载软件。例如：

rpm -ivh telnet-server-2.1.2.1.rpm：安装 telnet 软件。

rpm -e telnet：卸载 telnet 软件。

yum：从互联网或其他镜像站点直接安装所需软件包及其依赖包。例如：

yum -y install telnet：从互联网安装 telnet 软件。

wget：从互联网 url 下载软件包。

8. 系统相关命令

top：查看系统资源占用状况。

history：查看当前用户的历史输入命令，默认最大值为 1 000。

ps：查看系统进程，参数为 ax/aux/ef 等。

uname：查看内核、操作系统版本等信息。

ntpdate：向时钟服务器同步本地时钟。例如：ntpdate time. nist. gov。

【实验作业】

(1) 在根目录下创建 2 个新的目录“/aaa”和“/bbb”，在“/aaa”目录中创建一个新的空文件“111. txt”，使用“cp”命令把文件“111. txt”复制到“/bbb”目录中并改名为“222. txt”。操作截图如图 1-2-2 所示。

```
root@localhost:/bbb
File Edit View Search Terminal Help
[root@localhost ~]# cd /
[root@localhost /]# ls
bin   dev  home  lib64       media  opt   root  selinux  sys  usr  wlzy1523.txt
boot  etc  lib   lost+found  mnt    proc  sbin  srv      tmp  var  yum.conf
[root@localhost /]# mkdir aaa
[root@localhost /]# mkdir bbb
[root@localhost /]# ls
aaa  boot  home   lost+found  opt   sbin     sys  var
bbb  dev   lib    media       proc  selinux  tmp  wlzy1523.txt
bin  etc   lib64  mnt         root  srv      usr  yum.conf
[root@localhost /]# cd aaa
[root@localhost aaa]# touch 111.txt
[root@localhost aaa]# ls
111.txt
[root@localhost aaa]# cp /aaa/111.txt /bbb/222.txt
[root@localhost aaa]# cd /bbb
[root@localhost bbb]# ls
222.txt
[root@localhost bbb]#
```

图1-2-2　创建目录与文件

（2）使用“scp”命令把主机中的“/etc/yum. conf”文件复制到“/aaa”目录中，使用“scp”命令把主机中的“/selinux/load”文件复制到“/bbb”目录中。操作截图如图1-2-3、图1-2-4所示。

```
root@localhost:/bbb
File Edit View Search Terminal Help
[root@localhost etc]# cd /aaa
[root@localhost aaa]# ls
111.txt
[root@localhost aaa]# scp root@192.168.20.199:/etc/yum.conf /aaa
root@192.168.20.199's password:
yum.conf                                      100%  969     1.0KB/s   00:00
[root@localhost aaa]# ls
111.txt  yum.conf
```

图1-2-3　远程复制文件

```
root@localhost:/bbb
File Edit View Search Terminal Help
[root@localhost bbb]# ls
222.txt
[root@localhost bbb]# scp root@192.168.20.199:/selinux/load /bbb
root@192.168.20.199's password:
load                                          100%    0     0.0KB/s   00:00
[root@localhost bbb]# ls
222.txt  load
[root@localhost bbb]#
```

图1-2-4　远程复制文件

（3）在“/aaa”目录中创建子目录“/ccc”，在“/ccc”目录中建创“333. txt”文件，把“222. txt”文件移动到“/ccc”目录中。操作截图如图1-2-5所示。

```
root@localhost:/aaa/ccc
File Edit View Search Terminal Help
[root@localhost bbb]# cd /aaa
[root@localhost aaa]# mkdir ccc
[root@localhost aaa]# ls
111.txt  ccc  yum.conf
[root@localhost aaa]# cd ccc
[root@localhost ccc]# ls
[root@localhost ccc]# touch 333.txt
[root@localhost ccc]# ls
333.txt
[root@localhost ccc]# mv /bbb/222.txt /aaa/ccc
[root@localhost ccc]# ls
222.txt  333.txt
[root@localhost ccc]#
```

图 1－2－5　文件移动

（4）删除“222. txt”和“333. txt”文件，删除“/ccc”目录。操作截图如图 1－2－6 所示。

```
root@localhost:/aaa
File Edit View Search Terminal Help
[root@localhost ccc]# ls
222.txt  333.txt
[root@localhost ccc]# rm 222.txt
rm: remove regular empty file `222.txt'? y
[root@localhost ccc]# rm 333.txt
rm: remove regular empty file `333.txt'? y
[root@localhost ccc]# ls
[root@localhost ccc]# cd ..
[root@localhost aaa]# ls
111.txt  ccc  yum.conf
[root@localhost aaa]# rmdir ccc
[root@localhost aaa]# ls
111.txt  yum.conf
[root@localhost aaa]#
```

图 1－2－6　删除文件与目录

（5）在“/etc”和“/home”两个目录内搜索以“b”开头以“. conf”结尾的文件。查找“/etc/yum”目录中的空文件或目录。操作截图如图 1－2－7、图 1－2－8 所示。

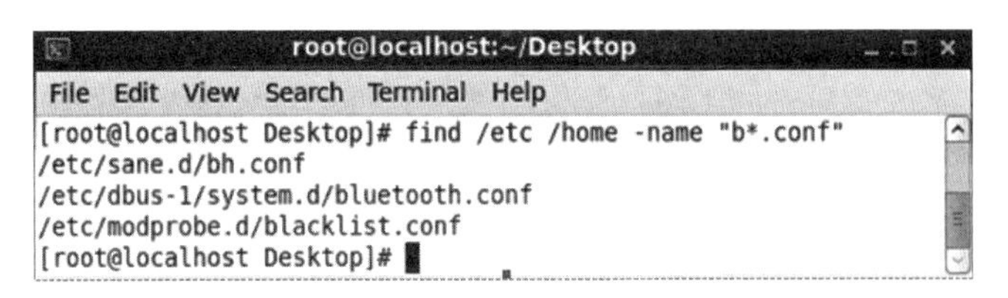

```
root@localhost:~/Desktop
File Edit View Search Terminal Help
[root@localhost Desktop]# find /etc /home -name "b*.conf"
/etc/sane.d/bh.conf
/etc/dbus-1/system.d/bluetooth.conf
/etc/modprobe.d/blacklist.conf
[root@localhost Desktop]#
```

图 1－2－7　搜索文件

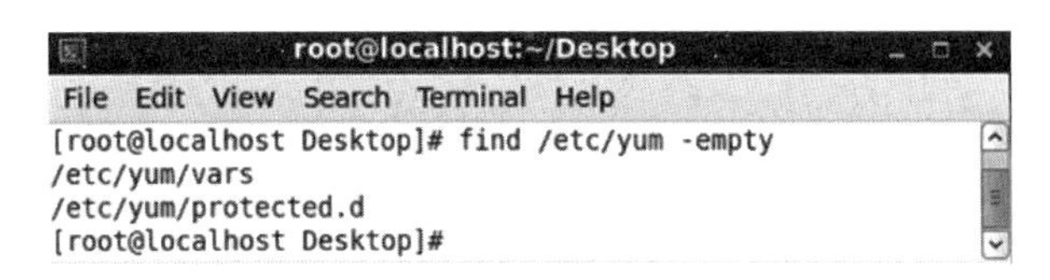

```
root@localhost:~/Desktop
File Edit View Search Terminal Help
[root@localhost Desktop]# find /etc/yum -empty
/etc/yum/vars
/etc/yum/protected.d
[root@localhost Desktop]#
```

图 1－2－8　搜索空文件或目录

（6）查看“/etc/yum. conf”文件的内容。操作截图如图 1－2－9 所示。

（7）查看当前系统资源 CPU 内存等的占用状况。操作截图如图 1－2－10 所示。

```
root@localhost:/etc
File  Edit  View  Search  Terminal  Help
[root@localhost etc]# cat yum.conf
[main]
cachedir=/var/cache/yum/$basearch/$releasever
keepcache=0
debuglevel=2
logfile=/var/log/yum.log
exactarch=1
obsoletes=1
gpgcheck=1
plugins=1
installonly_limit=5
bugtracker_url=http://bugs.centos.org/set_project.php?project_id=16&ref=http://b
ugs.centos.org/bug_report_page.php?category=yum
distroverpkg=centos-release

#  This is the default, if you make this bigger yum won't see if the metadata
# is newer on the remote and so you'll "gain" the bandwidth of not having to
# download the new metadata and "pay" for it by yum not having correct
# information.
#  It is esp. important, to have correct metadata, for distributions like
# Fedora which don't keep old packages around. If you don't like this checking
# interupting your command line usage, it's much better to have something
# manually check the metadata once an hour (yum-updatesd will do this).
# metadata_expire=90m

# PUT YOUR REPOS HERE OR IN separate files named file.repo
# in /etc/yum.repos.d
[root@localhost etc]#
```

图 1－2－9　查看文件内容

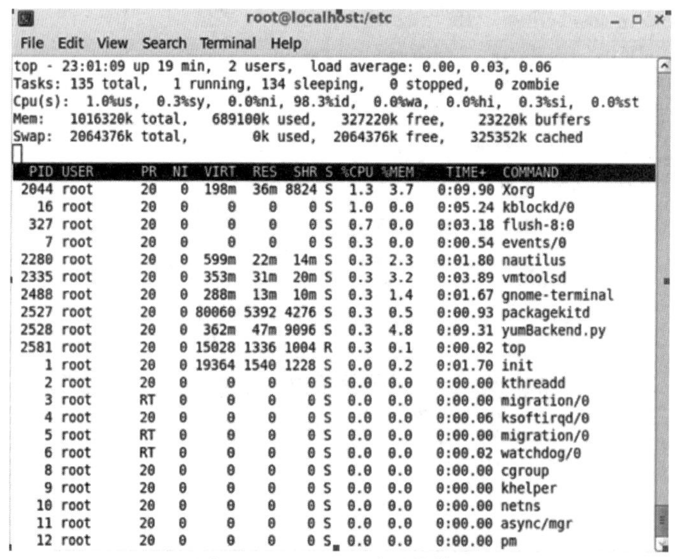

```
root@localhost:/etc
File  Edit  View  Search  Terminal  Help
top - 23:01:09 up 19 min,  2 users,  load average: 0.00, 0.03, 0.06
Tasks: 135 total,   1 running, 134 sleeping,   0 stopped,   0 zombie
Cpu(s):  1.0%us,  0.3%sy,  0.0%ni, 98.3%id,  0.0%wa,  0.0%hi,  0.3%si,  0.0%st
Mem:   1016320k total,   689100k used,   327220k free,    23220k buffers
Swap:  2064376k total,        0k used,  2064376k free,   325352k cached

  PID USER      PR  NI  VIRT  RES  SHR S %CPU %MEM    TIME+  COMMAND
 2044 root      20   0  198m  36m 8824 S  1.3  3.7   0:09.90 Xorg
   16 root      20   0     0    0    0 S  1.0  0.0   0:05.24 kblockd/0
  327 root      20   0     0    0    0 S  0.7  0.0   0:03.18 flush-8:0
    7 root      20   0     0    0    0 S  0.3  0.0   0:00.54 events/0
 2280 root      20   0  599m  22m  14m S  0.3  2.3   0:01.80 nautilus
 2335 root      20   0  353m  31m  20m S  0.3  3.2   0:03.89 vmtoolsd
 2488 root      20   0  288m  13m  10m S  0.3  1.4   0:01.67 gnome-terminal
 2527 root      20   0 80060 5392 4276 S  0.3  0.5   0:00.93 packagekitd
 2528 root      20   0  362m  47m 9096 S  0.3  4.8   0:09.31 yumBackend.py
 2581 root      20   0 15028 1336 1004 R  0.3  0.1   0:00.02 top
    1 root      20   0 19364 1540 1228 S  0.0  0.2   0:01.70 init
    2 root      20   0     0    0    0 S  0.0  0.0   0:00.00 kthreadd
    3 root      RT   0     0    0    0 S  0.0  0.0   0:00.00 migration/0
    4 root      20   0     0    0    0 S  0.0  0.0   0:00.06 ksoftirqd/0
    5 root      RT   0     0    0    0 S  0.0  0.0   0:00.00 migration/0
    6 root      RT   0     0    0    0 S  0.0  0.0   0:00.02 watchdog/0
    8 root      20   0     0    0    0 S  0.0  0.0   0:00.00 cgroup
    9 root      20   0     0    0    0 S  0.0  0.0   0:00.00 khelper
   10 root      20   0     0    0    0 S  0.0  0.0   0:00.00 netns
   11 root      20   0     0    0    0 S  0.0  0.0   0:00.00 async/mgr
   12 root      20   0     0    0    0 S  0.0  0.0   0:00.00 pm
```

图 1－2－10　查看系统资源

任务 3　vi 编辑器与网络设置

VI 编辑器

【学习目的】

（1）知道 Linux 操作系统中文本编辑器的重要性，它是程序员和运维人员必须掌握的基本知识。

（2）掌握 vi 编辑器的 3 种基本工作模式及其切换。

（3）熟练运用 vi 编辑器的常用命令与操作技巧。

【学习环境】

（1）硬件：PC 1 台。

（2）软件：VMware、CentOS 6.5。

【学习要点】

（1）Linux 操作系统中文本编辑器的重要作用。

（2）vi 编辑器的 3 种基本工作模式及其切换。

（3）vi 编辑器的常用命令及其功能。

【理论基础】

Linux 操作系统的大部分配置文件都是文本文件，主要的文本编辑器有 3 种：gedit、nano、vi/vim。其中，vi 编辑器是 Linux/UNIX 环境下的经典编辑器，熟练地使用它可以高效地编辑代码、配置系统文件等，使用 vi 编辑器是程序员和运维人员必须掌握的技能。因此，即使在集成开发环境盛行的今天，是否能够熟练使用 vi 编辑器仍然被看作衡量 Linux 程序员基本功是否扎实的标准之一。vi 编辑器对于 Linux 运维人员同样重要，不会使用 vi 编辑器，运维就无从谈起。

vi 编辑器可以执行输出、删除、查找、替换、块操作等众多文本操作，而且用户可以根据自己的需要对其进行定制。vi 编辑器只是一个文本编辑程序，它没有菜单，只有命令，且命令繁多。虽然学习这些命令比较费时费力，但是一旦掌握了这些命令，就会发现 vi 编辑器十分高效和强大，丝毫不比任何一款 Windows 编辑器逊色。

现在的 Linux/UNIX 操作系统大都使用 vim 编辑器代替了 vi 编辑器。vim 编辑器是 vi 编辑器的增强版（vi Improved），与 vi 编辑器完全兼容，而且实现了很多增强功能。vi 编辑器会依据文件扩展名或者文件内的开头信息，判断该文件的内容而自动地执行该程序的语法判断式，再以颜色显示程序代码与一般信息。

vi 编辑器有 3 种基本工作模式：命令模式（查看模式）、文本输入模式（编辑模式）和末行模式（ex 转义模式）。

（1）命令模式（查看模式）。

该模式是进入 vi 编辑器后的默认模式。任何时候，不管用户处于何种模式，按【Esc】键即可进入命令模式。在命令模式下，用户可以输入 vi 命令，用于管理自己的文档。此时从键盘上输入的任何字符都被当作编辑命令来解释。若输入的字符是合法的 vi 命令，则 vi 编辑器在接受用户命令之后完成相应的动作。但需注意的是，所输入的命令并不回显在屏幕上。若输入的字符不是合法的 vi 编辑器命令，vi 编辑器就会响铃报警。

（2）文本输入模式（编辑模式）。

在命令模式下，输入“i”（插入命令）、“a”（附加命令）、“o”（打开命令）、“c”（修改命令）、“r”（取代命令）或“s”（替换命令）都可以进入文本输入模式。在该模式下，用户输入的任何字符都被 vi 编辑器当作文件内容保存起来，并将其显示在屏幕上。在文本输入过程中，若想回到命令模式，按【Esc】键即可。

（3）末行模式（ex 转义模式）。

末行模式也称为 ex 转义模式。在命令模式下，用户输入“:”即可进入末行模式，此时 vi 编辑器会在显示窗口的最后一行（通常也是屏幕的最后一行）显示一个“:”作为末行模式的说明符，等待用户输入命令。末行命令执行完后，vi 编辑器自动回到命令模式。

【素质修养】

1. Linux 操作系统的的工作原理

Linux 操作系统是由大量的 C 语言和少量的汇编语言完成的。操作系统整体是由“栈”和“堆”构建起来的，中断是 CPU 提供的允许其他模块打断处理器正常处理过程的机制。在操作系统中，操作系统内核实现中断处理程序。而 CPU 与操作系统通过“默契”协作完成对中断的处理。当有中断发生时，CPU 进入中断处理流程，保存现场，查找中断向量表，进入对应的中断处理例程，并且调用。

操作系统可以看成是一系列的进程在交替运行，同时，操作系统内核会在进程切换期间做一些事情。计算机并非是线性执行的，否则就无法与用户进行交互。在计算机运行的时候，会存在一系列的中断，中断是硬件的功能，操作系统则提供了中断处理例程。

2. 为了加强 vi 编辑器命令的记忆，编写如下顺口溜

Set nu 显行数，小 g 行首大 G 末，yy 复制 p 粘贴，? 搜索 n 反复，dd 剪切或删除，w 写入 q 退，强制执行感叹号！

【任务实施】

1. vi 编辑器工作模式之间的切换

如果要从命令模式转换到文本输入模式，则可以输入命令“a”或者“i”。如果需要从文本模式返回，则按【Esc】键即可。在命令模式下输入“:”即可切换到末行模式，然后输入命令。

查看模式进入编辑模式：a（插入一个字符），i（直接进入编辑），o（下面插入一行）。

2. 查看模式的重要操作命令

yy——复制当前行，Nyy 为复制当前下的 N 行。

dd——剪切当前行，Ndd 为剪切当前下的 N 行。

gg——到文章开头，Ngg 为到第 N 行，GG 为到末尾。

p——粘贴。

u——撤销操作。

v——移动光标可以选择一段文字。

:q——退出。

:q!——强制退出，不写入。

:w——写入。

:w!——强制写入。

:wq——写入并退出。

/字符串——查找，n 表示查找下一个，N 表示查找上一个。

:set nu——显示行号。

:set nonu——不显示行号。

vi 编辑器提供了简单的字符串替换命令，在末行模式下可以使用替换命令，其命令格式如下：

```
[range]s/s1/s2/[option]
```

range——检索范围，省略时表示当前行，如：

1,10 表示从第 1 行到 10 行；

% 表示整个文件，同 1，$；

.，$表示从当前行到文件尾。

s——替换命令。

s1——被替换的串。

s2——替换的串。

option——选项：

/g 表示在全局文件中进行替换。

/c 表示在每次替换之前需要用户进行确认。

省略时仅对每行第一个匹配串进行替换。

例如："% s/network/NETWORK/g" 会把整个文档中的 "network" 全部改为 "NETWORK"。

3. 网络配置

（1）查看 IP 地址命令：ip address，ifconfig。

（2）设置 IP 地址到 eth0：

```
ifconfig eth0 192.168.0.1/24
```

这会删除原有的 IP 地址。

在 eth0 上增加子接口并配置新 IP 地址：

```
ifconfig eth0:0 172.16.0.3/24
```

有更多 IP 时，可以增加 eth0:1、eth0:2 等。

（3）查看路由信息：ip route 或 route -r。

（4）添加路由：

```
route add -net 10.20.30.0/24 gw 192.168.0.1
ip route add 10.20.30.0/24 via 192.168.0.1
```

注意：此处的配置在网络服务重启后失效。

（5）永久保留 IP 地址、路由：

```
vi /etc/sysconfig/network-scripts/ifcfg-eth0
```

【实验作业】

（1）使用 vi 或 vim 编辑器打开“/etc/profile”文件进行编辑，显示行号，并在第 8 行前面插入一个空行。操作截图如图 1－3－1 所示。

```
root@localhost:/etc
File  Edit  View  Search  Terminal  Help
  1 # /etc/profile
  2
  3 # System wide environment and startup programs, for login setup
  4 # Functions and aliases go in /etc/bashrc
  5
  6 # It's NOT a good idea to change this file unless you know what you
  7 # are doing. It's much better to create a custom.sh shell script in
  8
  9 # /etc/profile.d/ to make custom changes to your environment, as this
 10 # will prevent the need for merging in future updates.
 11
 12 pathmunge () {
 13     case ":${PATH}:" in
 14         *:"$1":*)
 15             ;;
 16         *)
 17             if [ "$2" = "after" ] ; then
 18                 PATH=$PATH:$1
 19             else
 20                 PATH=$1:$PATH
 21             fi
 22     esac
 23 }
-- INSERT --
```

图 1－3－1　显示行号与插入空行

（2）退出插入编辑模式，对上述编写的内容进行保存且不退出并继续编辑，对第 2 行进行修改，插入内容为“# This is wjxvtc”，并删除第 3 行，保存并退出。操作截图如图 1－3－2 所示。

```
root@localhost:/etc
File  Edit  View  Search  Terminal  Help
  1 # /etc/profile
  2 # This is wjxvtc
  3 # Functions and aliases go in /etc/bashrc
  4
  5 # It's NOT a good idea to change this file unless you know what you
  6 # are doing. It's much better to create a custom.sh shell script in
  7
  8 # /etc/profile.d/ to make custom changes to your environment, as this
  9 # will prevent the need for merging in future updates.
 10
 11 pathmunge () {
 12     case ":${PATH}:" in
 13         *:"$1":*)
 14             ;;
 15         *)
 16             if [ "$2" = "after" ] ; then
 17                 PATH=$PATH:$1
 18             else
 19                 PATH=$1:$PATH
 20             fi
 21     esac
 22 }
 23
:wq
```

图 1－3－2　插入与删除

（3）再次打开上述文件，观察内容是否已经修改。显示行号，删除第 10 ~ 14 行的内容，不保存并退出，再次打开文件，观察内容修改是否没保存。操作截图如图 1－3－3 所示。

```
root@localhost:/etc
File Edit View Search Terminal Help
  1 # /etc/profile
  2 # This is wjxvtc
  3 # Functions and aliases go in /etc/bashrc
  4
  5 # It's NOT a good idea to change this file unless you know what you
  6 # are doing. It's much better to create a custom.sh shell script in
  7
  8 # /etc/profile.d/ to make custom changes to your environment, as this
  9 # will prevent the need for merging in future updates.
 10         *)
 11             if [ "$2" = "after" ] ; then
 12                 PATH=$PATH:$1
 13             else
 14                 PATH=$1:$PATH
 15             fi
 16     esac
 17 }
 18
 19
 20 if [ -x /usr/bin/id ]; then
 21     if [ -z "$EUID" ]; then
 22         # ksh workaround
 23         EUID=`id -u`
:q!
```

图 1－3－3　不保存退出

（4）显示所有网络接口的详细信息，查看网关路由。操作截图如图 1－3－4 所示。

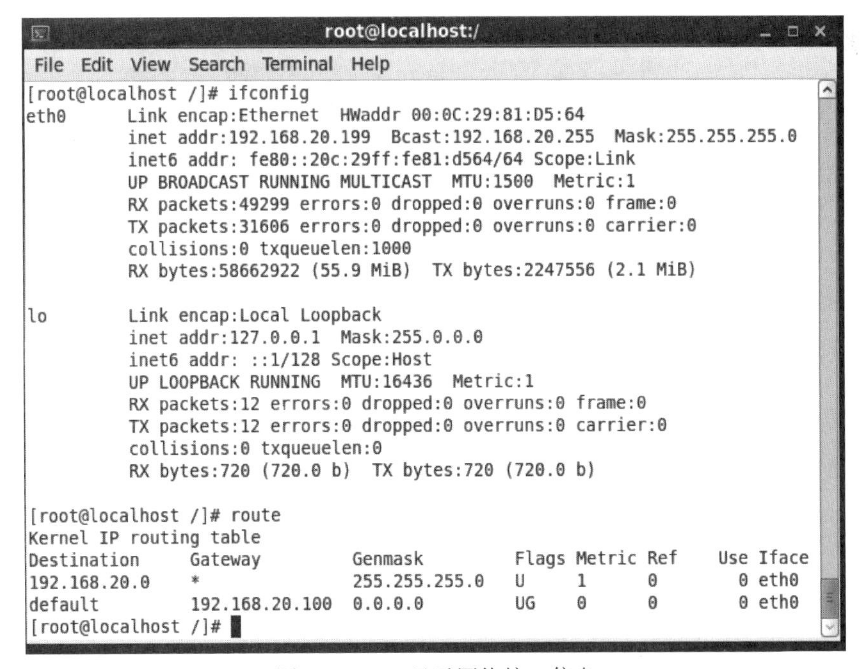

```
root@localhost:/
File Edit View Search Terminal Help
[root@localhost /]# ifconfig
eth0      Link encap:Ethernet  HWaddr 00:0C:29:81:D5:64
          inet addr:192.168.20.199  Bcast:192.168.20.255  Mask:255.255.255.0
          inet6 addr: fe80::20c:29ff:fe81:d564/64 Scope:Link
          UP BROADCAST RUNNING MULTICAST  MTU:1500  Metric:1
          RX packets:49299 errors:0 dropped:0 overruns:0 frame:0
          TX packets:31606 errors:0 dropped:0 overruns:0 carrier:0
          collisions:0 txqueuelen:1000
          RX bytes:58662922 (55.9 MiB)  TX bytes:2247556 (2.1 MiB)

lo        Link encap:Local Loopback
          inet addr:127.0.0.1  Mask:255.0.0.0
          inet6 addr: ::1/128 Scope:Host
          UP LOOPBACK RUNNING  MTU:16436  Metric:1
          RX packets:12 errors:0 dropped:0 overruns:0 frame:0
          TX packets:12 errors:0 dropped:0 overruns:0 carrier:0
          collisions:0 txqueuelen:0
          RX bytes:720 (720.0 b)  TX bytes:720 (720.0 b)

[root@localhost /]# route
Kernel IP routing table
Destination     Gateway         Genmask         Flags Metric Ref    Use Iface
192.168.20.0    *               255.255.255.0   U     1      0        0 eth0
default         192.168.20.100  0.0.0.0         UG    0      0        0 eth0
[root@localhost /]#
```

图 1－3－4　显示网络接口信息

（5）对网卡 eth0 进行编辑（CentOS 7 版本，网卡文件名默认为 ens33），永久保留 IP 地址、网关、DNS 等配置（设置为外网卡地址 +100，其他与外网卡信息一致）。编辑完成后重启网络服务，并查看网络信息。操作截图如图 1-3-5～图 1-3-7 所示。

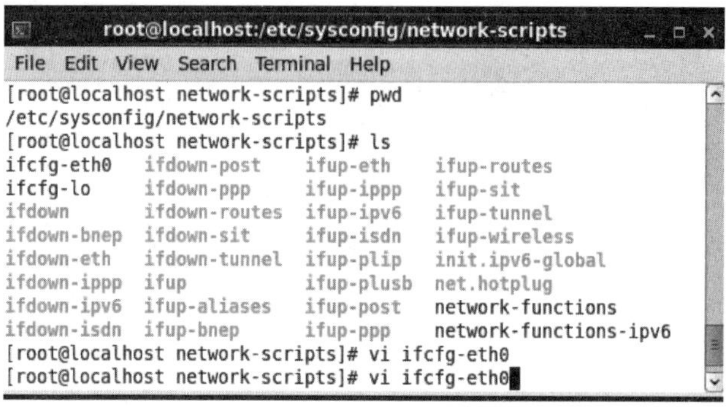

```
root@localhost:/etc/sysconfig/network-scripts
File Edit View Search Terminal Help
[root@localhost network-scripts]# pwd
/etc/sysconfig/network-scripts
[root@localhost network-scripts]# ls
ifcfg-eth0     ifdown-post     ifup-eth     ifup-routes
ifcfg-lo       ifdown-ppp      ifup-ippp    ifup-sit
ifdown         ifdown-routes   ifup-ipv6    ifup-tunnel
ifdown-bnep    ifdown-sit      ifup-isdn    ifup-wireless
ifdown-eth     ifdown-tunnel   ifup-plip    init.ipv6-global
ifdown-ippp    ifup            ifup-plusb   net.hotplug
ifdown-ipv6    ifup-aliases    ifup-post    network-functions
ifdown-isdn    ifup-bnep       ifup-ppp     network-functions-ipv6
[root@localhost network-scripts]# vi ifcfg-eth0
[root@localhost network-scripts]# vi ifcfg-eth0
```

图 1-3-5　浏览网卡配置文件及目录

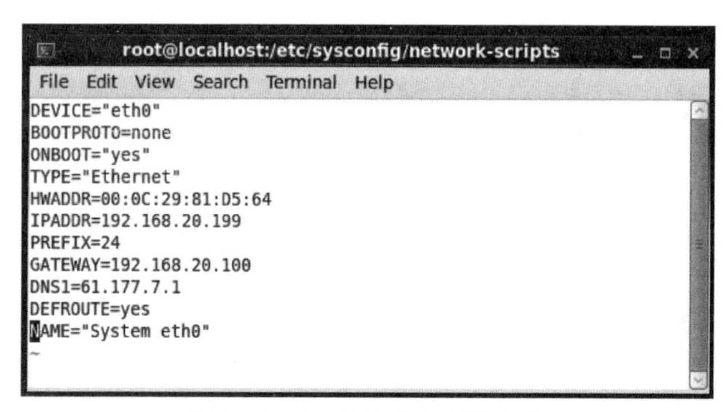

图 1-3-6　修改网卡配置文件

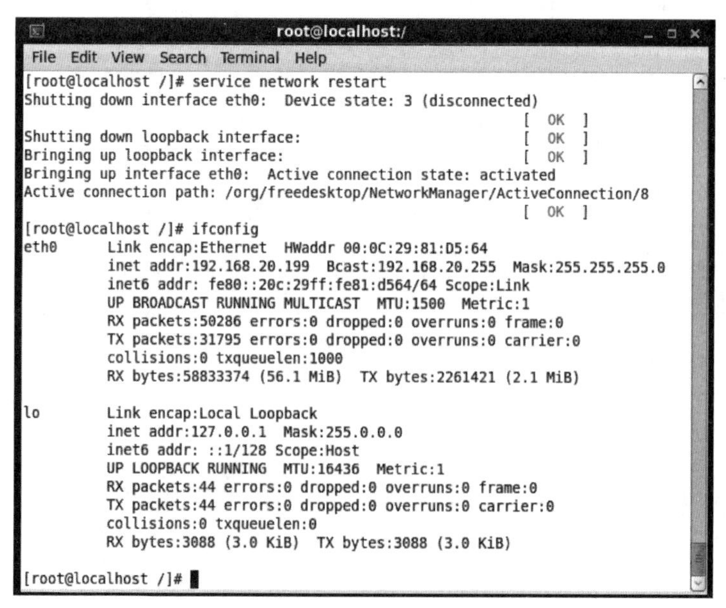

图 1-3-7　重启网卡服务

ifcfg－eth0 的主要配置修改如下：

```
DEVICE = "eth0"
TYPE = "Ethernet"
IPADDR =192.168.20.199
PREFIX =24
GATEWAY =192.168.20.100
DNS1 =61.177.7.1
```

任务 4　打包与安装

打包与解压

【学习目的】

（1）了解打包、压缩、解压缩、rpm 安装和源码安装的基本概念。

（2）重点掌握 tar 打包工具的参数、功能与应用。

（3）熟练掌握 rpm 的安装与卸载的方法，了解源码安装的步骤。

【学习环境】

（1）硬件：PC 1 台。

（2）软件：VMware、CentOS 6.5。

【学习要点】

（1）打包、压缩、解压缩的基本概念。

（2）tar 打包工具。

（3）rpm 的安装与卸载。

（4）源码包的下载与安装步骤。

【理论基础】

1. 基本概念

（1）打包：将多个文件或目录变成一个总的文件。

（2）压缩：将一个大文件通过一些压缩算法变成一个小文件。

（3）解压缩：是压缩的反过程，将通过软件压缩的文档、文件等恢复到压缩之前的样子。

在 Linux 操作系统中，很多压缩程序只能针对一个文件进行压缩，因此，当想要压缩多个文件时，要先将这些文件先打成一个包（“tar” 命令），然后用压缩程序进行压缩（“gz-ip”“bzip2” 命令）。

2. 常用的压缩包文件格式（见表1－4－1）

表1－4－1　常用压缩包文件

文件后缀名	说　明
*. zip	zip 程序打包压缩的文件
*. rar	rar 程序压缩的文件
*. 7z	7zip 程序压缩的文件
*. tar	tar 程序打包，未压缩的文件
*. gz	gzip 程序（GNU zip）压缩的文件
*. xz	xz 程序压缩的文件
*. bz2	bzip2 程序压缩的文件
*. tar. gz	tar 打包，gzip 程序压缩的文件
*. tar. xz	tar 打包，xz 程序压缩的文件
* tar. bz2	tar 打包，bzip2 程序压缩的文件
*. tar. 7z	tar 打包，7zip 程序压缩的文件

【素质修养】

1. 学习 Linux 要多动手操作。合抱之木，生于毫末；九层之台，起于累土；千里之行，始于足下。每天进步一点点，做最好的自己；每天偷懒一点点，差之千里。

2. 打包与安装的方法有很多种，注意区别和掌握重点，让自己成为一个 Linux 高手。

【任务实施】

1. tar 打包工具

tar 是一个打包工具，同时还实现了对 7zip、gzip、xz、bzip2 等程序的支持，这些压缩程序只能实现对文件或目录（单独压缩目录中的文件）的压缩，不能实现对文件的打包压缩。tar 的解压和压缩都是同一个命令，只是选项不同，tar 打包的常用选项如下：

－v：以可视的方式输出打包的文件，会自动去掉表示绝对路径的“/”。

－P：保留绝对路径符。

（1）创建一个 tar 包。

命令格式：tar －c －f <创建的文件名.tar> <要打包的绝对路径>

注：－c 表示创建一个 tar 包文件；－f 用于指定创建的文件名；且文件名必须紧跟在－f 之后。

（2）解包一个文件到指定路径的已存在目录。

命令格式：tar －x －f <要解压的文件名.tar> －C <已存在的目录>

注：－x 表示解压一个 tar 包文件；－f 用于指定要解压的文件名；－C 用于指定特定的解压目录。

（3）只查看不解压。

命令格式：tar －t－f <要查看的文件名.tar>

（4）保留文件属性和跟随链接（符号链接或软链接）。

有时使用tar备份文件，当在其他主机还原时希望保留文件的属性和备份链接指向的源文件时可用如下两个选项：

－p：保留文件的属性。

－h：备份链接指向的源文件而不是链接本身。

（5）创建不同的压缩格式的文件。

要使用其他压缩程序创建或解压相应的文件，只需在“tar”命令上加一个选项即可（见表1－4－2）。

表1－4－2 压缩文件格式与参数

压缩文件格式	选项
*.tar.gz	－z
*.tar.xz	－J
*tar.bz2	－j

2. tar打包案例

（1）tar –xvf a.tar。

解压“a.tar”包，其中－x为解压参数；－v显示解压过程；－f表示使用文件名，这个参数是必需的，而且必须放在最后。

（2）tar –zxvf a.tar.gz。

解压“a.tar.gz”包，－z为解压“tar.gz”包专用的参数。

（3）tar –zcvf a.tar.gz *.jpg。

把本文件下所有以“.jpg”结尾的文件打成“a.tar.gz”包，－c为打包命令。

（4）tar –cjf a.tar.bz2 *.jpg。

把“*.jpg”打包成“a.tar.bz2”，－j表示“a.tar.bz2”包。

（5）tar –rf a.tar aaa。

把“aaa”文件追加到“a.tar”包中，－r表示追加的参数。

3. rpm包与安装

rpm包是已编译好的二进制安装文件，rpm包的文件命名格式：rpm包名－主版本号－子版本号－软件支持的平台.rpm，如：krb5–devel–1.6.2–14.fc8.i386.rpm。

（1）rpm包的安装命令：rpm –ivh ×××.rpm。

（2）rpm包的卸载命令：rpm –e ×××包名。

（3）rpm升级命令：rpm –Uvh ×××.rpm。

（4）rpm –ivh ––nodeps ×××.rpm：强制安装，不考虑软件之间的依赖关系。

（5）rpm –ivh ––force ×××.rpm：覆盖安装。

（6）rpm -ivh --replacefiles ×××. rpm：忽略冲突错误。

（7）rpm -Uvh --oldpackage --force ×××. rpm：升级到旧版本的软件包。

（8）rpm -ivh http://gdlc. cublog. cn/ ×××. rpm：网络安装。

4. 源码包的安装

（1）解压：

```
tar -xvf xxx.tar
tar -zxvf xxx.tar.gz
tar -jxvf xxx.tar.bz2
```

（2）编译安装：

```
./configure prefix=/usr/local
make
make install
```

5. 光盘挂载与安装包搜索

（1）光盘挂载：mount /dev/cdrom/ /media/

（2）安装包搜索，如在光盘挂载目录中找 tftp 安装包：find /media/ -name “tftp *. rpm”

【实验作业】

（1）在根目录下创建一个目录“/wl1523”，并在此目录内创建 5 个空文件，分别是“aaa. txt”“bbb. txt”“ccc. txt”“ddd. doc”“eee. jpg”，然后用“tar”命令把这些目录下的所有“*. txt”文件打包成“wjxvtc. tar”，所有“*. doc”文件打包成“wjxvtc2. tar. gz”，所有“*. jpg”文件打包成“wjxvtc3. tar. bz2”。操作截图如图 1-4-1 所示。

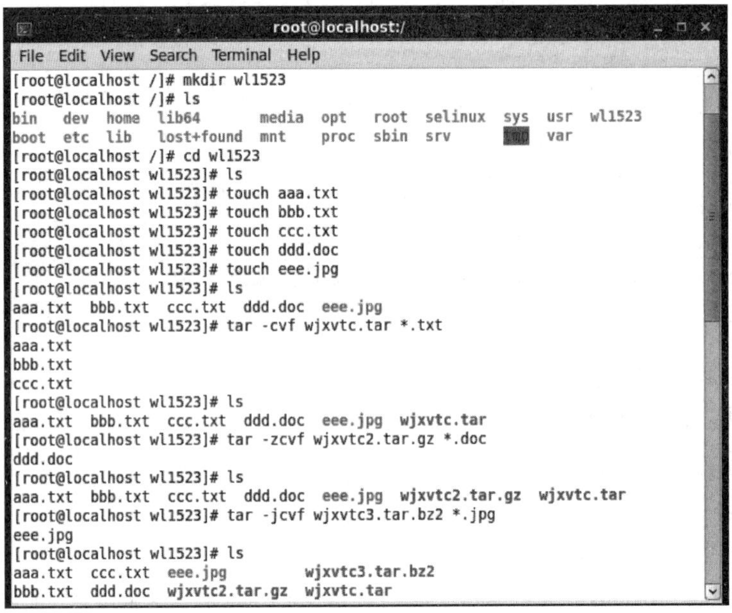

```
root@localhost:/
File Edit View Search Terminal Help
[root@localhost /]# mkdir wl1523
[root@localhost /]# ls
bin   dev  home  lib64       media  opt   root  selinux  sys  usr  wl1523
boot  etc  lib   lost+found  mnt    proc  sbin  srv      tmp  var
[root@localhost /]# cd wl1523
[root@localhost wl1523]# ls
[root@localhost wl1523]# touch aaa.txt
[root@localhost wl1523]# touch bbb.txt
[root@localhost wl1523]# touch ccc.txt
[root@localhost wl1523]# touch ddd.doc
[root@localhost wl1523]# touch eee.jpg
[root@localhost wl1523]# ls
aaa.txt  bbb.txt  ccc.txt  ddd.doc  eee.jpg
[root@localhost wl1523]# tar -cvf wjxvtc.tar *.txt
aaa.txt
bbb.txt
ccc.txt
[root@localhost wl1523]# ls
aaa.txt  bbb.txt  ccc.txt  ddd.doc  eee.jpg  wjxvtc.tar
[root@localhost wl1523]# tar -zcvf wjxvtc2.tar.gz *.doc
ddd.doc
[root@localhost wl1523]# ls
aaa.txt  bbb.txt  ccc.txt  ddd.doc  eee.jpg  wjxvtc2.tar.gz  wjxvtc.tar
[root@localhost wl1523]# tar -jcvf wjxvtc3.tar.bz2 *.jpg
eee.jpg
[root@localhost wl1523]# ls
aaa.txt  ccc.txt  eee.jpg         wjxvtc3.tar.bz2
bbb.txt  ddd.doc  wjxvtc2.tar.gz  wjxvtc.tar
```

图 1-4-1　打包文件

（2）把目录“/wl1523”内的3个打包文件复制到根目录下，在根目录下用“tar”命令对3个打包文件进行解压缩。操作截图如图1－4－2、图1－4－3所示。

```
root@localhost:/
File Edit View Search Terminal Help
[root@localhost wl1523]# cp wjxvtc*.* /
[root@localhost wl1523]# cd /
[root@localhost /]# ls
bin   etc   lib64       mnt   root     srv  usr            wjxvtc3.tar.bz2
boot  home  lost+found  opt   sbin     sys  var            wjxvtc.tar
dev   lib   media       proc  selinux  tmp  wjxvtc2.tar.gz wl1523
[root@localhost /]# tar -xvf wjxvtc.tar
aaa.txt
bbb.txt
ccc.txt
[root@localhost /]# ls
aaa.txt  ccc.txt  lib         mnt   sbin     tmp             wjxvtc3.tar.bz2
bbb.txt  dev      lib64       opt   selinux  usr             wjxvtc.tar
bin      etc      lost+found  proc  srv      var             wl1523
boot     home     media       root  sys      wjxvtc2.tar.gz
[root@localhost /]# tar -zxvf wjxvtc2.tar.gz
ddd.doc
[root@localhost /]# ls
aaa.txt  ccc.txt  home        media  root     sys  wjxvtc2.tar.gz
bbb.txt  ddd.doc  lib         mnt    sbin     tmp  wjxvtc3.tar.bz2
bin      dev      lib64       opt    selinux  usr  wjxvtc.tar
boot     etc      lost+found  proc   srv      var  wl1523
```

图1－4－2　解压文件

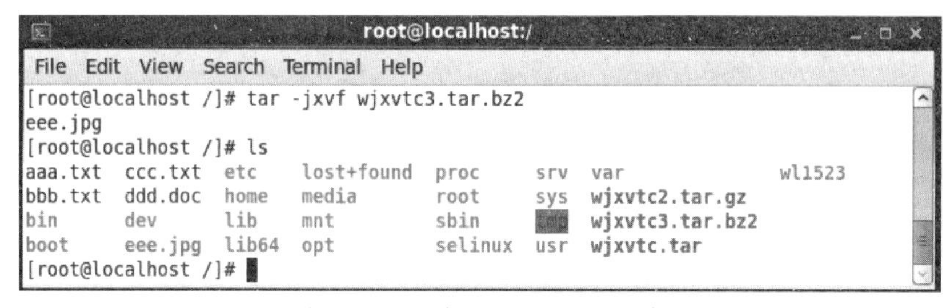

```
root@localhost:/
File Edit View Search Terminal Help
[root@localhost /]# tar -jxvf wjxvtc3.tar.bz2
eee.jpg
[root@localhost /]# ls
aaa.txt  ccc.txt  etc    lost+found  proc     srv  var              wl1523
bbb.txt  ddd.doc  home   media       root     sys  wjxvtc2.tar.gz
bin      dev      lib    mnt         sbin     tmp  wjxvtc3.tar.bz2
boot     eee.jpg  lib64  opt         selinux  usr  wjxvtc.tar
[root@localhost /]#
```

图1－4－3　解压＊.tar.bz2文件

（3）进入光盘默认挂载的目录“/media”，找到telnet的安装包文件“telnet－0.17－47.el6_3.1.x86_64.rpm”，用“rpm”命令安装，检查，再卸载。操作截图如图1－4－4所示。

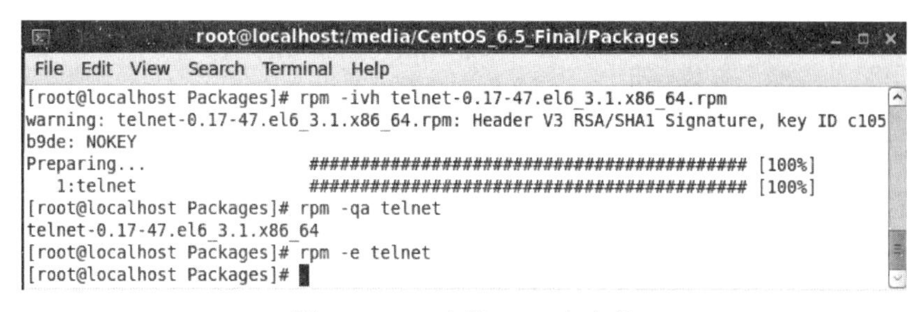

```
root@localhost:/media/CentOS_6.5_Final/Packages
File Edit View Search Terminal Help
[root@localhost Packages]# rpm -ivh telnet-0.17-47.el6_3.1.x86_64.rpm
warning: telnet-0.17-47.el6_3.1.x86_64.rpm: Header V3 RSA/SHA1 Signature, key ID c105
b9de: NOKEY
Preparing...                ########################################### [100%]
   1:telnet                 ########################################### [100%]
[root@localhost Packages]# rpm -qa telnet
telnet-0.17-47.el6_3.1.x86_64
[root@localhost Packages]# rpm -e telnet
[root@localhost Packages]#
```

图1－4－4　安装telnet包文件

（4）联网源安装openoffice中的3个重要软件和中文输入法，操作截图如图1－4－5、图1－4－6所示。命令如下：

```
yum install -y openoffice.org-writer     //相当于Word
```

```
yum install -y openoffice.org-impress     //相当于 Power Point
yum install -y openoffice.org-calc        //相当于 Excel
yum install -y ibus ibus-pinyin           //安装拼音输入法并设置
```

如果是 CentOS 7 以上版本，安装命令是：

```
yum install - y libreoffice
yum install - y ibus libpinyin
```

中文输入法安装成功后，进入设置→Region&language→添加输入源→汉语（interlligent Pinyin）。如图 1-4-5 和图 1-4-6 所示。

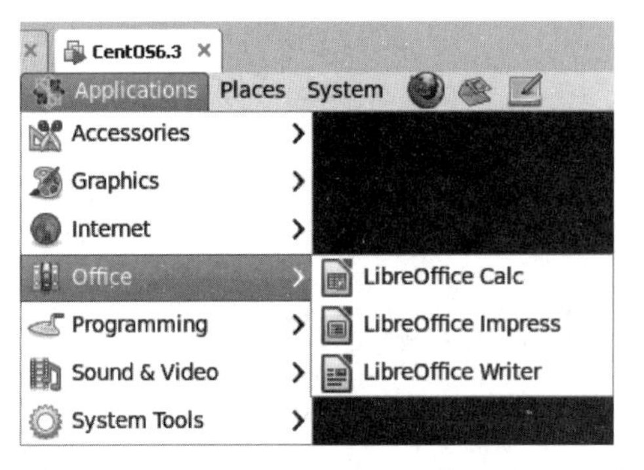

图 1-4-5　Openoffice 与中文输入法安装

图 1-4-6　Libreoffice Writer 编辑

（5）在网上下载 linuxqq 并安装。

①如果下载的是“linuxqq-v1.0.2-beta1.i386.rpm”文件，则用“rpm”命令安装。操作截图如图1-4-7～图 1-4-9 所示。

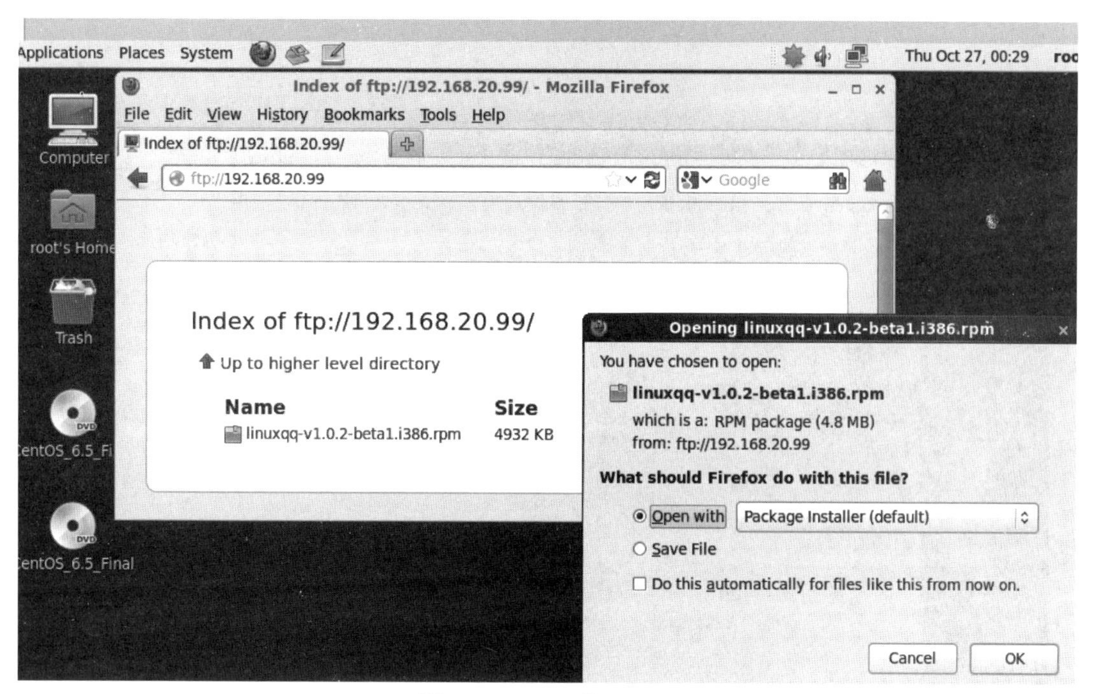

图 1－4－7 下载 linuxqq

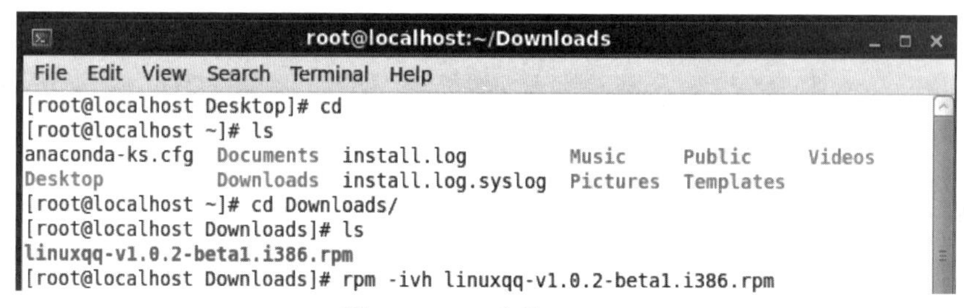

图 1－4－8 安装 linuxqq

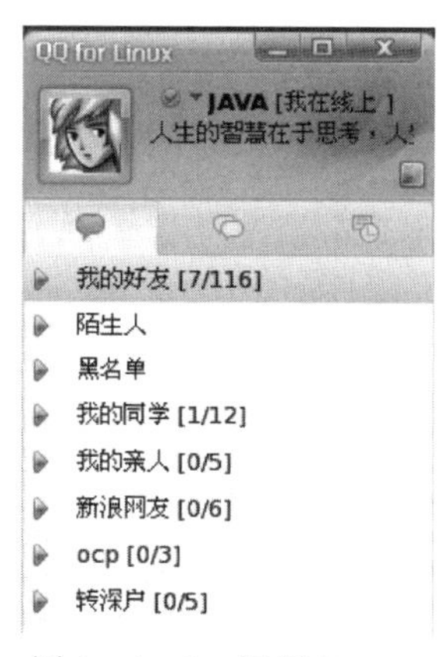

图 1－4－9 运行 linuxqq

②如果下载的是“linuxqq. tar. gz”文件，则先解压再安装。运行“/usr/bin/qq”。操作截图如图 1－4－10、图 1－4－11 所示。

图 1-4-10 下载 linuxqq 源码安装文件

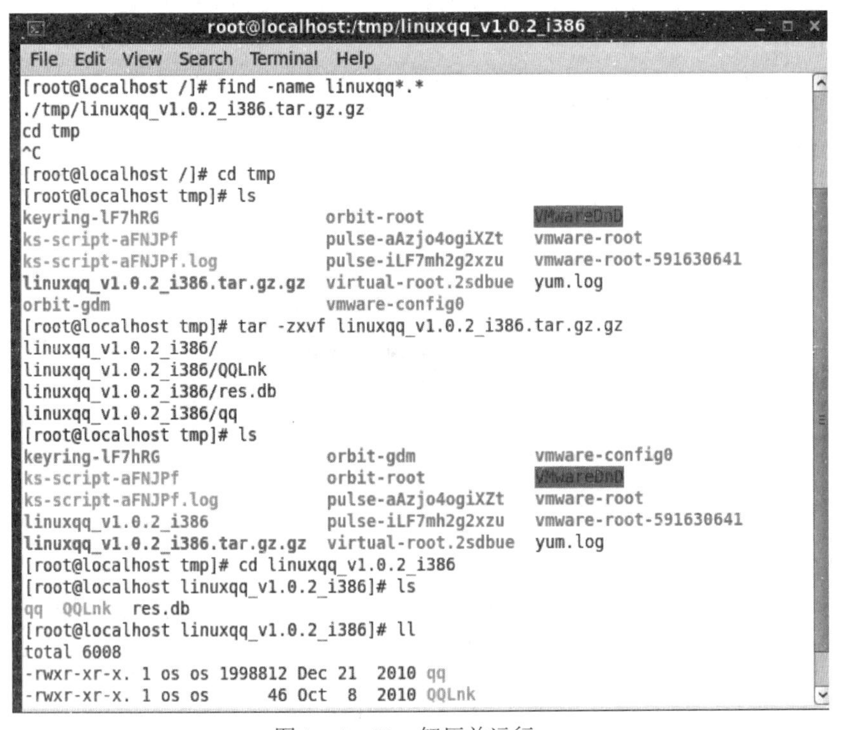

```
[root@localhost /]# find -name linuxqq*.*
./tmp/linuxqq_v1.0.2_i386.tar.gz.gz
cd tmp
^C
[root@localhost /]# cd tmp
[root@localhost tmp]# ls
keyring-lF7hRG                   orbit-root              VMwareDnD
ks-script-aFNJPf                 pulse-aAzjo4ogiXZt      vmware-root
ks-script-aFNJPf.log             pulse-iLF7mh2g2xzu      vmware-root-591630641
linuxqq_v1.0.2_i386.tar.gz.gz    virtual-root.2sdbue     yum.log
orbit-gdm                        vmware-config0
[root@localhost tmp]# tar -zxvf linuxqq_v1.0.2_i386.tar.gz.gz
linuxqq_v1.0.2_i386/
linuxqq_v1.0.2_i386/QQLnk
linuxqq_v1.0.2_i386/res.db
linuxqq_v1.0.2_i386/qq
[root@localhost tmp]# ls
keyring-lF7hRG                   orbit-gdm               vmware-config0
ks-script-aFNJPf                 orbit-root              VMwareDnD
ks-script-aFNJPf.log             pulse-aAzjo4ogiXZt      vmware-root
linuxqq_v1.0.2_i386              pulse-iLF7mh2g2xzu      vmware-root-591630641
linuxqq_v1.0.2_i386.tar.gz.gz    virtual-root.2sdbue     yum.log
[root@localhost tmp]# cd linuxqq_v1.0.2_i386
[root@localhost linuxqq_v1.0.2_i386]# ls
qq  QQLnk  res.db
[root@localhost linuxqq_v1.0.2_i386]# ll
total 6008
-rwxr-xr-x. 1 os os 1998812 Dec 21  2010 qq
-rwxr-xr-x. 1 os os      46 Oct  8  2010 QQLnk
```

图 1-4-11 解压并运行 qq

任务5　用户与用户组管理

【学习目的】

（1）理解 Linux 是一个多用户、多任务的操作系统的重要概念，理解用户和用户组的关系。

（2）理解 Linux 文件与目录的权限作用和规则。

（3）掌握用户及用户组相关的操作命令，掌握文件权限相关的操作命令。

【学习环境】

用户与组的管理

（1）硬件：PC 1 台。

（2）软件：VMware、CentOS 6.5。

【学习要点】

（1）多用户、多任务的操作系统。

（2）Linux 操作系统中的 4 个重要账户文件。

（3）用户及用户组相关命令。

（4）文件权限修改命令。

【理论基础】

Linux 是一个多用户、多任务的操作系统。多用户、多任务并不是指用户同时在一台机器的键盘和显示器前操作机器，多用户可能是通过 SSH 客户端工具等远程登录服务器来进行的，比如对于服务器的运行控制，只要具有相关用户的权限，任何人都可以操作访问服务器。

用户在系统中是分角色的，在 Linux 操作系统中，由于角色的不同，权限和所完成的任务也不同，用户的角色是通过 UID 和 GID 识别的，特别是 UID，在运维工作中，一个 UID 是唯一标识一个系统用户的账号。用户账户分为 3 类：超级用户 root（0）、程序用户（1 ~ 499）、普通用户（500 ~ 65 535）。多用户系统从实际来说使系统管理更为方便。从安全角度来说，多用户也更为安全。

用户（user）：要使用系统资源，就必须向系统管理员申请一个账号，然后通过这个账号进入系统。这个账号和用户是同一个账号，通过建立不同属性的用户，一方面可以合理地利用和控制系统资源，另一方面可以帮助用户组织文件，提供对用户文件的安全性保护。

用户组（group）：Linux 操作系统中的用户组是具有相同特性的用户集合，通过定义用户组，可以在很大程度上简化运维管理工作。用户和用户组的对应关系有：一对一、一对多、多对一和多对多。

Linux 操作系统中下的账户文件主要有“/etc/passwd”“/etc/shadow”“/etc/group”“/etc/gshadow”4 个文件：

（1）/etc/passwd：用户的配置文件，保存用户账户的基本信息。用户的配置文件/etc/passwd 中每行定义一个用户账号，有多少行就表示有多少个用户账号。

（2）/etc/shadow：用户影子口令文件。由于 passwd 文件必须被所有的用户读取，因此会带来安全隐患，而 shadow 文件就是为了解决这个安全隐患而增加的。

（3）/etc/group：用户组配置文件。用户组配置文件包括用户与用户组，并且能显示用户归属哪个用户组，因为一个用户可以归属一个或多个不同的用户组，同一用户组的用户之间具有相似的特性。

（4）/etc/gshadow：用户组的影子文件。它是用户组配置文件的加密文件，比如用户组的管理密码就存放在这个文件中。

【素质修养】

1. Linux 的管理理念

Linux 系统是一个多用户多任务的分时操作系统，任何一个要使用系统资源的用户，都必须首先向系统管理员申请一个账号，然后以这个账号的身份进入系统。系统再根据用户的性质划分到相应的组中，同一个组的成员受到权限的统一约束。

用户的账号一方面可以帮助系统管理员对使用系统的用户进行跟踪，并控制他们对系统资源的访问；另一方面也可以帮助用户组织文件，并为用户提供安全性保护。

每个用户账号都拥有一个唯一的用户名和各自的口令。用户在登录时键入正确的用户名和口令后，就能够进入系统和自己的主目录。

2. 团队与团队建设

团队是一组为一个共同目标而工作的个体集合。项目经理必须确保团队成员都认可其他成员的技能，并且成员之间形成相互依赖的工作方式。

团队建设是一个既增强项目个体的贡献能力，又增强团队的贡献能力的过程。将一组个人组织起来，以承诺达成共同目标，为有效的团队工作和团队成员满意度提供帮助，创建一支有效的团队，该团队将个人的适当才能与积极的团队精神相结合，以实现目标，开发个人和集体的技能及竞争力以增强项目绩效。

3. 向蚂蚁学习团队精神

在英国，曾有一位科学家把一盘点燃的蚊香放进蚁巢里。开始时，巢中的蚂蚁惊恐万分，不知所措。十几分钟后，便有许多蚂蚁纷纷向火中冲去，对着点燃的蚊香喷射出自己的蚁酸，蚁群中的一些“勇士”葬身火海，虽然一只蚂蚁能射出的蚁酸量十分有限。但是它们前仆后继，几分钟便将火扑灭了。

【任务实施】

1. 用户及用户组相关命令

（1） #useradd $username：添加用户。格式如下：

useradd 用户名 -g 首要组名 -G 次要组名 -u 用户ID -d 目录名

如：

useradd wlzy01 -g oa -G gongzuo -u 100 -d/home/wlzy01

（2） #userdel $username：删除用户， -r 会同时删除用户的目录及其下所有文件。

（3） #groupadd $groupname：添加用户组。格式如下：

groupadd -g 组ID 新的组名

如：

groupadd -g 200 oa

（4） #groupdel $groupname：删除用户组。

（5） #passwd $username：为用户设置密码。

（6） #su 用户名：切换当前用户身份，exit 是离开。

2. 修改用户账号信息命令 usermod

（1） -G 参数：将 groupA 组作为 user2 的附加组，即 user2 同时存在于两个用户组中。

usermod -G groupA user2

（2）-g 参数:将 user2 自原有组移出并归属到 groupA 组中。

usermod -g groupA user2

（3） -l 参数：将用户 user2 的名字改为 user3。

usermod -l user3 user2

（4）将 user2 账户有效期设置为 2016 年 4 月 1 日止。

usermod -e 20160401 user2

（5） -L/U 参数：锁定/解锁 user2 账户。

usermod -L/U user2

3. 改变用户属主的命令 chown

（1） -R 参数：递归式地改变指定目录及其下的所有子目录和文件的拥有者。

（2） -v 参数：显示“chown”命令所做的工作。

例 1：chown oracle text　　　　　//将 text 文件的属主改为 oracle 用户

例 2：chown oracle：dba text　　　//将 text 文件的属主改为 oracle，属组为 dba

例 3：chown -R oracle：oinstall /opt/oracle　//把“/opt/oracle”目录下的所有文件改变给 oracle 用户和 oinstall 组

4. 改变属组的命令 chgrp

该命令改变指定文件所属的用户组， -R 递归式地改变指定目录及其下的所有子目录和文件的属组。其中 group 可以是用户组 ID，也可以是“/etc/group”文件中用户组的组名。

例如：chgrp oinstall a　　　　//把/opt 目录下的 a 用户改变给 oinstall 用户组

5. 文件权限说明

Linux 操作系统按照用户与组进行分类，针对不同的群体进行了权限管理，以确定谁能通过何种方式对文件和目录进行访问和操作。

（1）文件的权限针对三类对象进行定义：u（owner，属主）、g（group，属组）、o（other，其他）。

（2）对每类访问者定义了三种主要权限：r（Read 读权限）、w（Write 写权限）、x（eXecute 执行权限）。

（3）用户获取文件权限的顺序：先看是否为属主，如果是，则后面权限不看；再看是否为所属组，如果是，则后面权限不看。

权限可采用数字来表示，规定如下：r(read) =4;w(write) =2;x(excute) =1; - =o

6. 文件权限修改命令 chmod

文件权限示例：group1 组的用户 user1 创建了一个文件 abcd，以“ls -l”命令查看输出结果如下：

```
-rwxrw-r--1 user1 group1  0 Sep  9 12:48 abcd
```

该文件权限值为“rwx rw-r--”，即 764。

例如 1：修改为所有用户均只读，则赋值为 r--r--r--，即 444。

```
#chmod 444 abcd
```

或

```
#chmod a=r abcd
```

或

```
#chmod u-w-x,g-w abcd
```

-R 参数：递归式地改变指定目录及其下的所有子目录和文件的属组。

例如 2：“chmod -R a+r *”将当前目录下的所有文档及子目录皆设为任何人可读取。

例如 3：“chmod -R a=r *”将当前目录下的所有文档及子目录皆设为任何人只能读取，不能修改和执行。

【实验作业】

（1）增加用户 wlzy01 并设置密码为 456（如果是 CentOS 7 以上版本，密码要求字母 + 数字 8 位以上，密码可以设置为自己姓名的英文全拼 +456），增加用户 wlzy02 并设置密码为 654。再切换账户到 wlzy01、wlzy02、root，体验用户和密码的作用。操作截图如图 1-5-1 所示。

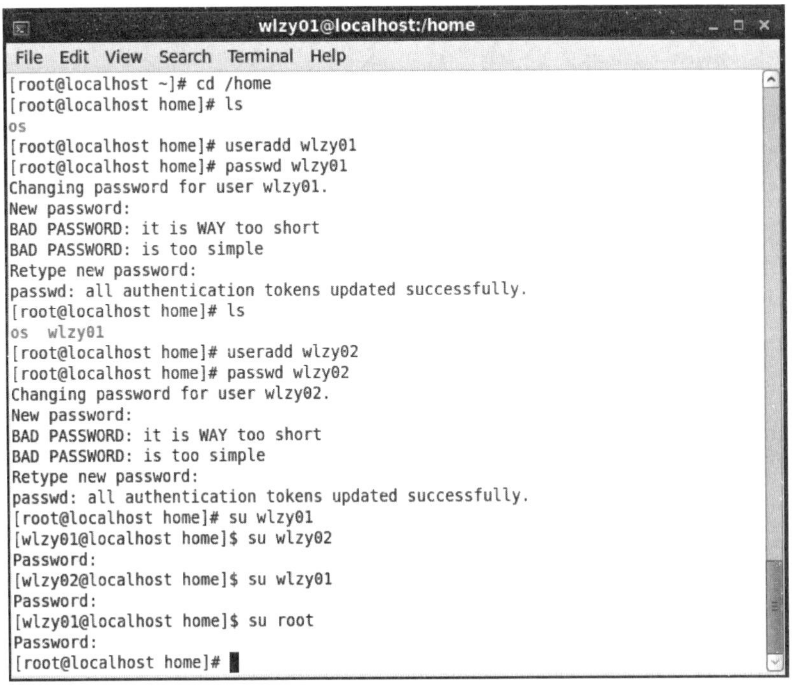

```
wlzy01@localhost:/home
File Edit View Search Terminal Help
[root@localhost ~]# cd /home
[root@localhost home]# ls
os
[root@localhost home]# useradd wlzy01
[root@localhost home]# passwd wlzy01
Changing password for user wlzy01.
New password:
BAD PASSWORD: it is WAY too short
BAD PASSWORD: is too simple
Retype new password:
passwd: all authentication tokens updated successfully.
[root@localhost home]# ls
os  wlzy01
[root@localhost home]# useradd wlzy02
[root@localhost home]# passwd wlzy02
Changing password for user wlzy02.
New password:
BAD PASSWORD: it is WAY too short
BAD PASSWORD: is too simple
Retype new password:
passwd: all authentication tokens updated successfully.
[root@localhost home]# su wlzy01
[wlzy01@localhost home]$ su wlzy02
Password:
[wlzy02@localhost home]$ su wlzy01
Password:
[wlzy01@localhost home]$ su root
Password:
[root@localhost home]#
```

图 1－5－1　创建用户

（2）增加用户 wlzy03 并设置密码为 789，删除用户 wlzy03 并同时删除用户目录。增加用户 wlzy04 并设置其目录为“/home/wlzy004”，切换账户到 wlzy004 和 wlzy04，体验目录名与用户名的区别。操作截图如图 1－5－2 所示。

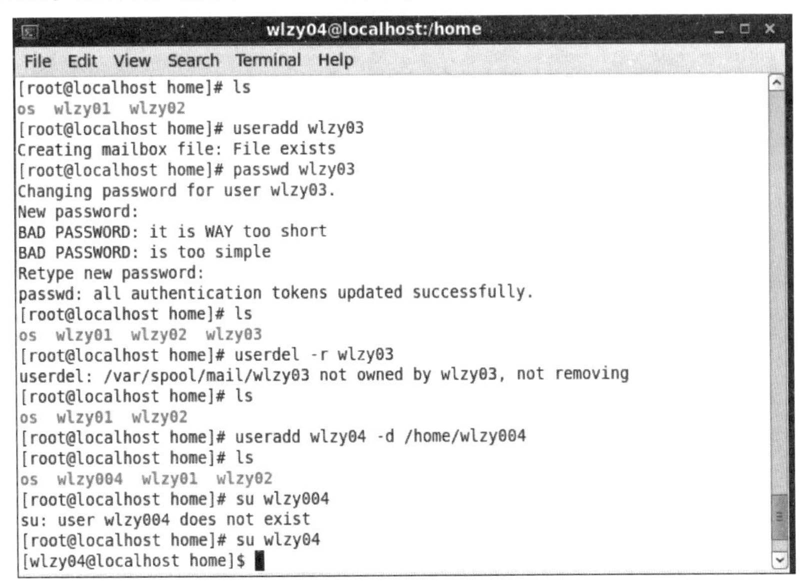

图 1－5－2　删除用户

（3）增加用户组 wjxvtc 和 rjxy，再删除用户组 rjxy。将用户 wlzy01 自原有组移出并归属到用户组 wjxvtc 中，将用户 wlzy02 增加附加组 wjxvtc 组属性。操作截图如图 1－5－3 所示。

```
wlzy04@localhost:/home
File Edit View Search Terminal Help
[root@localhost home]# groupadd wjxvtc
[root@localhost home]# groupadd rjxy
[root@localhost home]# groupdel rjxy
[root@localhost home]# usermod -g wjxvtc wlzy01
[root@localhost home]# usermod -G wjxvtc wlzy02
[root@localhost home]#
```

图 1－5－3　创建用户组

（4）切换用户到 wlzy01，并在“/tmp”目录中创建文件“aaa. txt”“bbb. txt”。查看“/tmp”目录中文件的原有属性；再修改“aaa. txt”文件对所有用户增加执行权限，“bbb. txt”文件对所有用户均有写读执行权限。操作截图如图 1－5－4、图 1－5－5 所示。

```
wlzy01@localhost:/tmp
File Edit View Search Terminal Help
[root@localhost Desktop]# su wlzy01
[wlzy01@localhost Desktop]$ cd /tmp
[wlzy01@localhost tmp]$ ls
keyring-Y4a2Z7          pulse-iLF7mh2g2xzu      VMwareDnD
ks-script-aFNJPf        pulse-r0c1xsHiQZ6U      vmware-root
ks-script-aFNJPf.log    virtual-root.6RXfJP     vmware-root-591630641
orbit-gdm               virtual-root.BVhi7w     yum.log
orbit-root              vmware-config0
[wlzy01@localhost tmp]$ touch aaa.txt
[wlzy01@localhost tmp]$ touch bbb.txt
[wlzy01@localhost tmp]$ ll
total 52
-rw-r--r--. 1 wlzy01 wjxvtc    0 Nov  3 00:56 aaa.txt
-rw-r--r--. 1 wlzy01 wjxvtc    0 Nov  3 00:56 bbb.txt
drwx------. 2 root   root   4096 Nov  2 23:59 keyring-Y4a2Z7
-rwx------. 1 root   root   1637 Apr  9  2016 ks-script-aFNJPf
-rwxr-xr-x. 1 root   root     64 Apr  9  2016 ks-script-aFNJPf.log
drwx------. 2 gdm    gdm    4096 Nov  2 23:59 orbit-gdm
drwx------. 2 root   root   4096 Nov  3 00:56 orbit-root
drwx------. 2 gdm    gdm    4096 Nov  2 23:59 pulse-iLF7mh2g2xzu
drwx------. 2 root   root   4096 Nov  2 23:59 pulse-r0c1xsHiQZ6U
drwx------. 2 root   root   4096 Nov  2 22:37 virtual-root.6RXfJP
drwx------. 2 root   root   4096 Nov  2 23:59 virtual-root.BVhi7w
drwxr-xr-x. 2 root   root   4096 Apr  9  2016 vmware-config0
drwxrwxrwt. 2 root   root   4096 Apr  9  2016 VMwareDnD
drwxr-xr-x. 2 root   root   4096 Nov  2 22:33 vmware-root
drwx------. 2 root   root   4096 Nov  2 23:59 vmware-root-591630641
-rw-------. 1 root   root      0 Apr  9  2016 yum.log
```

图 1－5－4　查看文件属性

```
wlzy01@localhost:/tmp
File Edit View Search Terminal Help
[wlzy01@localhost tmp]$ chmod a+x aaa.txt
[wlzy01@localhost tmp]$ chmod 777 bbb.txt
[wlzy01@localhost tmp]$ ll
total 52
-rwxr-xr-x. 1 wlzy01 wjxvtc    0 Nov  3 00:56 aaa.txt
-rwxrwxrwx. 1 wlzy01 wjxvtc    0 Nov  3 00:56 bbb.txt
drwx------. 2 root   root   4096 Nov  2 23:59 keyring-Y4a2Z7
-rwx------. 1 root   root   1637 Apr  9  2016 ks-script-aFNJPf
-rwxr-xr-x. 1 root   root     64 Apr  9  2016 ks-script-aFNJPf.log
drwx------. 2 gdm    gdm    4096 Nov  2 23:59 orbit-gdm
drwx------. 2 root   root   4096 Nov  3 00:56 orbit-root
drwx------. 2 gdm    gdm    4096 Nov  2 23:59 pulse-iLF7mh2g2xzu
drwx------. 2 root   root   4096 Nov  2 23:59 pulse-r0c1xsHiQZ6U
drwx------. 2 root   root   4096 Nov  2 22:37 virtual-root.6RXfJP
drwx------. 2 root   root   4096 Nov  2 23:59 virtual-root.BVhi7w
drwxr-xr-x. 2 root   root   4096 Apr  9  2016 vmware-config0
drwxrwxrwt. 2 root   root   4096 Apr  9  2016 VMwareDnD
drwxr-xr-x. 2 root   root   4096 Nov  2 22:33 vmware-root
drwx------. 2 root   root   4096 Nov  2 23:59 vmware-root-591630641
-rw-------. 1 root   root      0 Apr  9  2016 yum.log
[wlzy01@localhost tmp]$
```

图 1－5－5　设置文件权限

任务6 修改系统时区

【学习目的】

（1）了解时区、Linux 操作系统时钟的概念。

（2）掌握设置修改 CentOS 系统时区的方法。

（3）掌握修改时区、时间、定时同步时间的命令。

【学习环境】

（1）硬件：PC 1 台。

（2）软件：VMware、CentOS 6.5。

【学习要点】

（1）设置修改 CentOS 系统时区的方法。

（2）修改时区、时间、定时同步时间的命令。

【理论基础】

装过 Linux 操作系统的用户可能都有过这样的经历，就是安装 Windows 操作系统时时间正确，但是安装了 Linux 操作系统后，尽管时区选择正确，但系统时间不正确。这是由于安装系统时采用了 UTC。那么什么是 UTC 呢？简单来说，UTC 就是 0 时区的时间，是国际标准，而中国处于 UTC +8 时区。另外，还有一种时间是当地时间，而 Windows 操作系统采用的就是当地时间。

Linux 操作系统有两个时钟：一个是硬件时钟，即 BIOS 时间，就是进行 CMOS 设置时看到的时间；另一个是系统时钟，即 Linux 操作系统 Kernel 时间。当 Linux 操作系统启动时，系统 Kernel 会读取硬件时钟的设置，然后系统时钟就会独立于硬件运作。有时会发现系统时钟和硬件时钟不一致，因此需要执行时间设置及时钟同步。

【素质修养】

1. 区时概念

区时是一种按全球统一的时区系统计量的时间。人为规定，在日界线西侧的东十二区在任何时刻总是比日界线东侧的西十二区早 24 小时，这样东、西十二区虽为一个时区，钟点相同，但日期总是相差一天，即东十二区任何时候都比西十二区要早一天。所以，自西向东过日界线，日期要减一天；反之，自东向西过日界线，日期要加一天。为了避免日界线穿过陆地，日界线与 180°经线并不完全一致，而是增加了几处曲折。

2. 区时产生的原因

每当太阳当头照的时候，就是中午 12 点钟。但不同地方看到太阳当头照的时间是不一样的。例如，上海是中午12点时，莫斯科的居民还要经过5个小时才能看到太阳当头照；而澳大利亚的悉尼人早已是下午2点钟了。所以，如果各地都使用当地的时间标准，将会给行政管理、交通运输、以及日常生活等带来很多不便。为了克服这个困难，天文学家就商量出一个解决的办法：将全世界经度每相隔15°划一个区域，这样一共有24个区域。在每个区域内都采用统一的时间标准，称为“区时”。

3. 区时地理划分

1884年国际经度会议决定，全世界按统一标准划分时区、实行分区计时。按这种办法，每隔经度15°为一个时区，全球共划分成24个时区；以本初子午线即0°经线为中央经线的时区为中时区或零时区，往东、往西各划分成十二个时区；中时区以东为东时区，依次为东一至东十二区；中时区以西为西时区，依次为西一至西十二区；东、西十二区各跨经度7.5°，合为一个时区，以180°经线为中央经线。同时规定，各时区均以本时区中央经线上的地方时作为全时区共同使用的时刻，称为区时，又称标准时；同一时区内区时相同，相邻两个时区的区时相差1小时；任意两个时区之间，中间隔几个时区，区时就相差几小时；较东的时区，区时较早。越往东时刻越早，按照这种方法划分的区时是理论区时。

【任务实施】

1. 光盘安装（rpm －ivh ntp＊）或使用命令“yum －y install ntp”

具体如图1－6－1所示。

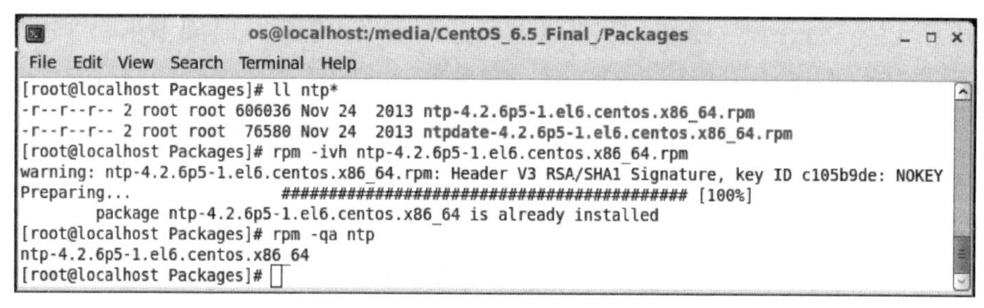

图1－6－1　安装ntp

2. 联网更新时间

命令：ntpdate us.pool.ntp.org

因为CentOS系统是用rhas的源码再编译的，所以很多地方是完全一样的。时区是以文件形式存在的，当前的时区文件位于“/etc/localtime”。其他时区的文件存放在“/usr/share/zoneinfo”下，在中国可以用东八区的时间。

3. 时区设置

（1）查看当前时区。

命令：date －R

（2）改设置时区（见图1－6－2～图1－6－4）。

命令：tzselect

```
root@localhost:/
File  Edit  View  Search  Terminal  Help
[root@localhost share]# date -R
Thu, 13 Apr 2017 20:40:45 -0700
[root@localhost share]# tzselect
Please identify a location so that time zone rules can be set correctly.
Please select a continent or ocean.
 1) Africa
 2) Americas
 3) Antarctica
 4) Arctic Ocean
 5) Asia
 6) Atlantic Ocean
 7) Australia
 8) Europe
 9) Indian Ocean
10) Pacific Ocean
11) none - I want to specify the time zone using the Posix TZ format.
#? 5
```

图 1－6－2　设置时区－选亚洲

```
root@localhost:/
File  Edit  View  Search  Terminal  Help
Please select a country.
 1) Afghanistan           18) Israel                35) Palestine
 2) Armenia               19) Japan                 36) Philippines
 3) Azerbaijan            20) Jordan                37) Qatar
 4) Bahrain               21) Kazakhstan            38) Russia
 5) Bangladesh            22) Korea (North)         39) Saudi Arabia
 6) Bhutan                23) Korea (South)         40) Singapore
 7) Brunei                24) Kuwait                41) Sri Lanka
 8) Cambodia              25) Kyrgyzstan            42) Syria
 9) China                 26) Laos                  43) Taiwan
10) Cyprus                27) Lebanon               44) Tajikistan
11) East Timor            28) Macau                 45) Thailand
12) Georgia               29) Malaysia              46) Turkmenistan
13) Hong Kong             30) Mongolia              47) United Arab Emira
14) India                 31) Myanmar (Burma)       48) Uzbekistan
15) Indonesia             32) Nepal                 49) Vietnam
16) Iran                  33) Oman                  50) Yemen
17) Iraq                  34) Pakistan
#? 9
```

图 1－6－3　设置时区－选中国

```
root@localhost:/
File  Edit  View  Search  Terminal  Help
#? 9
Please select one of the following time zone regions.
1) east China - Beijing, Guangdong, Shanghai, etc.
2) Heilongjiang (except Mohe), Jilin
3) central China - Sichuan, Yunnan, Guangxi, Shaanxi, Guizhou, etc.
4) most of Tibet & Xinjiang
5) west Tibet & Xinjiang
#? 1

The following information has been given:

        China
        east China - Beijing, Guangdong, Shanghai, etc.

Therefore TZ='Asia/Shanghai' will be used.
Local time is now:      Fri Apr 14 11:41:49 CST 2017.
Universal Time is now:  Fri Apr 14 03:41:49 UTC 2017.
Is the above information OK?
1) Yes
2) No
#? 1
```

图 1－6－4　设置时区－选北京

（3）完成后需要重启系统。

（4）复制相应的时区文件，替换 CentOS 系统时区文件。

或者创建链接文件（cp /usr/share/zoneinfo/$主时区/$次时区 /etc/localtime），在中国可以使用“cp /usr/share/zoneinfo/Asia/Shanghai /etc/localtime”（见图 1-6-5）。

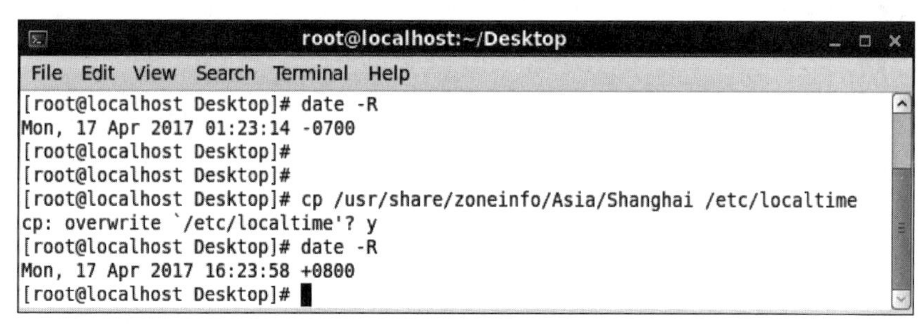

图 1-6-5 替换系统时区文件

4. 时间和日期设置

（1）将 CentOS 系统日期设定成 2027 年 6 月 10 日。

命令：`date -s 06/10/2027`

（2）将 CentOS 系统时间设定成下午 1 点 52 分 0 秒。

命令：`date -s 13:52:00`

（3）将当前时间和日期写入 BIOS，避免重启后失效。

命令：`hwclock -w`

项目二 CentOS Linux 服务器实战

任务1 DHCP服务器配置

DHCP 服务器组建

【学习目的】

（1）了解 DHCP 的工作原理、专业术语和配置内容。

（2）掌握架设 DHCP 服务器的方法。

（3）熟练配置一个综合的 DHCP 实例。

【学习环境】

（1）硬件：PC 1 台。

（2）软件：VMware、CentOS 6.5、“dhcp－4.1.1.1－49.P1.el6.i686.rpm”安装包。

【学习要点】

（1）DHCP 的工作原理。

（2）在服务器上安装 DHCP 服务，对其进行相应的配置，包括：创建 IP 作用域、保留特定的 IP 地址、设置 DHCP 客户端。

【理论基础】

1. 什么是 DHCP

DHCP 即 Dynamic Host Configuration Protocol（动态主机配置协议），其作用是统一管理网络中的主机网络信息的配置。

在海量 IP 地址需要管理、网络架构经常发生变化的环境下，静态地址配置不适用，凡是不知道网络地址，又能够上网的区域，一般都配置有 DHCP。

2. DHCP 的应用

（1）在有大量客户端使用的场合，适合使用 DHCP 统一管理网络配置（IP 地址、子网掩码、网关、DNS 服务器等）。

（2）运营商偏重于 DHCP 服务，是因为运营商的网络地址宝贵。

3. DHCP 的工作原理

DHCP 客户端找到 DHCP 服务器并获取 IP 地址，有 4 个阶段：

（1）DHCP Discover：发现。

（2）DHCP Request：提供。

（3）DHCP Offer：选择。

（4）DHCP Ack：确认。

DHCP 的工作原理可类比为在饭店吃饭，DHCP 服务器对应于服务员（服）、客户端对应于顾客（客）、网络配置对应于食物。

（1）寻找服务员：DHCP Discover 发现，客 -> 服，寻找服务器。

（2）服务员应答：DHCP Request 提供，服 -> 客，确认哪台服务器可以提供服务。

（3）服务员点餐：DHCP Offer 选择，客 -> 服，确认需要 IP 地址。

（4）服务员送餐：DHCP Ack 确认，服 -> 客，分配 IP 地址。

（5）若吃完饭后不再用餐，则不要 IP 地址，IP 地址会被释放；若没吃饱，需加餐，则更新有效期。

4. DHCP 的专业术语和配置内容

DHCP 的专业术语：动态地址分配、地址池（pool）、子网掩码、网关、DNS 服务器。

租约期限：分配的网络配置的有效时间，默认租约期限为 8 小时。时间太长会浪费 IP 地址，时间太短则因 IP 地址变化太快而增加网络流量。

5. CentOS 7 的系统服务管理体系 systemd

（1）Chkconfig 和 service 是 CentOS 7 以前用的系统服务管理工具，为保持兼容性，CentOS 7 中还可以使用。

（2）systemctl 是 CentOS 7 中 systemd 下的一个系统服务管理工具，是用来替代 service 和 chkconfig 两个命令的。在 systemd 的管理体系里面，以前的运行级别（runlevel）的概念被新的运行目标（target）所取代。tartget 的命名类似于 multi - user. target 等这种形式，比如原来的运行级别 3（runlevel3）就对应新的多用户目标（multi - user. target），run level 5 就相当于 graphical. target。

（3）systemctl 的常用参数及使用如下，以 crond 服务为例：

```
systemctl enable crond            //启用 crond 服务
systemctl disable crond           //禁用 crond 服务
systemctl start crond             //启动 crond 服务
systemctl stop crond              //停止 crond 服务
systemctl restart crond           //重启 crond 服务
systemctl status crond            //查看状态
systemctl is-enabled crond        //检查 crond 服务是否开机启动
systemctl list-units              //列出正在运行的服务单元
systemctl list-units --all        //列出所有的服务 unit
```

【任务实施】

1. 配置服务器网卡的静态 IP 地址

具体如图 2－1－1、图 2－1－2 所示。

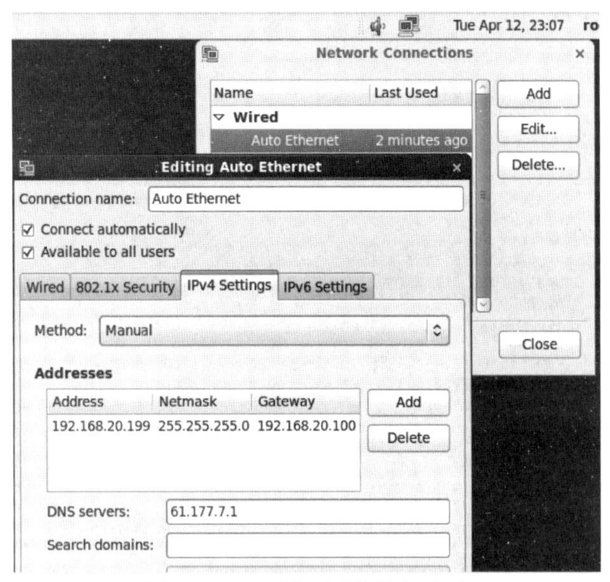

图 2－1－1　设置网卡静态地址

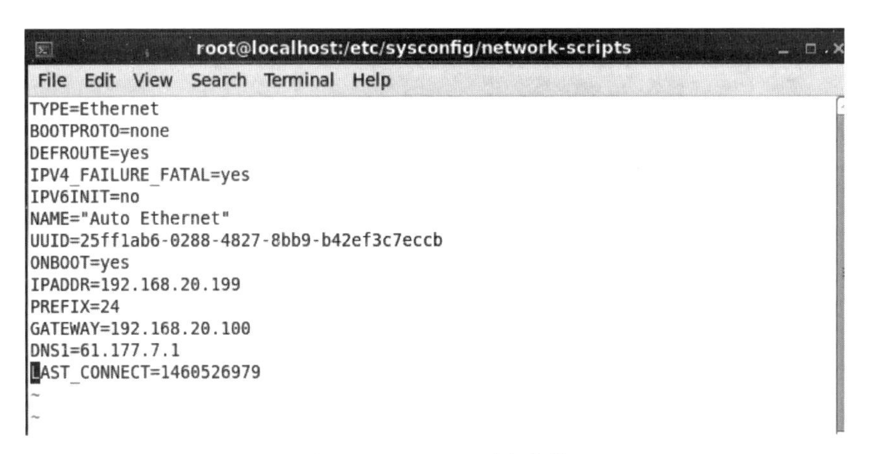

图 2－1－2　配置网卡文件

2. 安装 DHCP 服务

在 CentOS 上安装 DHCP 服务的步骤如下：

（1）安装 rpm 包。

命令：rpm -ivh /CentOS_6.5_Final/Packages/dhcp-4.1.1.1-49.P1.el6.i686.rpm

或

yum install -y dhcp

运行结果如图 2-1-3、图 2-1-4 所示。

```
root@localhost:~/Desktop
File Edit View Search Terminal Help
[root@localhost Desktop]# yum install -y dhcp
Loaded plugins: fastestmirror, refresh-packagekit, security
Loading mirror speeds from cached hostfile
 * base: mirror.bit.edu.cn
 * extras: mirrors.aliyun.com
 * updates: mirrors.pubyun.com
Setting up Install Process
Resolving Dependencies
--> Running transaction check
---> Package dhcp.i686 12:4.1.1-49.P1.el6.centos will be installed
--> Processing Dependency: dhcp-common = 12:4.1.1-49.P1.el6.centos for package: 12:dhcp-4
.1.1-49.P1.el6.centos.i686
--> Running transaction check
---> Package dhcp-common.i686 12:4.1.1-38.P1.el6.centos will be updated
--> Processing Dependency: dhcp-common = 12:4.1.1-38.P1.el6.centos for package: 12:dhclie
nt-4.1.1-38.P1.el6.centos.i686
---> Package dhcp-common.i686 12:4.1.1-49.P1.el6.centos will be an update
--> Running transaction check
---> Package dhclient.i686 12:4.1.1-38.P1.el6.centos will be updated
---> Package dhclient.i686 12:4.1.1-49.P1.el6.centos will be an update
--> Finished Dependency Resolution

Dependencies Resolved

==========================================================================================
 Package              Arch           Version                           Repository    Size
==========================================================================================
```

图 2-1-3　联网安装 DHCP 服务

```
root@localhost:~/Desktop
File Edit View Search Terminal Help
 Userid : CentOS-6 Key (CentOS 6 Official Signing Key) <centos-6-key@centos.org>
 Package: centos-release-6-5.el6.centos.11.1.i686 (@anaconda-CentOS-201311271240.i386/6.5
)
 From   : /etc/pki/rpm-gpg/RPM-GPG-KEY-CentOS-6
Running rpm_check_debug
Running Transaction Test
Transaction Test Succeeded
Running Transaction
  Updating   : 12:dhcp-common-4.1.1-49.P1.el6.centos.i686                            1/5
  Updating   : 12:dhclient-4.1.1-49.P1.el6.centos.i686                               2/5
  Installing : 12:dhcp-4.1.1-49.P1.el6.centos.i686                                   3/5
  Cleanup    : 12:dhclient-4.1.1-38.P1.el6.centos.i686                               4/5
  Cleanup    : 12:dhcp-common-4.1.1-38.P1.el6.centos.i686                            5/5
  Verifying  : 12:dhclient-4.1.1-49.P1.el6.centos.i686                               1/5
  Verifying  : 12:dhcp-common-4.1.1-49.P1.el6.centos.i686                            2/5
  Verifying  : 12:dhcp-4.1.1-49.P1.el6.centos.i686                                   3/5
  Verifying  : 12:dhclient-4.1.1-38.P1.el6.centos.i686                               4/5
  Verifying  : 12:dhcp-common-4.1.1-38.P1.el6.centos.i686                            5/5

Installed:
  dhcp.i686 12:4.1.1-49.P1.el6.centos

Dependency Updated:
  dhclient.i686 12:4.1.1-49.P1.el6.centos   dhcp-common.i686 12:4.1.1-49.P1.el6.centos

Complete!
[root@localhost Desktop]#
```

图 2-1-4　成功安装 DHCP 及关联性程序

（2）检查安装结果。

命令：rpm -q dhcp

显示：dhcp -4.1.1 -49.p1.el6.centos.i686

3. 配置 DHCP 服务器

（1）配置“dhcpd. conf”文件。

DHCP 服务器安装成功后会在“/etc/dhcp/”下生成配置文件“dhcpd. conf”。所有的配置都是在这个文件中完成的，若这个文件不存在，可以自行创建，或者从示例文件“/usr/share/doc/dhcp -4. 1. 1. 1/dhcpd. conf. example”复制并进行修改配置，如图 2 -1 -5 所示。

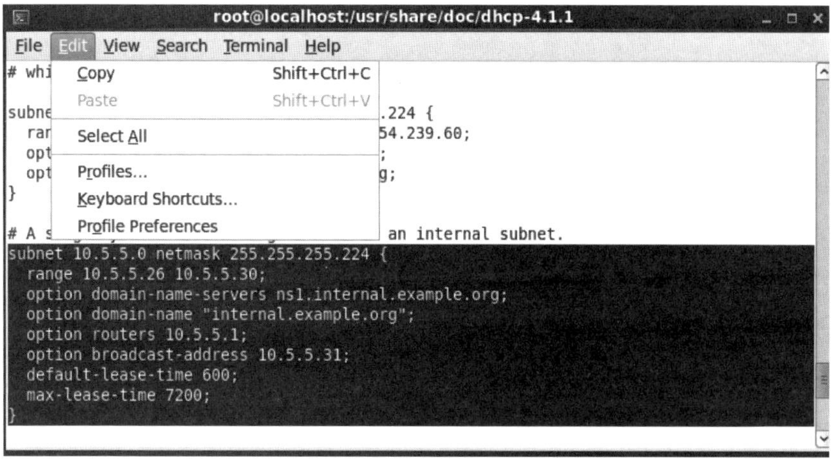

```
root@localhost:/usr/share/doc/dhcp-4.1.1
File  Edit  View  Search  Terminal  Help
# whi   Copy                Shift+Ctrl+C
        Paste               Shift+Ctrl+V
subne                                       .224 {
  rar   Select All                          54.239.60;
  opt                                       ;
  opt   Profiles...                         g;
}       Keyboard Shortcuts...
# A s   Profile Preferences                 an internal subnet.
subnet 10.5.5.0 netmask 255.255.255.224 {
  range 10.5.5.26 10.5.5.30;
  option domain-name-servers ns1.internal.example.org;
  option domain-name "internal.example.org";
  option routers 10.5.5.1;
  option broadcast-address 10.5.5.31;
  default-lease-time 600;
  max-lease-time 7200;
}
```

图 2 -1 -5　复制 DHCP 示例文件内容

命令：vi /etc/dhcp/dhcpd.conf

找到 subnet 对应的参数进行配置，删除不需要的 subnet 案例并保存，如图 2 -1 -6 所示。

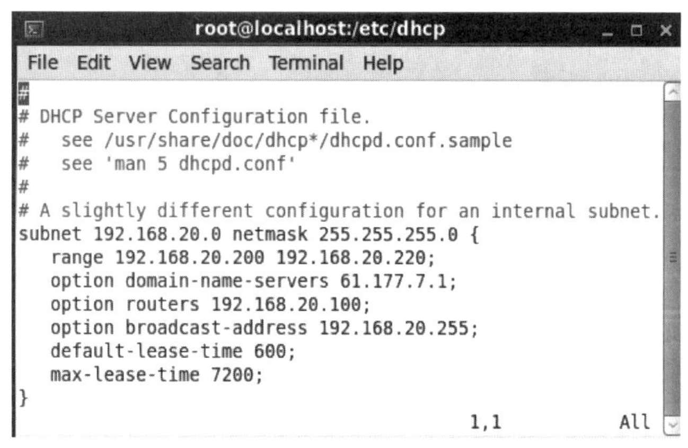

图 2 -1 -6　修改 DHCP 配置参数

（2）重启 DHCP 服务器。

运行命令“service dhcpd restart”，重启 DHCP 服务器后，DHCP 服务器开始工作，如图 2 -1 -7 所示。

```
[root@localhost init.d]# ./dhcpd start
Starting dhcpd:                                            [  OK  ]
[root@localhost init.d]# service dhcpd restart
Shutting down dhcpd:                                       [  OK  ]
Starting dhcpd:                                            [  OK  ]
[root@localhost init.d]#
```

图2-1-7　启动DHCP服务器

如果出现红色的［FAILED］，表示有错误，要重新修改。

（3）运行命令“service dhcpd configtest”，测试“dhcpd. conf”的语法是否正确。

（4）检查“/etc/init. d/dhcpd”文件，其中有如下两行定义了启动DHCP的user和group：

```
user=dhcpd
group=dhcpd
```

Centos7版本启动：systemctl start dhcpd 或 systemctl restart dhcpd

查看udp协议下已经开启了67端口：netstat －unl

查看67端口对应的进程：lsof －i：67

查看dhcpd状态：systemctl status dhcpd

这是用户权限问题，把这两个参数修改如下：

```
user=root
group=root
```

4. 设置DHCP客户端

安装了DHCP服务器并创建了IP作用域后，要想使用DHCP方式为客户端CP分配IP地址，除了网络中有一台DHCP服务器外，还要求客户端CP具备自动向DHCP服务器获取IP地址的能力，这些客户端CP被称作DHCP客户端。

（1）另开一个Linux虚拟机，运行dhclient后用ifconfig查看IP地址。查看租约文件，用命令“cat /var/lib/dhcpd/dhcpd. leases”，内容如图2-1-8所示。

```
lease 192.168.20.204 {
  starts 3 2016/04/13 07:10:15;
  ends 3 2016/04/13 07:20:15;
  cltt 3 2016/04/13 07:10:15;
  binding state active;
  next binding state free;
  hardware ethernet 00:0c:29:fb:bf:19;
  uid "\001\000\014)\373\277\031";
  client-hostname "SH-cl1";
}
lease 192.168.20.201 {
  starts 3 2016/04/13 07:12:49;
  ends 3 2016/04/13 07:22:49;
  cltt 3 2016/04/13 07:12:49;
```

图2-1-8　查看租约文件

和上面的客户端的网卡MAC地址比较，可以看到是一致的。

（2）用 Windows 客户端测试，设置网卡为自动获取 IP 地址，并用“ipconfig/release”和“ipconfig/renew”重新获取地址，如图 2－1－9 所示。

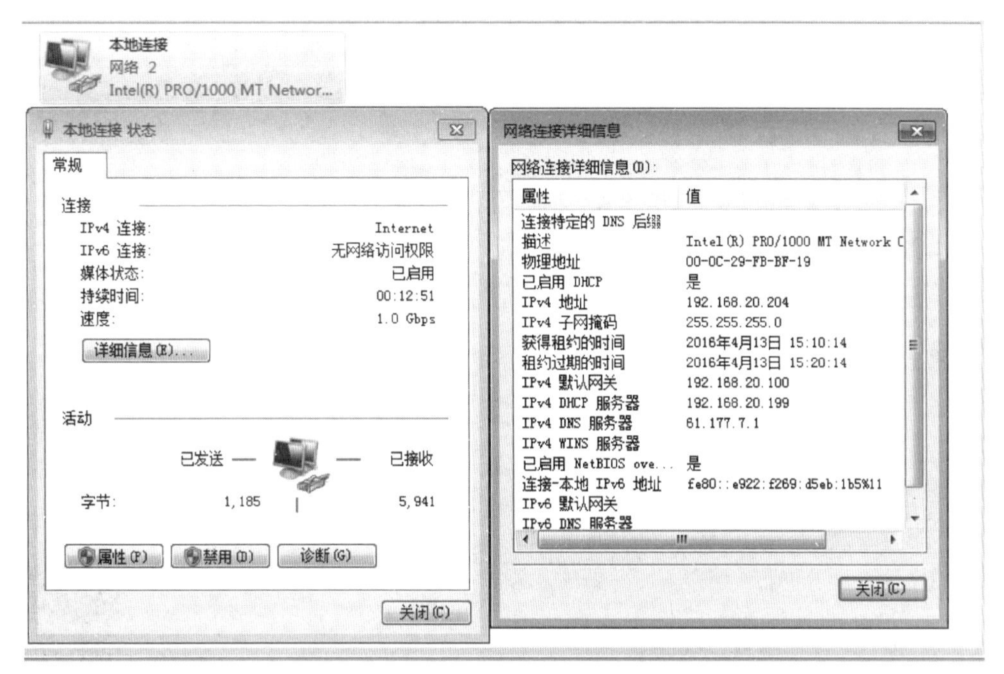

图 2－1－9 客户端测试 DHCP

5. 设置某台 CP 获得固定 IP 地址

命令：vi /etc/dhcp/dhcpd.conf

增加如下一段语句：

```
Host fantasia{
  Hardware Ethernet 00:0c:29:fb:bf:19;    //保留主机的 MAC 地址
  Fixed-address 192.168.20.204;        //要分配的固定 IP 地址
}
```

注意：在 Linux 操作系统中，DHCP 服务器的租约是以秒来计算的，如设置默认租约为 1 天：Default－lease－time 86400。

【实验作业】

（1）配置服务器网卡的静态 IP 地址，提交操作截图。

（2）安装与检查 DHCP 服务软件，提交操作截图。

（3）配置 DHCP 服务器，提交操作截图。

①配置“dhcp. conf”文件，提交操作截图。

②启动 DHCP 服务器，提交操作截图。

③测试“dhcpd. conf”的语法是否正确，提交操作截图。

④检查“/etc/init. d/dhcpd”文件是否正确，提交操作截图。

（4）设置 DHCP 客户端，用 Windows 客户端进行测试，提交操作截图。

任务2　远程访问与连接

【学习目的】

（1）学会建立与访问 Telnet 服务器。

（2）学会开户与访问 SSH 服务。

（3）掌握 Telnet 与 SSH 服务器的配置和管理。

TELNET 服务与远程连接

【学习环境】

（1）硬件：PC 1 台。

（2）软件：VMware、CentOS 6. 5、“telnet -0. 17 -48. el6. x86_64. rpm” 安装包，“telnet -server -0. 17 -48. el6. x86_64. rpm” 安装包。

【学习要点】

SSH 服务与远程连接

（1）安装、配置和管理 Telnet 服务。

（2）安装、配置和管理 SSH 服务。

（3）验证服务器配置的正确性。

【理论基础】

远程访问与连接 SentOS 服务器有很多种方法，主要有 Telnet、SSH、远程桌面。

（1）Telnet：远程上机，但传输的数据未加密，以明文方式传输，容易被窃听。Window 7 及以后版本的操作系统，不再预装 Telnet，需要手动安装才能使用。

（2）SSH：安全外壳（Secure Shell），加密传输数据，可弥补网络中的漏洞，所以现在人们越来越多地使用安全的 SSH 远程登录服务器。

【素质修养】

1. 安全的远程访问是保护知识产权的关键

一项研究表明，60% 的知识产权泄露是由于疏忽或员工恶意所为造成的。这就是为什么工程、制造、石油和天然气勘探、科学研究、金融交易、医疗成像、建筑设计和其他处理敏感数据的行业的众多企业已经将他们的数据（以及读取和写入该数据的应用程序）从用户工作站转移到安全的数据中心。远程访问软件是信息安全难题的关键部分，因为它为用户查看和编辑信息资产提供了进入安全环境的入口。

2. 应对远程连接安全风险，可从体制、网络、授权、设备等方面采取对策

（1）健全企业信息安全保障体制。各部门高度重视信息安全和管理工作，借鉴国内外企

业成功经验，构建企业信息安全保障体系，加强员工信息安全培训，提高员工信息安全意识。

（2）加强远程网络访问控制。企业通过防火墙限制对特定资源的访问，并对远程访问的网络流量进行监控、拦截和分析。有条件的话，可通过加密通信协议建立专有通信线路。

（3）细化内部资源授权管理。企业根据各部门具体情况与内部资源的敏感性，确定员工的访问权限与身份认证。避免无关员工获得过多的内部资源权限。

（4）强化办公设备的安全策略。许多企业常常会采取加密措施来保障信息安全，还可以使用安全有效的远程控制软件。

【任务实施1】Telnet 服务配置

1. 安装准备工作

（1）关闭防火墙命令为“systemctl stop firewalld”（或“service iptables stop”），当然也可以运行“setup”命令在图形方式下关闭防火墙，如图2－2－1所示。

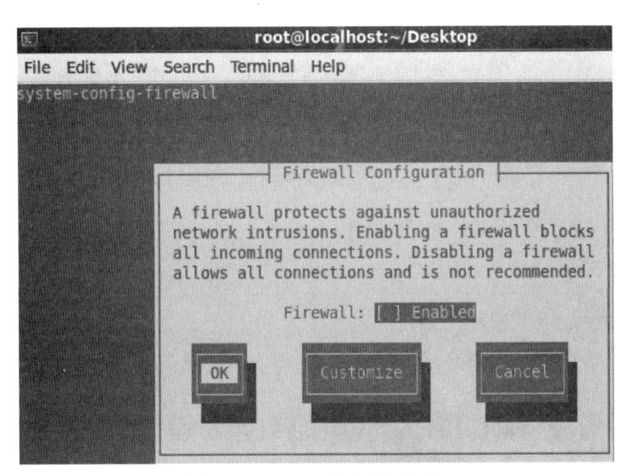

图2－2－1 关闭防火墙

（2）关闭 SELinux。修改文件 selinux，如图2－2－2所示。

命令：vi /etc/sysconfig/selinux　　　　//将 selinux 值改成 disabled

```
文件(F) 编辑(E) 查看(V) 搜索(S) 终端(T) 帮助(H)

# This file controls the state of SELinux on the system.
# SELINUX= can take one of these three values:
#     enforcing - SELinux security policy is enforced.
#     permissive - SELinux prints warnings instead of enforcing.
#     disabled - No SELinux policy is loaded.
SELINUX=disabled
# SELINUXTYPE= can take one of these two values:
#     targeted - Targeted processes are protected,
#     mls - Multi Level Security protection.
SELINUXTYPE=targeted
```

图2－2－2 关闭 SELinux

2. 安装 Telnet 服务，检查与修改配置文件

（1）事先切换到系统光盘镜像里的 Packages，利用“rpm －ivh telnet＊”命令即可同时安装 telnet 及 telnet－server。

（2）源安装。命令：yum －y install telnet＊

(3) 检查:

```
[root@localhost Desktop]# rpm -qa telnet *
telnet -0.17 -48.el6.x86_64
telnet -server -0.17 -48.el6.x86_64
```

(4) Centos7 版本，要检查 xinetd 是否安装，如果没有，必须安装。

```
# rpm  -aq xinetd
# find /media/ -name "xinetd * "
# rpm  -ivh /media/Packages/xinetd -2.3.15 -13.el7.x86_64.rpm
```

(5) 修改配置文件。

3. 启动服务

启动 Telnet 服务的实质是启动守护进程 xinetd。

方法 1: #service xinetd start (如果 Centos7 版本命令为#systemctl start xinetd)。

方法 2: 利用 "chkconfig - add telnet"。

方法 3: 使用 "ntsysv" 命令，选择 "telnet" 与 "xinetd" 选项。

4. 服务验证

(1) 如果普通用户可能登录，而 root 不能登录，则原因是 "/etc/securetty" 文件出现出问题，将其改名即可:

```
cd /etc
mv securetty securetty.bak
```

(2) 测试 Linux 客户端，如图 2 -2 -3 所示。

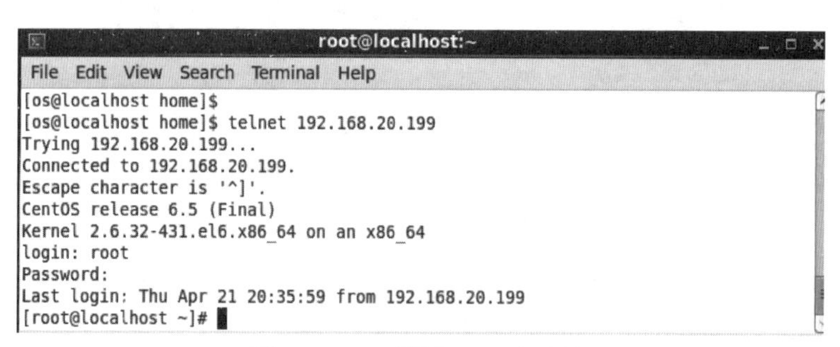

图 2 -2 -3　测试 linux 客户端

(3) 测试 Windows 7 客户端。默认没有 Telnet 客户端，需要手动添加，打开 Windows 功能，如图 2 -2 -4 所示。

```
Telnet 192.168.20.199
CentOS release 6.5 (Final)
Kernel 2.6.32-431.el6.x86_64 on an x86_64
login: root
Password:
Last login: Thu Apr 21 20:51:56 from 192.168.20.99
[root@localhost ~]# _
```

图 2 -2 -4　测试 Windows 客户端

【任务实施2】SSH服务配置

1. 安装与启动

SSH服务默认是安装并启动的，如果没有，则：

（1）安装：yum install -y openssh * 。

（2）启动：service sshd restart（如果Centos7版本命令为systemctl start sshd）。

（3）SSH认证有两种方法：一是口令认证，二是密钥认证。

①默认为口令认证，不需要配置。其为加密传输，但可能连接冒充的服务器。

②密钥认证需要创建一对密钥，并把公钥保存在远程服务器中。公钥加密的数据只能用私钥解密，服务器经过比较就可以知道客户连接的合法性。

2. 口令认证访问

（1）访问Linux客户端。

ssh root@192.168.20.199：远程主机账号与IP地址，如图2-2-5所示。

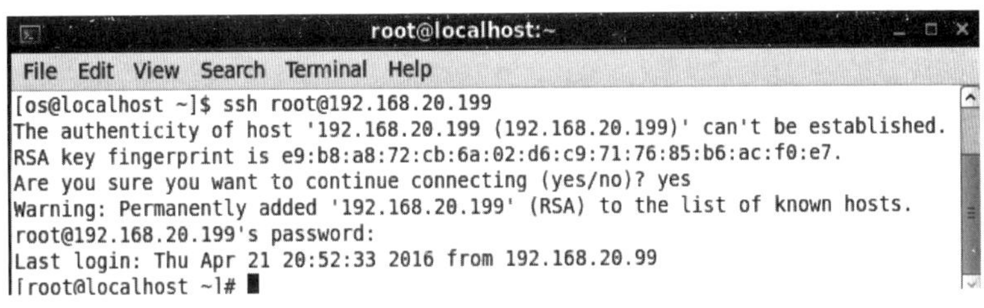

图2-2-5　Linux客户端远程访问

（2）访问Windows客户端。

先下载PuTTY等带有SSH功能的软件，再输入IP地址登录，如图2-2-6、图2-2-7所示。

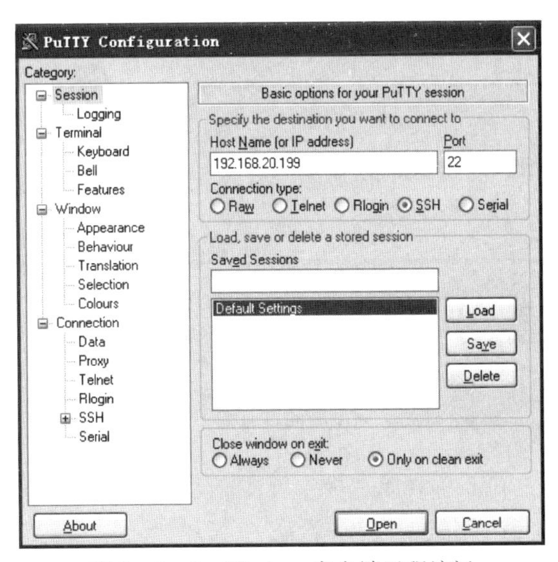

图2-2-6　Windows客户端远程访问

图2-2-7 输入口令登录

3. 密钥认证配置与访问

（1）在客户端生成密钥。

使用普通账户登录系统，在客户端执行“ssh - keygen”命令生成密钥（分为公钥 id_rsa. pub 与私钥 id_rsa），保存在“/home/账户名/. ssh/”里面，如图 2 - 2 - 8 所示。退出后可进入“. ssh”目录浏览文件，如图 2 - 2 - 9 所示。

[os@localhost ~]$ ssh-keygen　　输入文件名与密码(需两次)

```
os@localhost:~
File  Edit  View  Search  Terminal  Help
[os@localhost ~]$ ssh-keygen
Generating public/private rsa key pair.
Enter file in which to save the key (/home/os/.ssh/id_rsa):
Enter passphrase (empty for no passphrase):
Enter same passphrase again:
Your identification has been saved in /home/os/.ssh/id_rsa.
Your public key has been saved in /home/os/.ssh/id_rsa.pub.
The key fingerprint is:
6a:24:60:7f:a6:0e:ff:da:08:8d:cd:6b:f2:54:72:f8 os@localhost.localdomain
The key's randomart image is:
+--[ RSA 2048]----+
|                 |
|                 |
|  o              |
| . o .           |
|    = * S        |
|   = @ .         |
|  + * E          |
|  .*.=           |
|   +Boo          |
+-----------------+
[os@localhost ~]$
```

图2-2-8 生成密钥

[os@localhost ~]$ cd /home/用户名/.ssh

[os@localhost .ssh]$ ll

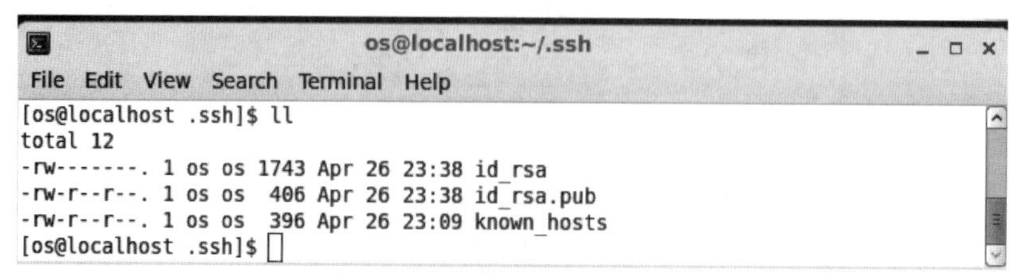

图2-2-9 浏览密钥文件

（2）发布公钥至服务器，如图 2 - 2 - 10 所示。

使用“scp”命令发布公钥：

[os@localhost .ssh]$ scp id_rsa.pub root@192.168.20.199:/
公钥名   远程服务器的账户 IP 地址与路径

查看服务器：

[root@localhost /]# ls

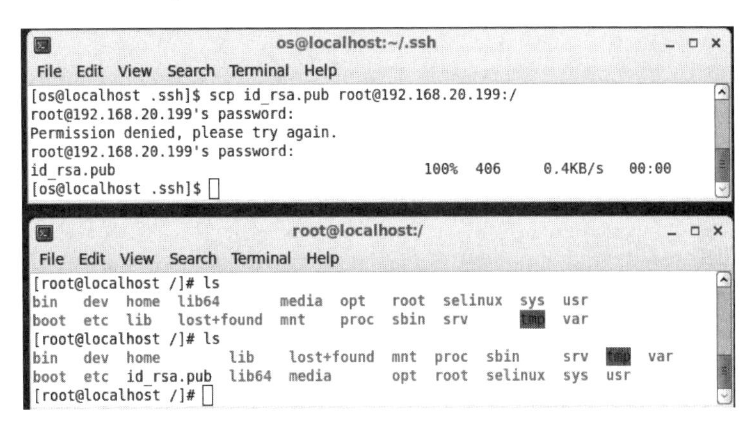

图 2-2-10　发布公钥至服务器

（3）客户端验证访问。

重启服务器 sshd 进程：

[root@localhost]$ service sshd restart（如果 Centos7 版本命令为 system-ctl restart sshd）

Linux 客户端验证访问：

[os@localhost]$ ssh root@ 192.168.20.199

（4）配置远程服务器，禁止口令认证。

[root@localhost]# vim /etc/ssh/sshd_config

修改 PasswordAuthentication 的值，把“yes”改为“no”，禁止口令认证，只允许密钥认证，以提高安全性，如图 2-2-11 所示。也可以根据需要，再把“no”改回“yes”。

图 2-2-11　禁止口令认证

【实验作业】

（1）关闭防火墙，关闭 SELinux，提交操作截图。

（2）安装 Telnet，检查与修改配置文件，提交操作截图。

（3）启动守护进程 xinetd，提交操作截图。

（4）客户端验证 Telnet，提交操作截图。

任务3　Samba 和 NFS 服务器

【学习目的】

（1）学会建立 Samba 服务器。

（2）学会在 Windows 与 Linux 操作系统下访问 Samba 服务器，实现共享。

（3）掌握 NFS 服务器的配置和管理。

【学习环境】

（1）硬件：PC 1 台。

（2）软件：VMware、CentOS 6.5。

【学习要点】

SAMBA 服务器

（1）安装、配置和管理 Samba 服务。

（2）安装、配置和管理 NFS 服务。

（3）验证资源共享及其正确性。

【理论基础】

（1）Samba 是在类 UNIX、Linux 和 Windows 操作系统上实现 SMB（Server Messages Block，信息服务块）协议的一个免费软件，由服务器与客户端构成。它为局域网内的不同计算机之间提供文件及打印机等资源的共享服务。

（2）NFS 是网络文件系统（Network File System），允许一个系统在网络上与他人共享目录和文件，常用于两台类 UNIX 服务器之间资源的快速共享访问。

【任务实施1】Samba 服务器配置

1. 安装准备工作

（1）关闭防火墙，命令为“systemctl stop firewalld”或“service iptables stop”。

（2）关闭 SELinux。

2. 安装 Samba 并进行检查与配置

（1）事先切换到系统光盘镜像的 Packages，找到文件并单击鼠标右键安装，或利用命令“rpm -ivh samba *”，或进行源安装（yum -y install samba * ）。

（2）检查（rpm -qa samba）。

```
[root@localhost Desktop]# rpm -qasamba
```

```
samba-3.6.9-164.el6.i686.rpm
samba-client-3.6.9-164.el6.i686.rpm
samba-common-3.6.9-164.el6.i686.rpm
```

(3) 在 Linux 服务器中创建一个本地用户，如 wlzy，并设置密码，如图 2-3-1 所示。

图 2-3-1　转变 samba 用户

```
[root@localhost ~]# useradd wlzy
[root@localhost ~]# passwd wlzy
```

把本地用户转变为 samba 用户，使用命令“pdbedit -a wlzy”。

(4) 创建需要共享的文件夹与文件，如创建文件夹“/123”与文件“456. txt”。

```
[root@localhost /]# mkdir /123
[root@localhost /]# chmod 777 /123
[root@localhost /]# cd /123
[root@localhost 123]# touch 456.txt
```

(5) 修改配置文件 (vim /etc/samba/smb. conf)。

把“workgroup = MYGROUP”改成“workgroup = WORKGROUP”，并在配置文件的最下面添加如下代码：

```
[test]
    comment = test            //共享名称说明
      path = /123              //共享目录
      writeable = yes          //用户对目录的写权限
      browseable = yes         //是否可浏览目录列表
      valid users = wlzy       //表示用户 wlzy 可以访问
```

3. 启动 Samba 服务

service smb start(如果 Centos7 版本命令为 systemctl start smb)

4. 验证 Samba 服务

进行 Windows 客户端测试，有 3 种方法访问。

（1）网络邻居法：打开网上邻居，直接查看 Samba 服务器共享资源，或运行“\\192.168.1.199”进行访问，出现身份认证对话框，输入“wlzy”及密码，如图 2-3-2 所示。

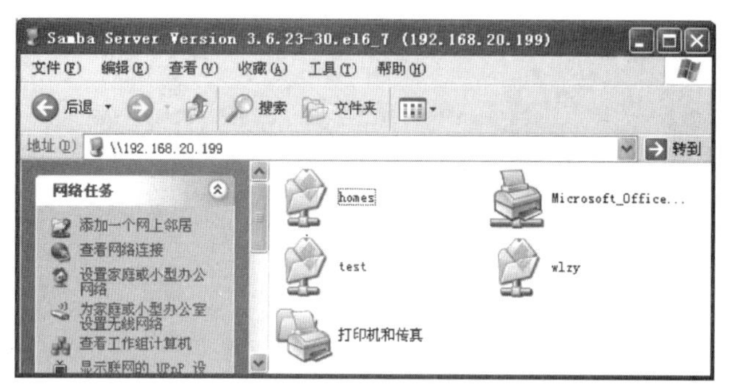

图 2-3-2 Windows 客户端网络邻居法测试

如果可以登录 Samba 服务器，但是没有权限访问 Linux 下的共享目录，则进行如下操作：

确保 Linux 下防火墙关闭或者共享目录权限开放（iptalbes -F）：

①确保 Samba 服务器配置文件“smb.conf”设置没有问题，可上网查找配置办法。

②确保 SELinux 关闭，可以用“setenforce 0”命令。默认的 SELinux 禁止对 Samba 服务器上的共享目录进行写操作，即使在“smb.conf”中允许这项操作。以下两个命令必须执行：

a. iptables -F（删除防火墙的所有规则）；

b. setenforce 0 或者 setenforce Permissive（setenforce --h 可以查看参数）。

（2）映射网络驱动器法：选择“文件”→“我的电脑”→“映射网络驱动器”选项，把“test”文件夹共享到 Windows 的 Z 盘上。

（3）命令行法：在 cmd 中执行命令“net use z:\\192.168.1.199\test”，如图 2-3-3 所示。

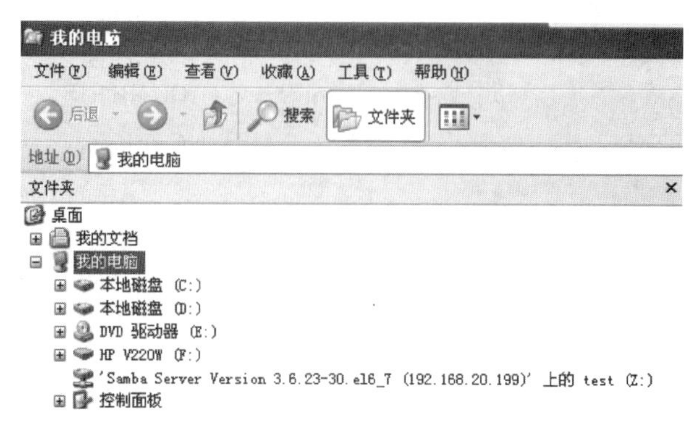

图 2-3-3 Windows 客户端映射网络驱动器

进行 Linux 客户端测试：

（1）使用命令“smbclient //192. 168. 20. 199/test －U wlzy”，如图 2－3－4 所示。

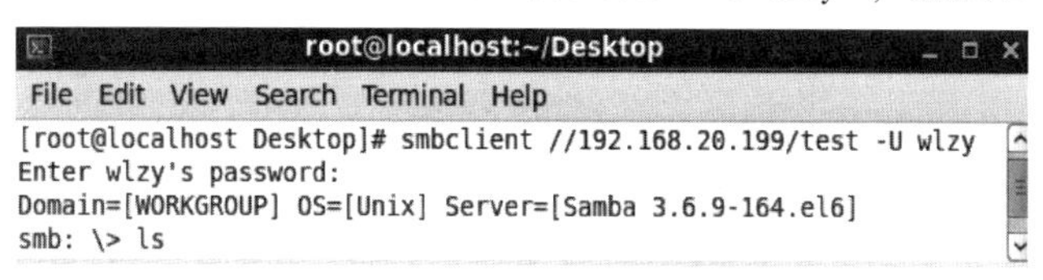

图 2－3－4 Linux 客户端测试

（2）使用命令“mount －o username = wlzy //192. 168. 1. 199/test /aaa”。

5. 在 Linux 中访问 Windows 共享

具体如图 2－3－5 所示。

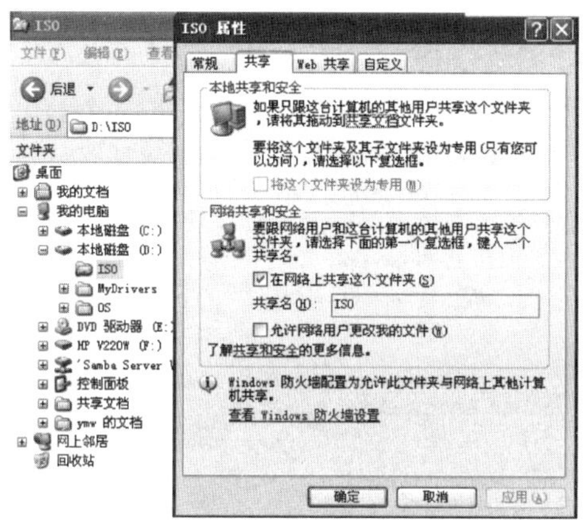

图 2－3－5 创建 windows 共享

（1）在 Linux 的桌面中，选择“Places”→“Network”选项，打开“Windows 网络”界面，查看 Windows 中的共享资源。

（2）用“mount”命令挂载访问，如挂载到/1 目录中：

mount －t cifs －0 username = administrator //192.168.1.99/ISO /aaa

其中“－t cifs”是指定文件类型，“cifs”是一种通用 Internet 文件系统，在 Windows 主机之间进行网络文件共享，如图 2－3－6 所示。

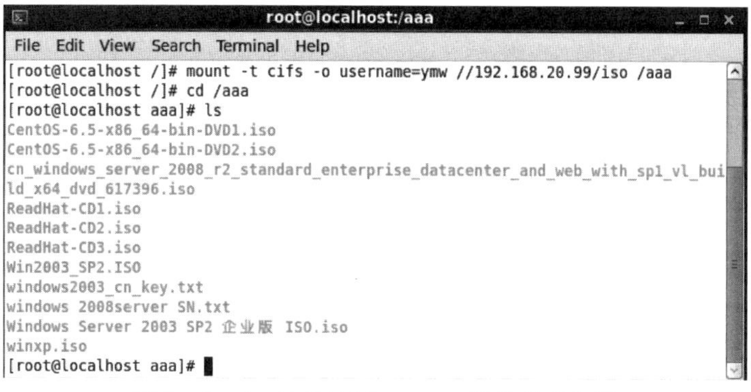

```
root@localhost:/aaa
File Edit View Search Terminal Help
[root@localhost /]# mount -t cifs -o username=ymw //192.168.20.99/iso /aaa
[root@localhost /]# cd /aaa
[root@localhost aaa]# ls
CentOS-6.5-x86_64-bin-DVD1.iso
CentOS-6.5-x86_64-bin-DVD2.iso
cn_windows_server_2008_r2_standard_enterprise_datacenter_and_web_with_sp1_vl_bui
ld_x64_dvd_617396.iso
ReadHat-CD1.iso
ReadHat-CD2.iso
ReadHat-CD3.iso
Win2003_SP2.ISO
windows2003_cn_key.txt
windows 2008server SN.txt
Windows Server 2003 SP2 企业版 ISO.iso
winxp.iso
[root@localhost aaa]#
```

图 2－3－6 挂载访问 windows 网络共享文件

（3）共享 Windows 打印机。

在 Linux 的桌面中，选择“System”→“Administration”→“Printer”→“New”→“Network Printer”→“Find Network Printer”选项，如图 2-3-7 所示。

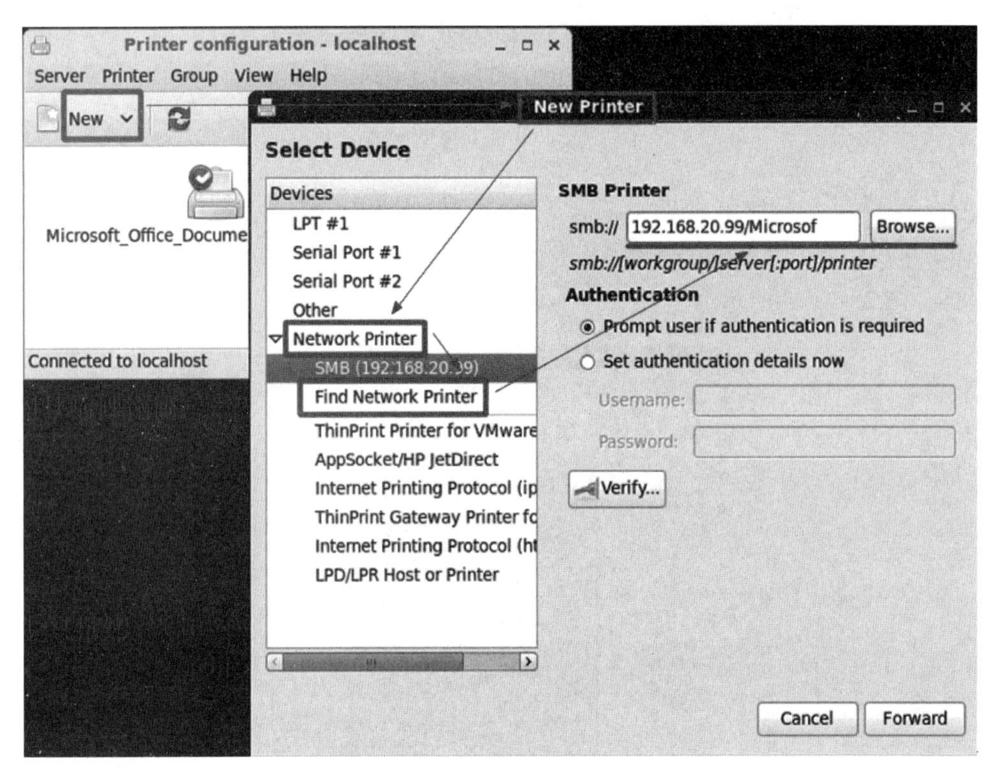

图 2-3-7　共享 windows 打印机

6. 共享无密码访问

在 Linux 中配置不需要用户和密码的认证就能直接访问的 Samba 服务器，修改配置文件（vim /etc/samba/smb. conf），把“security = user”改为“security = share”，同时共享目录中要加入代码“public = yes”。

7. 访问控制

Hosts allow = 192.168.1.0 except 192.168.1.110　　//表示允许192.168.1.0 网段主机访问，除去 192.168.1.110 这台主机

【任务实施 2】NFS 服务配置

1. 安装与启动

（1）安装（yum install -y nfs * ）或事先切换到系统光盘镜像里的 Packages，找到文件后单击鼠标右键安装，或利用“rpm - ivh nfs * ”命令，如图 2-3-8 所示。

（2）启动（service nfs start）。

（3）检查（rpm -qa nfs * ）。

```
root@localhost:/media/CentOS_6.5_Final_/Packages
File Edit View Search Terminal Help
[root@localhost Packages]# ls nfs*
nfs4-acl-tools-0.3.3-6.el6.x86_64.rpm  nfs-utils-lib-1.1.5-6.el6.i686.rpm
nfs-utils-1.2.3-39.el6.x86_64.rpm      nfs-utils-lib-1.1.5-6.el6.x86_64.rpm
[root@localhost Packages]# rpm -ivh nfs-utils-1.2.3-39.el6.x86_64.rpm
Preparing...                ########################################### [100%]
        package nfs-utils-1:1.2.3-39.el6.x86_64 is already installed
[root@localhost Packages]# rpm -ivh nfs-utils-lib-1.1.5-6.el6.i686.rpm
Preparing...                ########################################### [100%]
        package nfs-utils-lib-1.1.5-6.el6.i686 is already installed
[root@localhost Packages]# rpm -ivh nfs-utils-lib-1.1.5-6.el6.x86_64.rpm
Preparing...                ########################################### [100%]
        package nfs-utils-lib-1.1.5-6.el6.x86_64 is already installed
[root@localhost Packages]# rpm -ivh nfs4-acl-tools-0.3.3-6.el6.x86_64.rpm
Preparing...                ########################################### [100%]
        package nfs4-acl-tools-0.3.3-6.el6.x86_64 is already installed
```

图 2-3-8 安装 nfs 服务

2. 配置服务器

(1) 创建共享目录 (mkdir /123), 再在目录中创建文件“touch 456. txt”。

(2) 编辑“/etc/exports”文件, 这个配置文件是空的, 需要添加共享的内容:

```
/123        192.168.1.99 (rw,sysnc)
共享目录         客户端 IP        选项
```

选项有: rw (读写)、ro (只读)、sysnc (同步)、asysnc (将数据暂放在内存中, 非直接写入磁盘)、root_squash [将 root 用户及所属组都映射为匿名用户或用户组 (默认设置)]、no_root_squash (不将 root 用户及所属组映射为匿名用户, 在服务器上拥有根权限)、all_squash [将远程访问的所有普通用户及所属组都映射为匿名用户 (nobody)]。

3. 另一台 Linux 创建挂载

```
mount 192.168.1.199:/123 /1
```

4. 让客户端开机自动挂载 NFS 资源

需要修改“/etc/fstab”文件 (vi /etc/fstab), 在最后添加代码如下:

```
192.168.1.199          /1          nfs        defaults  0  0
NF 服务器共享目录        本机挂载点     文件系统类型
```

【实验作业】

(1) 安装 Samba 软件包, 提交操作截图。

(2) 在 Linux 服务器中创建一个本地用户 (用户名为自己的英文姓名), 并设置密码 (为自己的学号后 6 位), 再转变为 Samba 用户, 提交操作截图。

(3) 创建需要共享的目录“/wjxvtc”, 设置最大权限为 777, 并在其中创建文件“aaaa. txt”, 提交操作截图。

(4) 修改 smb 主配置文件, 把上面建立的目录共享, 并指定上面的用户可以访问, 提交操作截图。

（5）启动 Samba 服务并在 Windows 客户端测试验证，提交操作截图。

（6）在 Linux 客户端用“smbclient”命令测试并验证，提交操作截图。

任务 4　VSFTP 服务器

VSFTP 服务器

【学习目的】

（1）学会建立 VSFTP 服务器。

（2）掌握 FTP 服务器的配置和管理。

（3）学会配置公共访问的权限和限制用户访问的权限。

（4）学会 FTP 服务的磁盘配额设置。

【学习环境】

（1）硬件：PC 1 台。

（2）软件：VMware、CentOS 6.5。

【学习要点】

（1）安装、配置和管理 FTP 服务器。

（2）使用 FTP 客户端软件访问 FTP 站点。访问时，注意关闭防火墙。

（3）VSFTP 是相当复杂的服务器，配置参数很多，有两个技巧：一是 man vsftpd.conf 命令参数全有；二是/usr/shar/doc/vsftpd-2.2.2 中有大量的范例。

【理论基础】

（1）VSFTP 是“Very Secure FTP”的缩写，主要用于文件传输，安全性高是它的一个最大的特点。它是一个 UNIX 类操作系统上运行的，完全免费的开源代码，支持很多其他 FTP 服务器所不具有的特征，比如安全性高、无带宽限制、具有良好的可伸缩性、可创建虚拟用户、支持 IPV6、速率高等。开源操作系统中常用的 FTP 套件还有 ProFTP、PureFTP、wuFTP 等。

（2）Linux 的 FTP 服务器进程名称为“vsftpd”，主配置文件为“/etc/vsftpd/vsftpd.conf”。

【任务实施】

1. 安装准备工作

（1）关闭防火墙。

（2）关闭 SELinux。

2. 安装、检查、启动和验证 VSFTP

（1）事先切换到系统光盘镜像的 Packages 里，找到文件后单击鼠标右键安装，或利用“rpm -ivh vsftpd*”命令，或进行源安装（yum -y install vsftpd*），如图 2-4-1 所示。

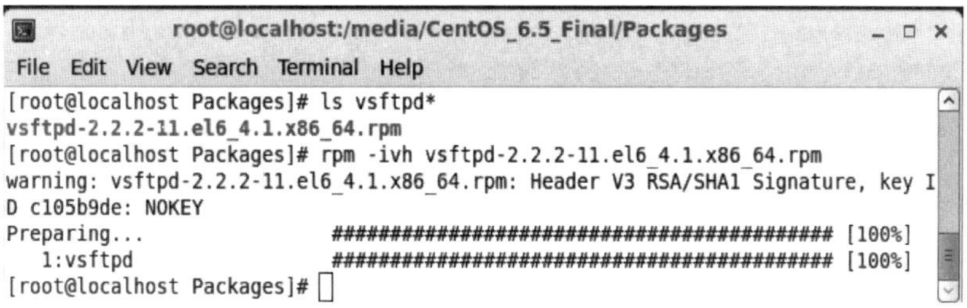

```
root@localhost:/media/CentOS_6.5_Final/Packages
File Edit View Search Terminal Help
[root@localhost Packages]# ls vsftpd*
vsftpd-2.2.2-11.el6_4.1.x86_64.rpm
[root@localhost Packages]# rpm -ivh vsftpd-2.2.2-11.el6_4.1.x86_64.rpm
warning: vsftpd-2.2.2-11.el6_4.1.x86_64.rpm: Header V3 RSA/SHA1 Signature, key I
D c105b9de: NOKEY
Preparing...                ########################################### [100%]
   1:vsftpd                 ########################################### [100%]
[root@localhost Packages]# 
```

图 2－4－1　安装 vsftpd

另外安装 FTP 客户端：

rpm －ivh ftp－0.17－54.el6.x86_64.rpm

安装完成后，在“/etc/vsftpd/”中有 4 个文件：

①ftpusers　　　　　　　　//文件中包含的用户不可以登录

②user_list　　　　　　　 //可以实现 ftpusers 的功能，通过配置还可以使该列表里面的用户具有登录权限

③vsftpd. conf　　　　　　//主配置文件

④sftpd_conf_migrate. sh　　//程序的一些变量等

（2）检查（rpm－qa vsftpd）：

vsftpd－2.2.2－11.el6_4.1.i686

（3）启动服务 service vsftpd start（如果 Centos7 版本命令为 systemctl start vsftpd），如图 2－4－2 所示。

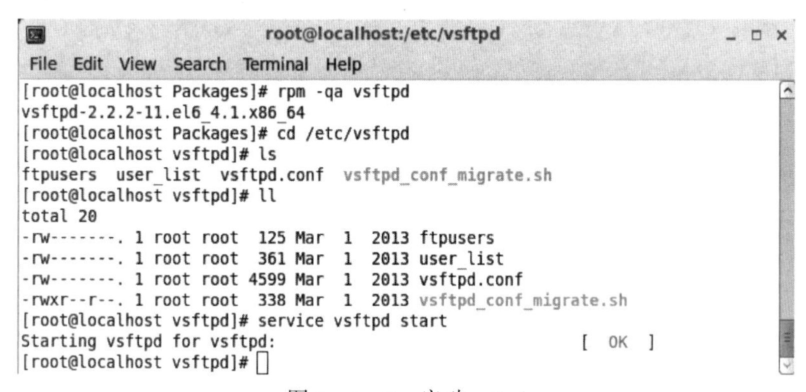

图 2－4－2　启动 vsftpd

（4）连接验证：在 Windows 操作系统中用匿名账户或本地账户进行连接验证，如图 2－4－3、图 2－4－4 所示。

3. 配置 VSFTP

Linux 的 VSFTP 服务支持 3 种用户：匿名账户、本地账户、虚拟账户。

（1）匿名账户（ftp、anonymous）。

①anonymous_enable = YES　//允许匿名用户 ftp、anonymous 登录

no_anon_password = YES　//匿名用户登录时不出现登录密码提示

②匿名用户的默认目录为“/var/ftp”，可以用命令“anon_root =/ftp”修改。

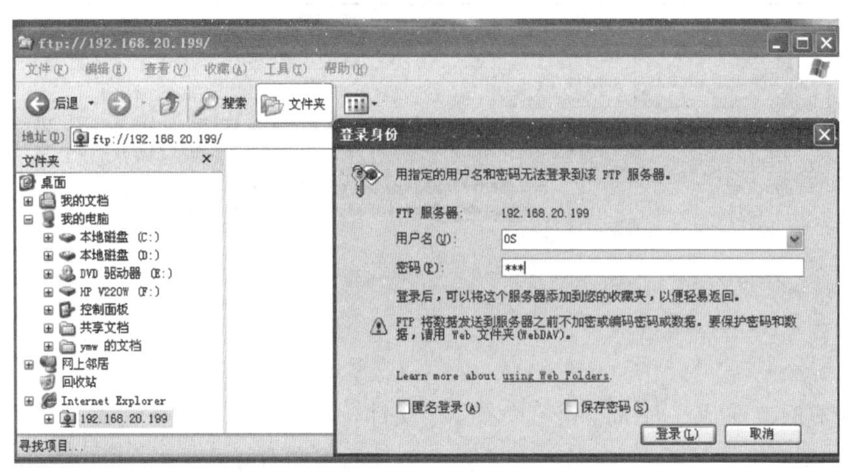

图 2－4－3 连接验证

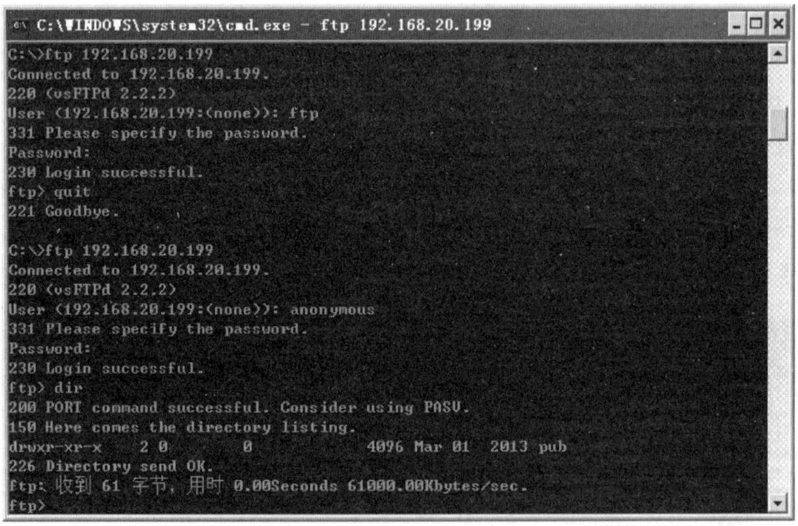

```
C:\WINDOWS\system32\cmd.exe - ftp 192.168.20.199
C:\>ftp 192.168.20.199
Connected to 192.168.20.199.
220 (vsFTPd 2.2.2)
User (192.168.20.199:(none)): ftp
331 Please specify the password.
Password:
230 Login successful.
ftp> quit
221 Goodbye.

C:\>ftp 192.168.20.199
Connected to 192.168.20.199.
220 (vsFTPd 2.2.2)
User (192.168.20.199:(none)): anonymous
331 Please specify the password.
Password:
230 Login successful.
ftp> dir
200 PORT command successful. Consider using PASV.
150 Here comes the directory listing.
drwxr-xr-x    2 0        0            4096 Mar 01  2013 pub
226 Directory send OK.
ftp: 收到 61 字节，用时 0.00Seconds 61000.00Kbytes/sec.
ftp>
```

图 2－4－4 命令行模式下连接验证

③anon_word_readable_only = YES　//允许匿名用户下载

anon_upload_enable = YES　//允许匿名用户上传文件

anon_mkdir_write_enable = YES　//允许匿名用户创建新目录

anon_other_write_enable = YES　//允许匿名用户更改、删除目录与文件

（2）本地用户（localuser）。

先创建两个本地用户作测试用，如 wlzy01 和 wlzy02，并设置密码：

```
useradd -d /var/wlzy01 -g ftp -s /sbin/nologin wlzy01
```

也可直接创建（useradd wlzy01），使用默认设置。这个命令的意思是：使用命令（adduser）添加 wlzy01 用户，不能登录系统（－s /sbin/nologin），自己的文件夹在（－d/var/wlzy01），属于组 ftp（－g ftp）。

然后需要为它设置密码（passwd wlzy01），如设置密码为 123456。

这样就添加了一个 FTP 用户了，下面进入 FTP 服务器：

```
[root@localhost ftp]# ftp
ftp > open 192.168.20.199     //输入用户名和密码登录
```

如果出现“cannot change directory”，原因是 CentOS 系统安装了 SELinux，因为默认不开启 FTP 的支持，所以访问被阻止，输入“setenforce 0”关闭即可。

如果要删除用户，执行命令“userdel - r wlzy01”即可以删除用户并同时删除用户的目录及其下所有文件。

①local_enable = YES   //本地用户可以登录 VSFTP 服务器

默认情况下，账户只访问自身的家目录：

local_root = /ftp   //可改变本地用户访问的自身的家目录，如改为/ftp

也可以用命令“usermod - d/ftp wlzy01”改变自身的家目录。

②为了解决本地用户登录后不安全的问题，可以进行如下设置，把用户禁锢在其宿主目录中。

chroot_local_user = YES //所有本地用户登录后只能访问家目录，不能通过 cd 切换其他目录，如果为 NO 则可以切换

chroot_list_enalbe = YES //限制特定用户只能访问家目录

chroot_list_file = /etc/vsftpd/chroot_list //限定的用户列表，创建 chroot_list 文件，在里面输入用户名，隔离用户访问

userlist_enable = YES   //限制黑名单用户

vi /etc/vsftp/user_list //在这个文件中加入黑名单用户名列表

③为不同的用户设置不同的 FTP 访问权限。

在“vsftpd. conf”配置文件中添加语句“user_config_dir = /etc/vsftpd”。

在“/etc/vsftpd”目录中分别创建与用户名同名的文件（如 wlzy01），编辑这个文件（如“vi wlzy01”），添加语句（如“local_root = /wlzy01”）。

max_clients = N //设置最大连接数

④访问控制。

tcp_wrappers = YES   //使用 ACL 访问制定列表机制

vi /etc/hosts. deny   //在文件最后加上语句“vsftpd:all:deny”，则限制所有网段都不能连接

vi /etc/hosts. allow   //在文件最后加上语句“vsftpd:192. 168. 1. ×:allow”，则开放网段 192. 168. 1. ×可以连接

（3）虚拟账户（guest、virtualuser）。

本地账户在默认情况下可以登录 Linux 操作系统，因此这是一个安全隐患。那么怎么在灵活地赋予 FTP 账户权限的前提下，如何保证系统的安全呢？使用虚拟用户就是一种解决办法。

虚拟用户并不是一个合法的 Linux 操作系统账户，但是可以用来登录 Linux 操作系统上运行的 FTP 服务器。虚拟用户在连接时会调用 PAM 认证模块，把用户名、密码与 FTP 认证

文件比较，通过认证后会映射到一个 Linux 操作系统下的本地账户，通过该本地账户进行资源的访问。过程如下：

①创建虚拟用户的口令库文件，如创建“/etc/vsftpd/login. txt”文件：

```
vwlzy03        //用户名
123            //密码
vwlzy04        //用户名
123            //密码
:wq
```

②用创建的口令库文件生成 FTP 服务器的认证文件（被加密的密文）：

```
db_load -T -t hash -f /etc/vsftpd/login.txt /etc/vsftpd/login.db
chmod 600 login.db      //更改权限以保证安全
```

③建立虚拟用户所需要的 PAM 配置文件，并保存在“/etc/pam. d”目录下，暂时取名为“vsftpd”（注意该文件名必须与主配置文件“/etc/vsftpd/vsftpd. conf”中的“pam_service_name = vsftpd”选项值相同）。在此文件中加入如下内容：

```
auth required /lib/security/pam_userdb.so  db = /etc/usftpd/login
account required /lib/security/pam_userdb.so  db = /etc/usftpd/login
```

注意：对其他语句应注释或删除。

④建立地本用户供虚拟用户来映射，如：

```
useradd -d /var/wlzy03 -s /sbin/nologin wlzy03
useradd -d /var/wlzy04 -s /sbin/nologin wlzy04
```

⑤为不同的虚拟用户分配权限。

首先在主配置文件“/etc/vsftpd/vsftpd. conf”中增加 3 个选项：

```
anonymous_enable = NO           //禁止匿名用户登录
pam_service_name = vsftpd       //配置文件中默认的
user_config_dir = /etc/vsftpd      //指定不同用户配置文件存放的目录
```

在“/etc/vsftpd”目录中分别创建与虚拟用户名同名的文件，如 vwlzy03。

编辑这个文件，如 vi vwlzy03：

```
    guest_enable = YES            //定义启动虚拟账户
    guest_username = wlzy03       //把虚拟账户映射成本地账户 wlzy03
```

还可以根据实际需要为虚拟账户添加下面的选项与值(在 VSFTP 中把虚拟账户看成匿名账户,所以权限设置用匿名账户进行配置)：

```
anon_word_readable_only = YES       //允许用户下载文件
anon_upload_enable = YES            //允许用户上传文件
anon_mkdir_write_enable  = YES      //允许名用户创建新目录
anon_other_write_enable  = YES      //允许用户更改、删除目录与文件权限
```

4. FTP 服务的磁盘配额

磁盘配额是针对分区（在 Windows 中是驱动器图标）来操作的，而 Linux 分区要挂载到

目录中。下面安装一块新虚拟硬盘，分区格式化后，挂载到目录中去，再进行配额。

用命令“ll /dev/sd *”　查看硬盘文件，IDE 硬盘显示的文件名是 hdx（x = a/b/c/d），SCSI 或者 SAS 硬盘显示的文件名是 sdx，如图 2 – 4 – 5 所示，最后一个 sdb 就是新增加的硬盘文件。

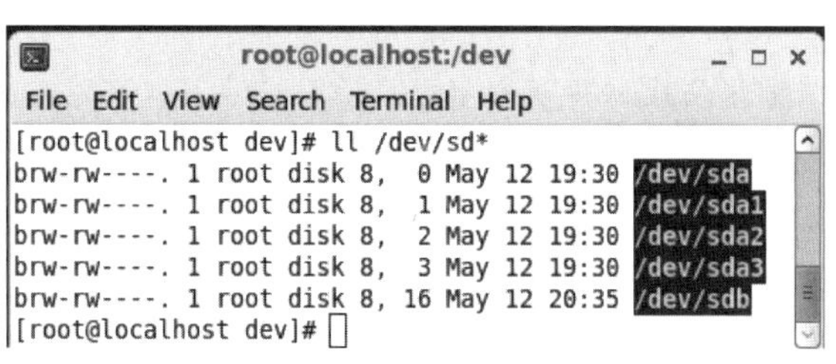

图 2 – 4 – 5　查看硬盘文件

（1）在虚拟机中增加一块硬盘，再对其分区，如：

```
fdisk /dev/sdb
```

（2）创建分区文件系统，如：

```
mkfs -t ext3 /dev/sdb
```

（3）将硬盘挂载到系统中去，修改“/etc/fstab”文件，如：

```
vi /etc/fstab
 /dev/sdb     /1     ext3     defaults,usrquota,grpquota  0  0
要挂载的分区   挂载点(目录)          针对用户和组进行配额
```

（4）修改完需要重新启动 Linux 操作系统以让配置生效，也可以用命令“#mount – o remount/1”让配置立即生效。

（5）执行“quotacheck – cumg/1”命令初始化配额文件，在挂载目录“/1”下会生成两个配额管理文件“aquota. user”和“aquota. group”。

（6）使用“edquota”命令设置用户和用户组的配额，如：

```
edquota -u wlzy01      //给 wlzy01 用户设置配额
edquota -g wlzy        //给 wlzy 用户组设置配额
```

（7）启动配额，如“quotaon /1”或“quotaon /dev/sdb1”或“quotaon –a”。

这样用户登录到 FTP 上传一个大于配额的文件时，会报错。

【实验作业】

（1）安装 VSFTP 及 FTP 客户端，提交操作截图。

（2）启动 VSFTP 并在 Windows 操作系统中匿名验证，提交操作截图。

（3）以自己的英文名创建一个本地 FTP 账户，自身家目录为“/var/自己的英文名”，密码是自己学号的后 6 位，将自身家目录的权限设置为 777，并在目录内创建两个文件“aaa. doc”和“bbb. doc”，提交操作截图。

（4）用此账户在 Linux 操作系统中进行登录验证，提交操作截图。

任务5　DNS服务器

【学习目的】

（1）理解DNS服务器在局域网中的作用。

（2）掌握域名服务的基本概念。

（3）掌握在CentOS 6.5下实际安装、配置DNS服务器的方法。

（4）掌握DNS服务器的验证方法。

【学习环境】

（1）硬件：PC 1台。

（2）软件：VMware、CentOS 6.5、“bind-9.8.2-0.17.rcl.el6_4.6.i686.rpm”安装包。

【学习要点】

（1）常规DNS服务器的安装与配置。

（2）辅助DNS服务器的配置。

（3）DNS转发服务器的配置。

（4）DNS服务器的测试。

【理论基础】

（1）DNS的全称为Domain Name System，即域名系统。DNS就像一本电话簿，里面有域名地址与IP地址对应的条目。DNS协议运行在UDP协议之上，使用端口号53。

（2）DNS的重要性：从技术角度看，DNS解析是互联网绝大多数用户应用的实际寻址方式，是域名技术的再发展以及基于域名技术的多种应用，丰富了互联网应用和协议，从资源角度看，域名是互联网上的身份标识，是不可重复的唯一标识资源。

（3）DNS的结构：DNS是一个分层级的分散式名称对应系统，类似目录树结构，分为根域、顶级域、二级域、子域、主机名称等。

（4）常用的域名查询方式主要有两种：递归查询、迭代查询。

①递归查询：客户端发出查询要求后，如果DNS服务器内没有需要的数据，则DNS服务器会代替客户端向其他DNS服务器顺序查询，即客户端一旦发起查询请求，就只等结果，不问过程。

②迭代查询：这是一般DNS服务器与DNS服务器之间的查询方式。当第1台DNS服务器向第2台DNS服务器提出查询要求后，如果第2台DNS服务器内没有所需要的数据，则它会提供第3台DNS服务器的IP地址给第1台DNS服务器。

【素质修养】

1. 域名服务器的发展历史

1985 年，Symbolics 公司注册了第一个 . com 域名。当时域名注册刚刚兴起，申请者寥寥无几。

1993 年，Internet 上出现 WWW 协议，域名开始变得抢手。

1993 年，Network Solutions（NSI）公司与美国政府签下 5 年合同，独家代理. com/. org/. net三个国际顶级域名注册权。当时的域名总共才 7 000 个左右。

1994 年开始，NSI 向每个域名收取 100 美元注册费，两年后每年收取 50 美元的管理费。

1998 年初，NSI 已注册域名 120 多万个，其中 90% 使用“. com”后缀，进帐 6 000 多万美元。有人推算，到 1999 年中期，该公司仅域名注册费一项就将年创收 2 亿美元。

2. 域名劫持

2010 年 1 月 12 日上午 7 点开始，中国最大中文搜索引擎“百度”遭到黑客攻击，长时间无法正常访问。主要表现为跳转到一雅虎出错页面、伊朗网军图片，出现“天外符号”等，范围涉及四川、福建、江苏、吉林、浙江、北京、广东等国内绝大部分省市。

这次攻击百度的黑客疑似来自境外，利用了 DNS 记录篡改的方式。这是自百度成立以来，所遭遇的持续时间最长、影响最严重的黑客攻击，网民访问百度时，会被定向到一个位于荷兰的 IP 地址，百度旗下所有子域名均无法正常访问。这次百度大面积故障长达 5 个小时，在国内外互联网界造成了重大影响，之后百度公告称，域名在美注册商处遭非法篡改。

【任务实施】

1. 安装准备工作

（1）关闭防火墙。

（2）关闭 SELinux。

2. 安装、检查 DNS

（1）事先切换到系统光盘镜像里的 Packages 里，找到文件后单击鼠标右键安装，或利用命令“rpm -ivh bind -9. 8. 2 -0. 17. rcl. el6_4. 6. i686. rpm”，或进行源安装（yum -y install bind）。

（2）检查（rpm -qa bind）。

3. 配置 DNS

DNS 的配置文件一共有 4 个，现以建立“wlzy. com”域名，服务器 IP 地址为“192. 168. 20. 199”为例，对这 4 个配置文件进行修改。

（1）主配置文件“vim /etc/named. conf”，修改“options”选项，共有 3 处内容要替换：“127. 0. 0. 1”替换为“any”；“::1”替换为“any”；“localhost”替换为“any”。

（2）“vim /etc/named. rfc1912. zones”文件（图 2 -5 -1），修改正向解析区域和反向解析区域。

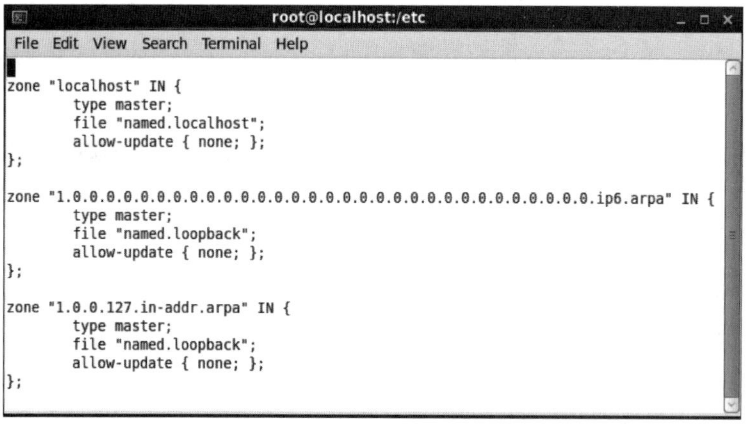

```
root@localhost:/etc
File  Edit  View  Search  Terminal  Help

zone "localhost" IN {
        type master;
        file "named.localhost";
        allow-update { none; };
};

zone "1.0.0.0.0.0.0.0.0.0.0.0.0.0.0.0.0.0.0.0.0.0.0.0.0.0.0.0.0.0.0.0.ip6.arpa" IN {
        type master;
        file "named.loopback";
        allow-update { none; };
};

zone "1.0.0.127.in-addr.arpa" IN {
        type master;
        file "named.loopback";
        allow-update { none; };
};
```

图 2－5－1　修改正向解析区域

①修改正向解析区域，如设置域名为“wlzy. com”，正向解析区域文件为“wlzy. com. zone”：

```
zone "localhost" IN {
        type master ;
        file "named.localhost";
        allow-update {none;};
};
```

上面的内容改后如下：

```
zone "wlzy.com" IN {
        type master ;
        file "wlzy.com.zone";
        allow-update {none;};
};
```

②修改反向解析区域，如设置反向解析区域文件为“20. 168. 192. rev”：

```
zone "1.0.0.127.in-addr.arpa" IN{
    type master;
    file "named.loopback";
    allow-update {none;};
};
```

上面的内容改后如下：

```
zone "20.168.192.in-addr.arpa" IN{
    type master;
    file "20.168.192.rev";
    allow-update {none;};
};
```

修改后，如图 2－5－2 所示。

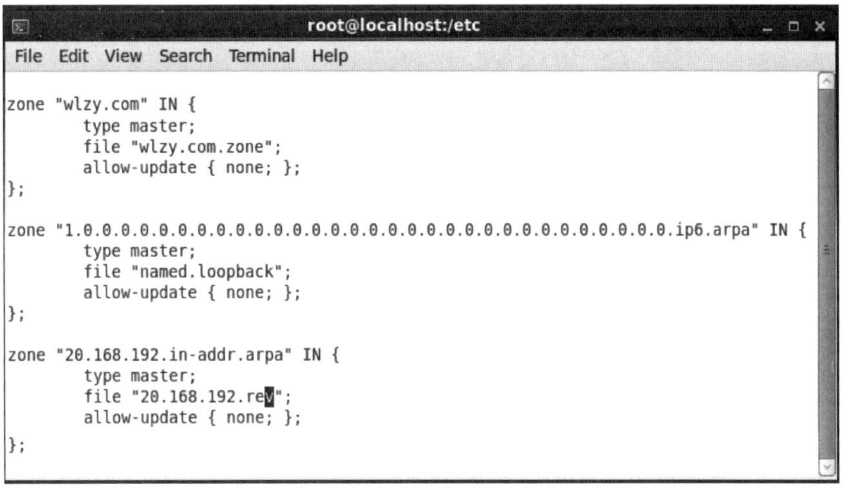

```
zone "wlzy.com" IN {
        type master;
        file "wlzy.com.zone";
        allow-update { none; };
};

zone "1.0.0.0.0.0.0.0.0.0.0.0.0.0.0.0.0.0.0.0.0.0.0.0.0.0.0.0.0.0.0.0.ip6.arpa" IN {
        type master;
        file "named.loopback";
        allow-update { none; };
};

zone "20.168.192.in-addr.arpa" IN {
        type master;
        file "20.168.192.rev";
        allow-update { none; };
};
```

图2-5-2　修改反向解析区域

(3) 生成正向解析区域文件，并对其进行修改（见图2-5-3）：

cd /var/named　　　　　　　//进入正向解析区域文件所在的目录

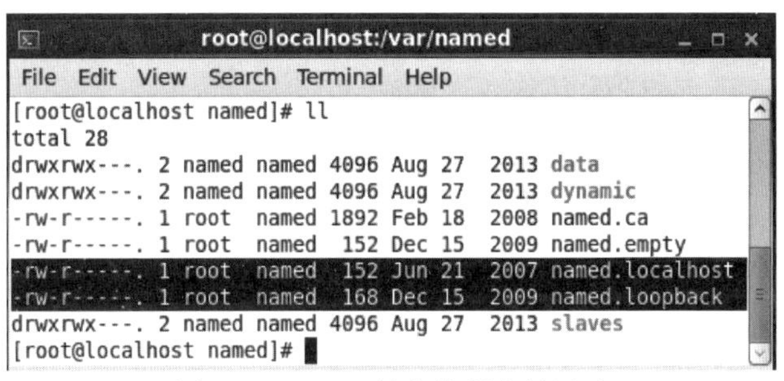

图2-5-3　区域文件所在的目录

cp -p named.localhost wlzy.com.zone　　//从模板文件复制得到正向解析区域文件，参数 -p 表示复制保留原文件的属性

vim wlzy.com.zone　　　　//打开正向解析区域文件并修改

原始文件如图2-5-4所示。

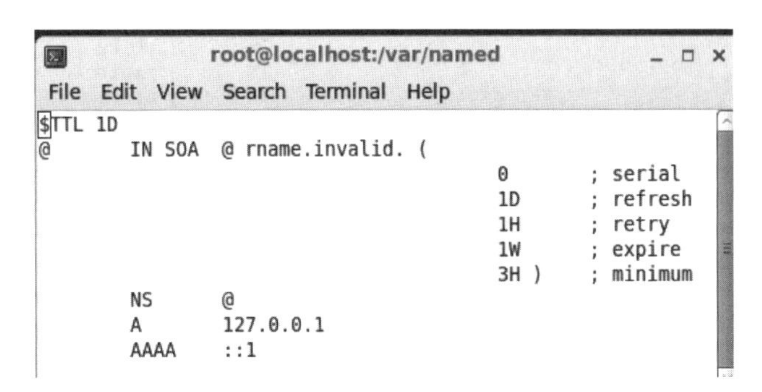

图2-5-4　正向解析文件

修改内容如图2-5-5所示。

```
root@localhost:/var/named
File  Edit  View  Search  Terminal  Help
$TTL 1D
@       IN SOA  dns.wlzy.com. root.wlzy.com. (
                                        0       ; serial
                                        1D      ; refresh
                                        1H      ; retry
                                        1W      ; expire
                                        3H )    ; minimum
        NS      dns.wlzy.com.
dns     A       192.168.20.199
www     A       192.168.20.99
```

图 2－5－5　修改正向解析文件

(4) 生成反正向解析区域文件，并对其进行修改：

```
cd /var/named
cp -p named.loopback 20.168.192.rev
vim 20.168.192.rev
```

原始文件如图 2－5－6 所示。

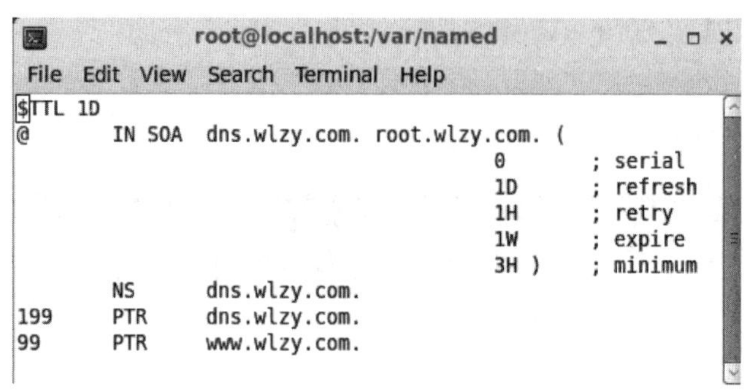

```
root@localhost:/var/named
File  Edit  View  Search  Terminal  Help
$TTL 1D
@       IN SOA  @ rname.invalid. (
                                        0       ; serial
                                        1D      ; refresh
                                        1H      ; retry
                                        1W      ; expire
                                        3H )    ; minimum
        NS      @
        A       127.0.0.1
        AAAA    ::1
        PTR     localhost.
```

图 2－5－6　反向解析文件

修改内容如图 2－5－7 所示。

```
root@localhost:/var/named
File  Edit  View  Search  Terminal  Help
$TTL 1D
@       IN SOA  dns.wlzy.com. root.wlzy.com. (
                                        0       ; serial
                                        1D      ; refresh
                                        1H      ; retry
                                        1W      ; expire
                                        3H )    ; minimum
        NS      dns.wlzy.com.
199     PTR     dns.wlzy.com.
99      PTR     www.wlzy.com.
```

图 2－5－7　修改反向解析文件

注意：每一个域名最后一定要加一个小圆点“.”。

4. 启动 DNS 服务器

service named start(如果 Centos7 版本命令为 systemctl start named)

5. 测试 DNS 服务器

注意：测试的客户机的 DNS 必须改为刚才配置的 Centos 服务器地址。

（1）测试方法一，使用“nslookup”命令（见图 2－5－8）。

```
nslookup
  > www.wlzy.com          //测试正向解析
  > 192.168.20.199        //测试反向解析
  > exit                  //退出
```

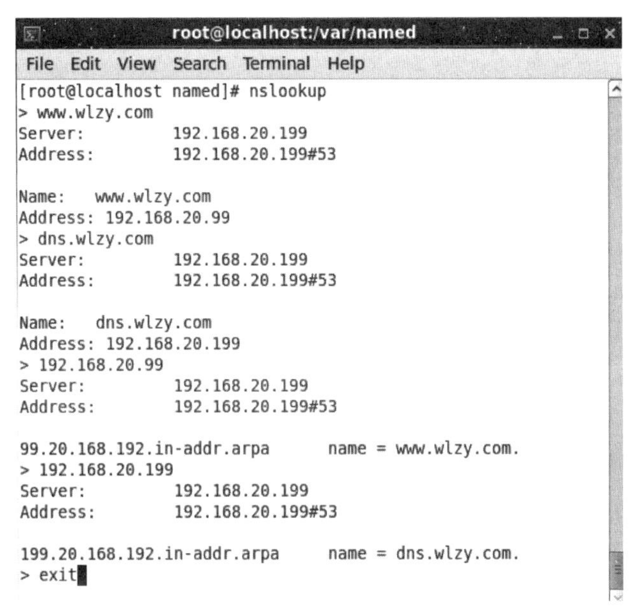

图 2－5－8 使用工具 nslookup 测试 DNS 服务器

（2）测试方法二，使用“ping”命令。

用“ping www. wlzy. com”测试，看能否返回“192. 168. 20. 199”，如图 2－5－9 所示。

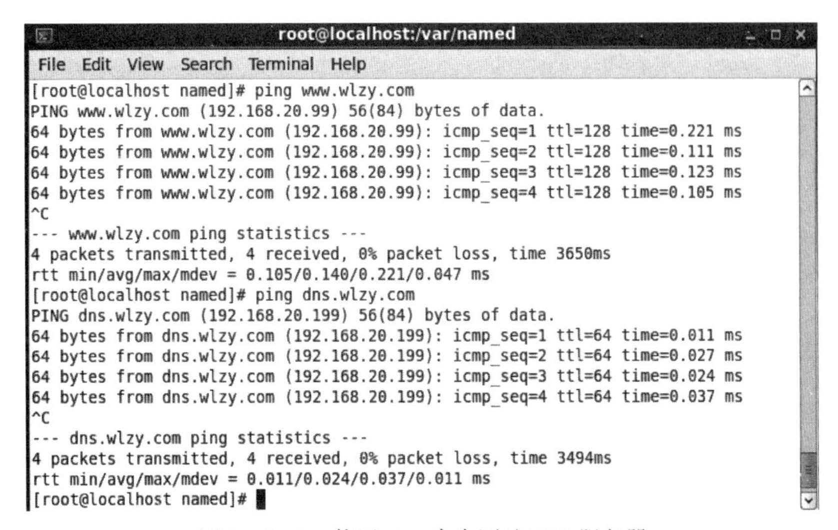

图 2－5－9 使用 ping 命令测试 DNS 服务器

6. 多域区名的 DNS 设置

再建立一个 rjxy. com 域名，操作如下：

（1）对“/etc/named. rfc1912. zones”进行修改配置，需要再复制建立一份正向解析区域，反向解析区域不变，如图 2－5－10 所示。

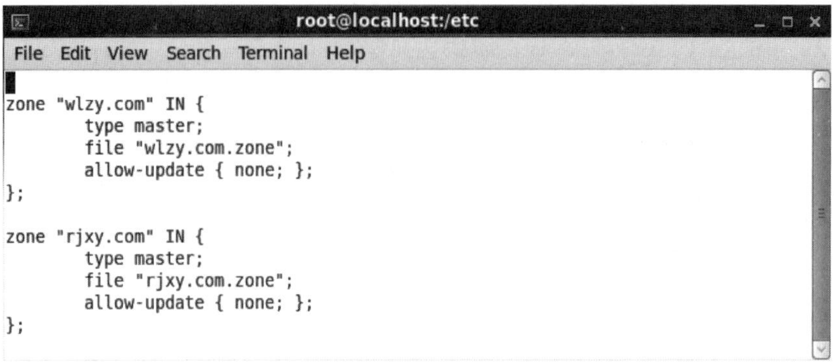

```
root@localhost:/etc
File Edit View Search Terminal Help

zone "wlzy.com" IN {
        type master;
        file "wlzy.com.zone";
        allow-update { none; };
};

zone "rjxy.com" IN {
        type master;
        file "rjxy.com.zone";
        allow-update { none; };
};
```

图 2－5－10　复制一份正向解析区域并修改

（2）进入“/var/named”目录，复制一份正向解析区域文件模板到“rjxy. com. zone”并修改，如图 2－5－11 所示。

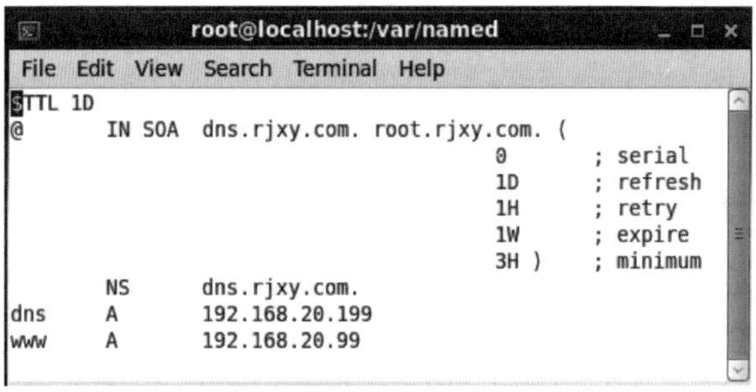

```
root@localhost:/var/named
File Edit View Search Terminal Help
$TTL 1D
@       IN SOA  dns.rjxy.com. root.rjxy.com. (
                                        0       ; serial
                                        1D      ; refresh
                                        1H      ; retry
                                        1W      ; expire
                                        3H )    ; minimum
        NS      dns.rjxy.com.
dns     A       192.168.20.199
www     A       192.168.20.99
```

图 2－5－11　复制一份正向解析文件并修改

（3）对反向解析区域文件只需修改，添加几条反向解析语句即可，NS 域名可以不用修改（见图 2－5－12）：

```
vim /var/named/20.168.192.rev
```

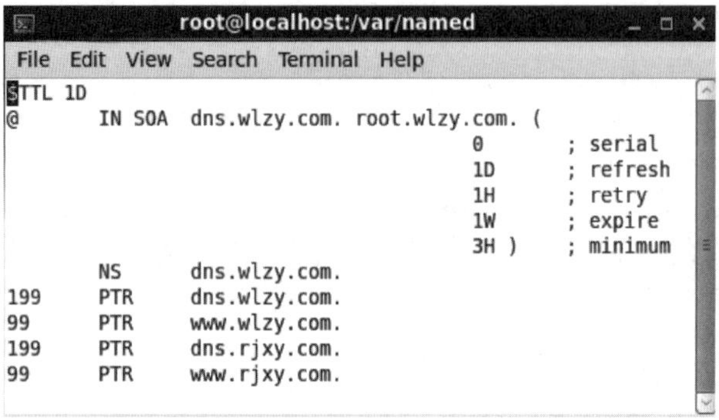

```
root@localhost:/var/named
File Edit View Search Terminal Help
$TTL 1D
@       IN SOA  dns.wlzy.com. root.wlzy.com. (
                                        0       ; serial
                                        1D      ; refresh
                                        1H      ; retry
                                        1W      ; expire
                                        3H )    ; minimum
        NS      dns.wlzy.com.
199     PTR     dns.wlzy.com.
99      PTR     www.wlzy.com.
199     PTR     dns.rjxy.com.
99      PTR     www.rjxy.com.
```

图 2－5－12　修改反向解析文件

7. DNS 转发服务器的配置

（1）刚安装好的 DNS 服务器就是一个缓存 DNS 服务器，不需要作任何配置。客户端的查询结果通过缓存保存在本机，如果下次有相同的请求，不需要再次访问根域，而直接从缓存中查询调取，节省流量和时间。

（2）如果本地 DNS 服务器不能解析，要可以转发给其他特定的服务器解析，因此要设置转发。只要在“/etc/named. conf”中加上“forwarders {其他 DNS 服务器的 IP 地址;};”，并把 dnssec -validation 的参数设置为“no”即可，如图 2 -5 -13 所示。

```
root@localhost:/etc
File Edit View Search Terminal Help

options {
        listen-on port 53 {any; };
        listen-on-v6 port 53 { any; };
        directory       "/var/named";
        dump-file       "/var/named/data/cache_dump.db";
        statistics-file "/var/named/data/named_stats.txt";
        memstatistics-file "/var/named/data/named_mem_stats.txt";
        allow-query     { any; };
        recursion yes;

        dnssec-enable yes;
        forwarders {61.177.7.1;};
        dnssec-validation no;
```

图 2 -5 -13 DNS 转发服务器的配置

dnssec 是为了解决 DNS 欺骗和缓存污染而设计的一种安全机制，正常情况下设置为“yes”，在作转发器时必须关闭，设置为“no”。

以上命令是对所有的请求都转发，如果只针对特定区域转发，就把转发语句写在具体区域，如图 2 -5 -14 所示。

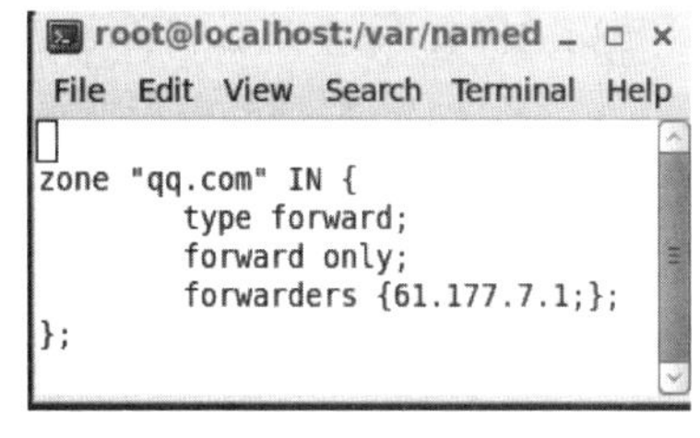

图 2 -5 -14 针对特定区域转发设置

【实验作业】

（1）安装并检查 DNS，提交操作截图。

（2）配置 DNS，以“自己的英文名 . com”建立域名：

①“vim /etc/named. conf”主配置文件，修改“options”选项，提交操作截图。

②“vim /etc/named. rfc1912. zones”文件，修改正向解析区域和反向解析区域，提交操作截图。

③生成正向解析区域文件，并对其进行修改，提交操作截图。

④生成反向解析区域文件，并对其进行修改，提交操作截图。

（3）启动 DNS 服务器，提交操作截图。

（4）测试 DNS 服务器，提交操作截图。

任务6　Apache服务器

【学习目的】

（1）掌握Apache服务器的重要性和构建方法。

（2）掌握多种Apache服务器的安装、配置与验证方法。

（3）掌握多个Web站点的建立方法与验证方法。

（4）掌握HTTP安全认证网站的配置方法。

【学习环境】

（1）硬件：PC 1台。

（2）软件：VMware、CentOS 6.5。

【学习要点】

（1）Apache服务器的安装与配置。

（2）基于虚拟主机的多个Web站点的配置。

（3）HTTP安全认证网站的配置。

（4）个人Web站点的配置。

【理论基础】

（1）WWW（World Wide Web，万维网），是Internet应用中最广泛的一项信息服务技术，描述一系列标准、规范的XML操作的接口，包括与服务进行交互需要的全部细节，如消息格式、传输协议、服务位置等。它采用客户/服务器结构，整理和储存各种WWW资源，并响应客户端软件的请求，把所需的信息资源通过浏览器发送给用户。

（2）HTTP（Hypertext Transfer Protocol，超文本传输协议）的默认端口号为80。Apache与IIS是HTTP的服务器软件，IE与Firefox等浏览器是HTTP的客户端实现。

（3）Apache是比较流行的Web服务器软件。其取自“a patchy server”读音，意思是充满补丁的服务器，它是自由软件，不断有人为它开发新的功能、新的特性，修改原来的缺陷。Apache的特点是简单、速度快、性能稳定。

【素质修养】

1. 互联网、因特网、万维网三者的关系

简单来说，互联网包含因特网，因特网包含万维网，凡是能彼此通信的设备组成的网络都叫互联网。国际标准的互联网写法是Internet，因特网是互联网的一种。

因特网使用 TCP/IP 协议，让不同的设备可以彼此通信。但使用 TCP/IP 协议的网络并不一定是因特网，一个局域网也可以使用 TCP/IP 协议。判断自己是否接入的是因特网，首先是看电脑是否安装了 TCP/IP 协议，其次看是否拥有一个公网地址，或能进行 NAT 转换到公网地址。

因特网是基于 TCP/IP 协议实现的，TCP/IP 协议由很多协议组成，不同类型的协议又被放在不同的层，其中，位于应用层的协议就有很多，比如 FTP、HTTP、SMTP。只要应用层使用的是 HTTP 协议，就称为万维网（World Wide Web）。

2. 人工智能可能会是计算机历史的一个终极目标

从 1950 年阿兰图灵提出的图灵测试开始，人工智能就成为计算机科学家们的梦想。在接下来的网络发展中，人工智能使得机器更加智能化。

【任务实施】

1. 安装 Apache 服务器（进程是 httpd）

（1）使用“rpm”命令安装服务器 rpm -ivh httpd 包的路径（注意先安装两个依赖包：mailcap、httpd-tools），也可以用“yum -y install httpd”联网安装。

（2）安装后，通过“rpm -q httpd”检测，显示“httpd-2.2.15-29.el6.centos.i686”。

主配置文件在“/etc/httpd/conf/httpd.conf”中，默认的主页文件位置是“/var/www/html”。

找到“ServerName www.example.com:80”，更改为“ServerName localhost:80”。

（3）运行 httpd：

[root@promote]#service httpd start(如果 Centos7 版本命令为 systemctl start httpd)

或

[root@promote]# cd /etc/init.d

或

[root@promote init.d]# ./httpd start

（4）验证。

直接启动 Apache 服务器，在客户端可以看到一个默认的主页（即 Apache 2 Test Page），这表明 Apache 服务器不仅成功安装，而且可以正常运行。可直接输入“http://localhost”或“http://127.0.0.1”，按【Enter】键即可。浏览器显示如图 2-6-1 所示。

如果其他客户端不能浏览测试页，要先把防火墙关闭（“service iptables stop”）或编辑“/etc/sysconfig/iptables”，添加如下内容：

```
-A INPUT -m state --state NEW -m tcp -p tcp --dport 80 -j ACCEPT
-A INPUT -m state --state NEW -m tcp -p tcp --dport 443 -j ACCEPT
```

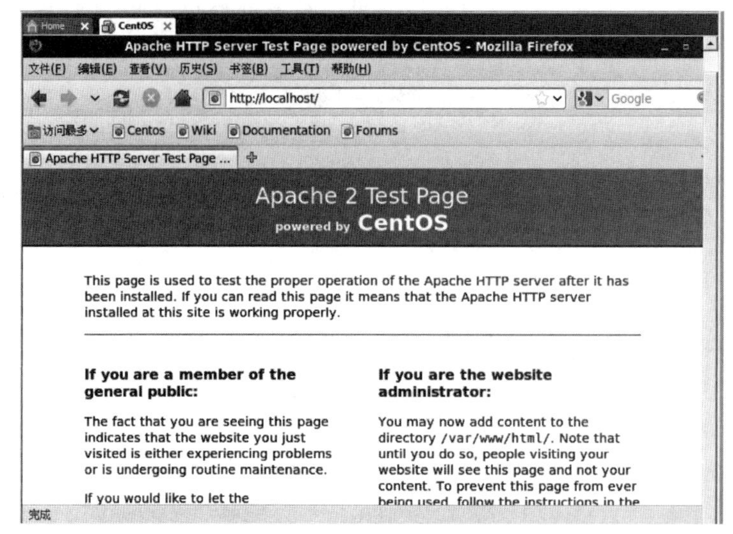

图 2－6－1　Apache 服务验证

然后重启 iptables 服务器。

2. 利用 IP 地址建立网站

（1）在根目录建立目录，如/wlzy，在目录中创建自建的主页文件“index. html”：

```
# mkdir /wlzy
# cd /wlzy
# echo "Welcome to wlzy" > index.html
```

（2）编辑主配置文件# vi /etc/httpd/conf/httpd. conf，找到 DocumentRoot “/var/www/html”，这是 apache 服务器的根目录，将该目录改成“/wlzy”，再找到 <Directory “/var/www/html” >区域，此目录也改成“/wlzy”，完成对 apahce 的默认发布路径修改，然后重启 apache 服务器，测试个人网站发布结果。

重启服务的时候可能报错，提示“找不到目录”，这主要是由 SELinux 导致的，可以使用命令“setenforce 0”关闭。

（3）重启 Apache 服务器并验证（“service httpd restart”），然后访问网站进行测试，在浏览器中输入“192. 168. 20. 199”，如图 2－6－2 所示。

3. 采用域名方式建立网站

（1）利用上个项目中学习的 DNS 技术，建立域名服务器，使 www. wlzy. com 可以正确解析到 192. 168. 20. 199 地址。

（2）编辑主配置文件# vi /etc/httpd/conf/httpd. conf，在最下面加上如下代码。

```
NameVirtualHost 192.168.20.199:80
<VirtualHost 192.168.20.199:80 >
    DocumentRoot /wlzy
    ServerName www.wlzy.com
    <Directory "/wlzy" >
```

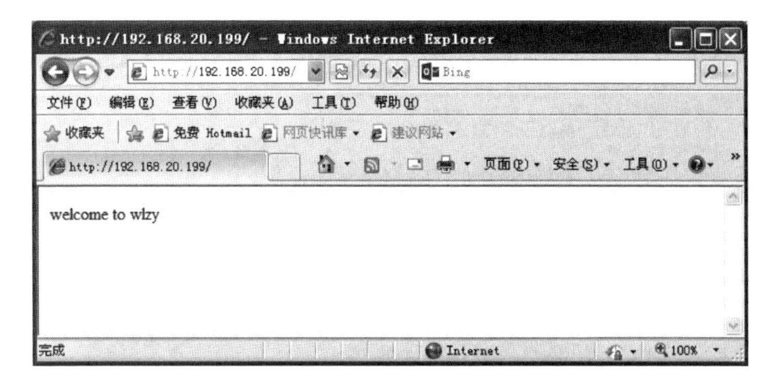

图 2-6-2　测试个人主页发布

```
            AllowOverride None
            Allow from all
            Require all granted
        </Directory>
    </VirtualHost>
```

（3）重启 Apache 服务器并验证（“service httpd restart”），然后在浏览器中输入“www.wlzy.com”测试。

4. 建立多个网站的 4 种方法

（1）基于 IP 的虚拟主机：不同 IP 地址对应不同的网站。

给服务器安装多块网卡或为一块网卡设置多个虚拟 IP 接口（如增加虚拟接口 eth0：0 等），并设置多个 IP 地址（见图 2-6-3）：

```
[root@localhost network-scripts]# cp ifcfg-eth0 ifcfg-eth0:0
[root@localhost network-scripts]# vi ifcfg-eth0:0
    DEVICE = "eth0:0"
    IPADDR =192.168.20.200
[root@localhost network-scripts]# service network restart
```

在系统根目录下分别创建两个文件夹，如“/wlzy”和“/xjry”，并分别创建测试用的主页，如图 2-6-4 所示。

在“httpd.conf”中加入如下代码：

```
<VirtualHost 192.168.20.199:80>
        DocumentRoot /wlzy
</VirtualHost>
<VirtualHost 192.168.20.200:80>
        DocumentRoot /rjxy
</VirtualHost>
```

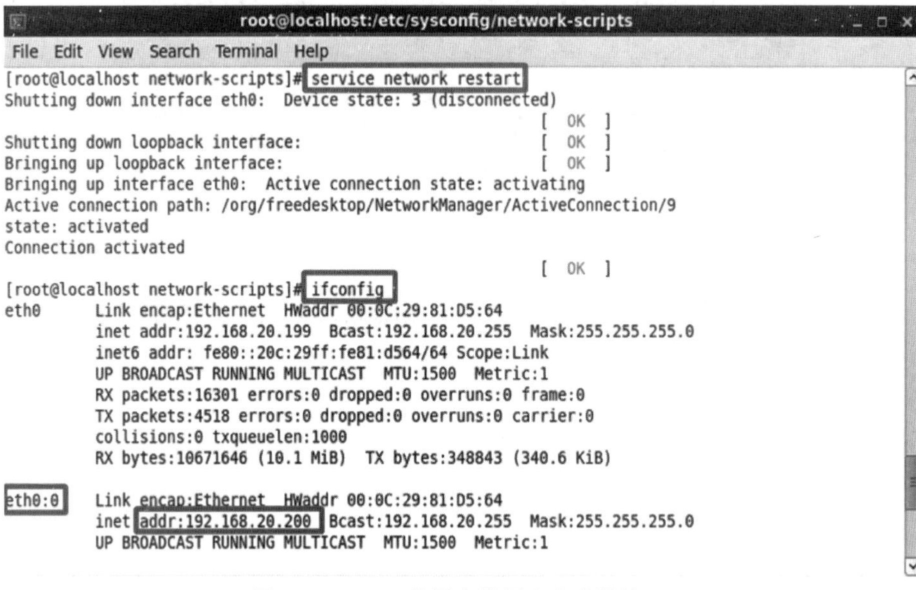

图2-6-3　一块网卡设置多个虚拟接口

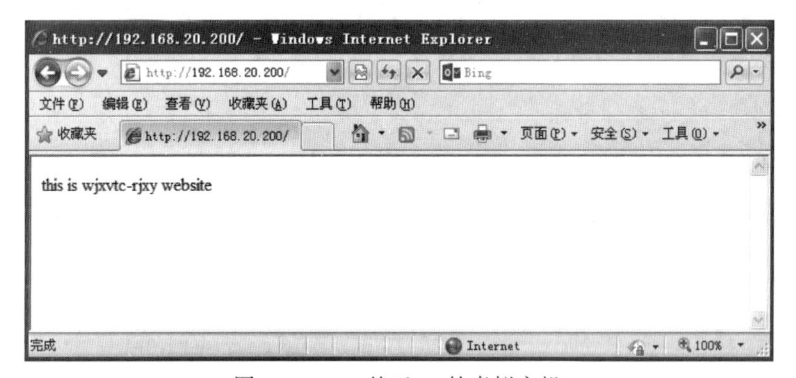

图2-6-4　基于IP的虚拟主机

（2）基于端口的虚拟主机：同样的IP地址，不同的端口对应不同的网站（见图2-6-5）。

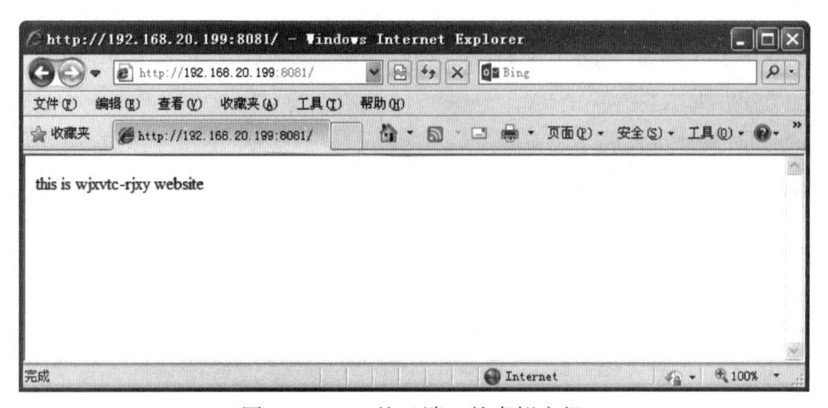

图2-6-5　基于端口的虚拟主机

如果Centos7版本，进入conf. d目录下新建配置文件vhostip. conf，添加内容：

```
<VirtualHost 192.168.20.199:80>
        DocumentRoot /wlzy
        <Directory "/wlzy">
                AllowOverride None
                Allow from all
                Require all granted
        </Directory>
</VirtualHost>

<VirtualHost 192.168.20.200:80>
        DocumentRoot /rjxy
        <Directory "/rjxy">
                AllowOverride None
                Allow from all
                Require all granted
        </Directory>
</VirtualHost>
```

在上例中，只需要一个 IP 地址，增加监听 8080 和 8081 两个端口，代码如下：

```
Listen 8080
Listen 8081
<VirtualHost 192.168.20.199:8080>
         DocumentRoot /wlzy
</VirtualHost>
<VirtualHost 192.168.20.199:8081>
         DocumentRoot /rjxy
</VirtualHost>
```

(3) 基于域名的虚拟主机：不同的 IP 地址，绑定不同的域名对应不同的网站。

如果 Centos7 版本，进入 conf. d 目录下新建配置文件 vhostport. conf，添加内容：

```
<VirtualHost 192.168.20.199:8080>
          DocumentRoot /wlzy
          <Directory "/wlzy">
                AllowOverride None
                Allow from all
                Require all granted
          </Directory>
</VirtualHost>
```

```
<VirtualHost 192.168.20.199:8081>
        DocumentRoot /rjxy
        <Directory "/rjxy">
             AllowOverride None
             Allow from all
             Require all granted
        </Directory>
</VirtualHost>
```

安装DNS服务器，配置两个域名“www.wlzy.com”和“www.rjxy.com”的正确解析。在“httpd.conf”文件中配置如下：

```
NameVirtualHost 192.168.20.199:80
<VirtualHost 192.168.20.199:80>
       DocumentRoot /wlzy
       ServerName www.wlzy.com
</VirtualHost>
<VirtualHost 192.168.20.200:80>
       DocumentRoot /rjxy
       ServerName www.rjxy.com
</VirtualHost>
```

（4）虚拟目录方式：同样的IP地址，不同的虚拟目录对应不同的网站。

如果Centos7版本，进入conf.d目录下新建配置文件vhostname.conf，添加内容：

```
NameVirtualHost 192.168.20.199:80
   <VirtualHost 192.168.20.199:80>
      DocumentRoot /wlzy
      ServerName www.wlzy.com
      <Directory "/wlzy">
            AllowOverride None
            Allow from all
            Require all granted
      </Directory>
   </VirtualHost>

NameVirtualHost 192.168.20.200:80
   <VirtualHost 192.168.20.200:80>
       DocumentRoot /rjxy
       ServerName www.rjxy.com
       <Directory "/rjxy">
```

```
                AllowOverride None
                Allow from all
                Require all granted
            </Directory>
    </VirtualHost>
```

如在根目录下创建一个“/1111”目录，并创建主页文件如内容为“This is a virtual directory”。

虚拟目录的名称为“aaaa”，真实目录对应的是“/1111”，则“httpd. conf”文件配置如下：

```
NameVirtualHost 192.168.20.199:80
<VirtualHost 192.168.20.199:80>
        DocumentRoot /wlzy
        ServerName www.wlzy.com
        Alias /aaaa "/1111"
      <Directory "/1111">
        Options Indexes MultiViews FollowSymLinks
        AllowOverride None
        Order allow,deny
        Allow from all
      </Directory>
</VirtualHost>
```

重启 Apache 服务器，在浏览器中输入“www. wlzy. com/aaaa”验证。

【实验作业】

（1）在根目录建立以自己的英文名为名称的目录，在目录中创建自建的主页文件“index. html”，提交操作截图。

（2）编辑主配置文件，提交操作截图。

（3）重启 Apache 服务器，提交操作截图。

任务7 电子邮件服务器

【学习目的】

（1）学会建立 sendmail 和 dovecot 服务器。

（2）学会邮件服务器的域名配置。

（3）掌握电子邮件服务器的安全和管理。

【学习环境】

（1）硬件：PC 1 台。
（2）软件：VMware、CentOS 6.5。

【学习要点】

（1）安装、配置和管理 sendmail 服务。
（2）收发邮件来验证服务器配置的正确性。
（3）关闭防火墙。
（4）开启 sendmail 邮件发送服务。
（5）开启域名服务器。
（6）开启 dovecot 邮件接收服务器。
（7）安装 m4 与配置 Makemap hash。

【理论基础】

在 Linux 操作系统中，sendmail 是重要的邮件传输代理程序。电子邮件程序分解成用户代理、传输代理和投递代理。用户代理用来接受用户的指令，将用户的信件传送至信件传输代理，如 Outlook Express、Foxmail 等。投递代理则从信件传输代理取得信件，并传送至最终用户的邮箱，如 Procmail。

当用户试图发送一封电子邮件时，他并不能直接将信件发送到对方的机器上，用户代理必须试图寻找一个信件传输代理，把邮件提交给它。信件传输代理得到邮件后，首先将它保存在自身的缓冲队列中，然后根据邮件的目标地址，信件传输代理程序将找到应该对这个目标地址负责的邮件传输代理服务器，并且通过网络将邮件传送给它。对方的服务器接收到邮件之后，将其缓冲存储在本地，直至电子邮件的接收者查看自己的电子信箱。

邮件传输是从服务器到服务器的，而且每个用户必须拥有服务器上存储信息的空间（称为信箱）才能接收邮件。邮件传输代理的主要工作是监视用户代理的请求，根据电子邮件的目标地址找出对应的邮件服务器，将信件在服务器之间传输并且将接收到的邮件缓冲或者提交给最终投递程序。

有许多程序可以作为信件传输代理，但是 sendmail 是其中最重要的一个，事实证明它可以支持数千甚至更多的用户，而且占用的系统资源相当少。不过 sendmail 的配置十分复杂，因此也有人使用另外的一些工具，如 qmail、postfix 等。

【素质修养】

1. 邮件服务的相关协议

POP3（Post Office Protocol）：让用户能够在远程服务器上，通过自己的账号和密码检索邮件的协议。

SMTP（简单邮件传输协议）：邮件路由协议，仅仅用来实现邮件传输。

2. SMTP 的起源

SMTP 的前身是 UUCP（Unix to Unix Copy Protocol），不过现在 UUCP 已经很难见到了，UUCP 其实仅仅只是复制信息。

SMTP 也是 C/S 架构的。相对于 SMTP 而言，服务器端进程叫做 smtpd，客户端叫做 smtp。为了实现邮件功能，我们需要在服务器上开辟一个公共位置，可以让每一个有邮箱的人访问这个位置，smtpd 可以在其中有写入的权限。每一个用户在公共场所的邮箱，只能被两类人访问，一类是邮箱的拥有者，另一类是发送邮件的那个进程。

3. POP3 的起源

我们已经进入 PC 时代，每个人都有了个人的电脑。而我们的个人电脑一般是没有邮件服务器的，即使我们真的架设了个人服务器，服务器也不会是 7 * 24 小时在线的，这样的话，当有人给你发邮件的时候，发现主机不在线，这怎么办？于是我们需要全天在线的邮件服务器，但是这些邮件服务器我们又连入不了。这时怎么办呢？此时需要一个远程的邮件服务器，而且具备如下功能：

（1）要能验证用户的身份。

（2）只能获取自己的邮件。

（3）获取的邮件可以回传自己的 PC 机上去。

于是，POP3 服务应运而生。POP3 服务能够监听客户端，当监测到检索邮件的请求之后，会先让用户验证自己的身份，验证通过之后，它会以用户的身份为令牌去邮筒中找到用户的邮件，并且通过 POP3 返回给用户。

【任务实施】

1. 安装准备工作

（1）关闭防火墙。

（2）关闭 SELinux。

（3）关闭 setenforce。

2. 安装 dovecot 和 sendmail

安装 dovecot：进入光驱用安装包的方式安装（“rpm -ivh dovecot *”），如图 2-7-1 所示。

安装 sendmail 和 sendmail-cf，如图 2-7-2 所示。

安装 m4 工具，如图 2-7-3 所示。

3. 配置 DNS 服务器

配置 DNS 服务器，如图 2-7-4 所示。

```
root@localhost:/media/CentOS_6.5_Final/Packages
File Edit View Search Terminal Help
[root@localhost /]# cd media/
[root@localhost media]# ls
CentOS_6.5_Final  CentOS_6.5_Final_
[root@localhost media]# cd CentOS_6.5_Final
[root@localhost CentOS_6.5_Final]# cd Packages/
[root@localhost Packages]# ls dovecot*
dovecot-2.0.9-7.el6.i686.rpm          dovecot-pgsql-2.0.9-7.el6.x86_64.rpm
dovecot-2.0.9-7.el6.x86_64.rpm        dovecot-pigeonhole-2.0.9-7.el6.x86_64.rpm
dovecot-mysql-2.0.9-7.el6.x86_64.rpm
[root@localhost Packages]# rpm -ivh dovecot-2.0.9-7.el6.x86_64.rpm
warning: dovecot-2.0.9-7.el6.x86_64.rpm: Header V3 RSA/SHA1 Signature, key ID c1
05b9de: NOKEY
Preparing...                ########################################### [100%]
   1:dovecot                ########################################### [100%]
[root@localhost Packages]# rpm -qa dovecot
dovecot-2.0.9-7.el6.x86_64
[root@localhost Packages]#
```

图 2－7－1　安装 dovecot

```
root@localhost:/media/CentOS_6.5_Final/Packages
File Edit View Search Terminal Help
[root@localhost Packages]# ls sendmail*
sendmail-8.14.4-8.el6.x86_64.rpm  sendmail-cf-8.14.4-8.el6.noarch.rpm
[root@localhost Packages]# rpm -ivh sendmail-8.14.4-8.el6.x86_64.rpm
warning: sendmail-8.14.4-8.el6.x86_64.rpm: Header V3 RSA/SHA256 Signature, key ID
c105b9de: NOKEY
error: Failed dependencies:
        libhesiod.so.0()(64bit) is needed by sendmail-8.14.4-8.el6.x86_64
        procmail is needed by sendmail-8.14.4-8.el6.x86_64
[root@localhost Packages]# ls procmail*
procmail-3.22-25.1.el6.x86_64.rpm
[root@localhost Packages]# rpm -ivh procmail-3.22-25.1.el6.x86_64.rpm
warning: procmail-3.22-25.1.el6.x86_64.rpm: Header V3 RSA/SHA256 Signature, key ID
 c105b9de: NOKEY
Preparing...                ########################################### [100%]
   1:procmail               ########################################### [100%]
[root@localhost Packages]# ls hesiod*
hesiod-3.1.0-19.el6.x86_64.rpm
[root@localhost Packages]# rpm -ivh hesiod-3.1.0-19.el6.x86_64.rpm
warning: hesiod-3.1.0-19.el6.x86_64.rpm: Header V3 RSA/SHA256 Signature, key ID c1
05b9de: NOKEY
Preparing...                ########################################### [100%]
   1:hesiod                 ########################################### [100%]
[root@localhost Packages]# rpm -ivh sendmail-8.14.4-8.el6.x86_64.rpm
warning: sendmail-8.14.4-8.el6.x86_64.rpm: Header V3 RSA/SHA256 Signature, key ID
c105b9de: NOKEY
Preparing...                ########################################### [100%]
   1:sendmail               ########################################### [100%]
[root@localhost Packages]#
```

图 2－7－2　安装 sendmail

```
root@localhost:/media/CentOS_6.5_Final/Packages
File Edit View Search Terminal Help
[root@localhost Packages]# ls m4*
m4-1.4.13-5.el6.x86_64.rpm
[root@localhost Packages]# rpm -ivh m4-1.4.13-5.el6.x86_64.rpm
warning: m4-1.4.13-5.el6.x86_64.rpm: Header V3 RSA/SHA256 Signature, key ID c105b9
de: NOKEY
Preparing...                ########################################### [100%]
        package m4-1.4.13-5.el6.x86_64 is already installed
[root@localhost Packages]# rpm -qa m4
m4-1.4.13-5.el6.x86_64
[root@localhost Packages]#
```

图 2－7－3　安装 m4 工具

```
root@localhost:/etc
File Edit View Search Terminal Help

zone "wangluo.cn" IN {
        type master;
        file "wangluo.cn";
        allow-update { none; };
};

zone "20.168.192.in-addr.arpa" IN {
        type master;
        file "20.168.192.wangluo.cn";
        allow-update { none; };
};
```

图 2－7－4　修改正向解析和反向解析区域

（1）事先切换到系统光盘镜像中的 Packages，找到文件后单击鼠标右键安装，或利用命令 “rpm －ivh bind－9. 8. 2－0. 17. rcl. el6_4. 6. i686. rpm”，或进行源安装（“yum －y install bind”）。

（2）检查（“rpm －qa bind”）。

（3）“vim /etc/named. conf” 主配置文件，修改 “options” 选项，共有 3 处内容要替换：

① “127. 0. 0. 1” 替换为 “any”；

② “:: 1” 替换为 “any”；

③ “localhost” 替换为 “any”。

（4）“vim /etc/named. rfc1912. zones” 文件，修改正向解析区域和反向解析区域，如图 2－7－4 所示。

（5）用图 2－7－5 所示方式进入 DNS 资源目录，创建正向与反向解析资源文件。

修改正向解析资源文件 “wangluo. cn” 并写入图 2－7－6 所示内容。

```
root@localhost:/var/named
File Edit View Search Terminal Help
[root@localhost named]# pwd
/var/named
[root@localhost named]# ll
total 28
drwxrwx---. 2 named named 4096 Dec 14 22:30 data
drwxrwx---. 2 named named 4096 Dec 14 22:30 dynamic
-rw-r-----. 1 root  named 1892 Feb 18  2008 named.ca
-rw-r-----. 1 root  named  152 Dec 15  2009 named.empty
-rw-r-----. 1 root  named  152 Jun 21  2007 named.localhost
-rw-r-----. 1 root  named  168 Dec 15  2009 named.loopback
drwxrwx---. 2 named named 4096 Aug 27  2013 slaves
[root@localhost named]# cp -p named.localhost wangluo.cn
[root@localhost named]# cp -p named.loopback 20.168.192.wangluo.cn
[root@localhost named]# ll
total 36
-rw-r-----  1 root  named  168 Dec 15  2009 20.168.192.wangluo.cn
drwxrwx---. 2 named named 4096 Dec 14 22:30 data
drwxrwx---. 2 named named 4096 Dec 14 22:30 dynamic
-rw-r-----. 1 root  named 1892 Feb 18  2008 named.ca
-rw-r-----. 1 root  named  152 Dec 15  2009 named.empty
-rw-r-----. 1 root  named  152 Jun 21  2007 named.localhost
-rw-r-----. 1 root  named  168 Dec 15  2009 named.loopback
drwxrwx---. 2 named named 4096 Aug 27  2013 slaves
-rw-r-----  1 root  named  152 Jun 21  2007 wangluo.cn
[root@localhost named]#
```

图 2－7－5　创建正向与逆向解析文件

```
root@localhost:/var/named
File  Edit  View  Search  Terminal  Help
$TTL 1D
@       IN SOA  mail.wangluo.cn. root.wangluo.cn. (
                                        0       ; serial
                                        1D      ; refresh
                                        1H      ; retry
                                        1W      ; expire
                                        3H )    ; minimum
        NS      mail.wangluo.cn.
        MX 5    mail.wangluo.cn.
dns     A       192.168.20.199
mail    A       192.168.20.199
www     A       192.168.20.99
```

图 2-7-6　修改正向解析文件

创建反向解析资源文件“20. 168. 192. wangluo”并写入图 2-7-7 所示内容。

```
root@localhost:/var/named
File  Edit  View  Search  Terminal  Help
$TTL 1D
@       IN SOA  mail.wangluo.cn. root.wangluo.cn. (
                                        0       ; serial
                                        1D      ; refresh
                                        1H      ; retry
                                        1W      ; expire
                                        3H )    ; minimum
        NS      mail.wangluo.cn.
99      PTR     www.wangluo.cn.
199     PTR     dns.wangluo.cn.
199     PTR     mail.wangluo.cn.
        MX 5    mail.wangluo.cn.
```

图 2-7-7　修改逆向解析文件

(6) 启动 DNS 服务器，并测试 DNS 服务器是否正常工作：

```
service named start
```

把自己的网卡的 DNS 服务器改成自己，然后测试，如图 2-7-8 所示。

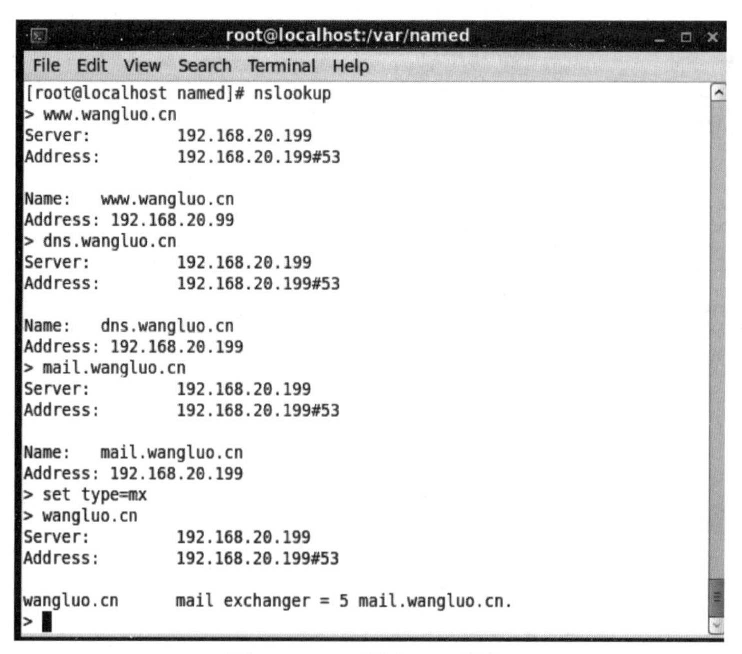

图 2-7-8　测试 DNS 服务

4. 配置 sendmail

将“/etc/mail/sendmail. mc”中第 52、53 行的“dnl”删除，并将后边的内容移到相应的行首（主要是作安全认证服务用，不作安全认证服务可以不修改），文件比较大可以使用“set nu”命令显示行号。如图 2－7－9 所示。

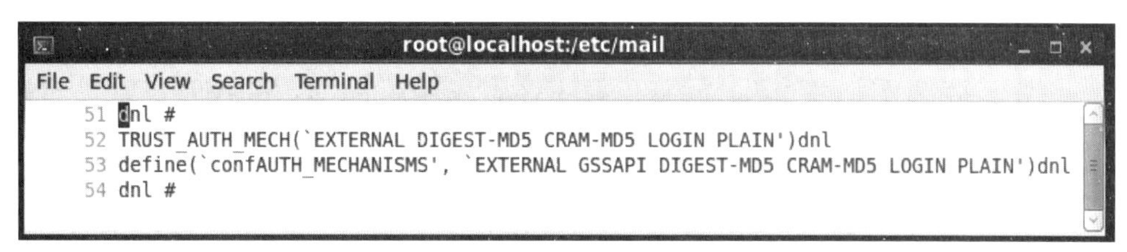

图 2－7－9　修改 sendmail 配置文件

将第 116 行的 Addr 内容由“127. 0. 0. 1”改成“0. 0. 0. 0”，代表所有 IP 地址都对 25 端口监听，都可以使用本电子邮件服务器，如图 2－7－10 所示。

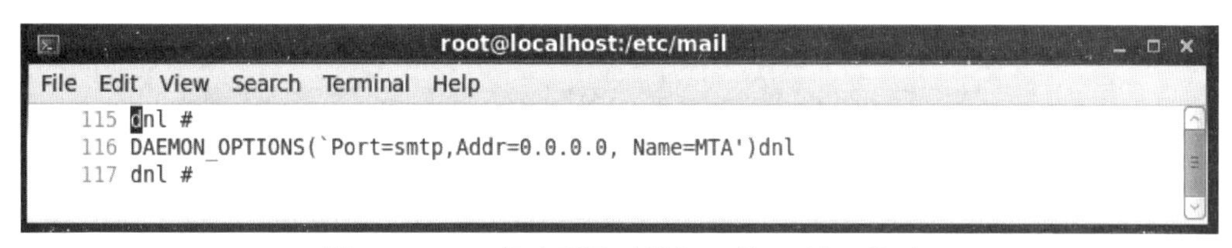

图 2－7－10　修改配置对所有 IP 的 25 端口监听

客户端 PC 如果使用 SMTP 发送邮件，要作相应的访问控制的设置，在“/etc/mail/access”内加入图 2－7－11 所示的两行（主要是转发功能）。

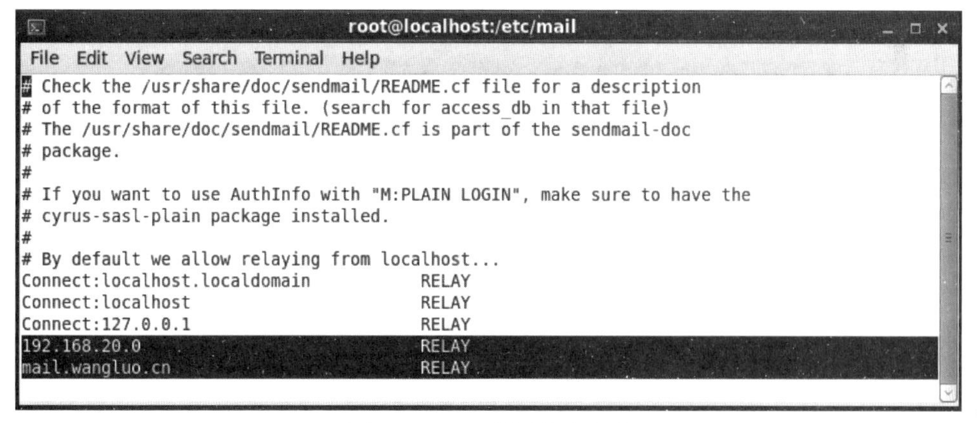

图 2－7－11　设置转发功能

配置完成后，要对电子邮件服务器的配置文件进行编译，生成“sendmail. cf”文件：

```
#cd /etc/mail
#m4 sendmail.mc > sendmail.cf
```

注意：如果出错，不能生成，就要先安装 sendmail－cf 软件，如图 2－7－12 所示。

```
root@localhost:/etc/mail
File Edit View Search Terminal Help
[root@localhost mail]# m4 sendmail.mc > sendmail.cf
m4:sendmail.mc:10: cannot open `/usr/share/sendmail-cf/m4/cf.m4': No such file or directory
[root@localhost mail]# cd /media/CentOS_6.5_Final/Packages/
[root@localhost Packages]# ls sendmail-cf*
sendmail-cf-8.14.4-8.el6.noarch.rpm
[root@localhost Packages]# rpm -ivh sendmail-cf-8.14.4-8.el6.noarch.rpm
warning: sendmail-cf-8.14.4-8.el6.noarch.rpm: Header V3 RSA/SHA256 Signature, key ID c105b9d
Preparing...                ########################################### [100%]
   1:sendmail-cf            ########################################### [100%]
[root@localhost Packages]# cd /etc/mail
[root@localhost mail]# m4 sendmail.mc > sendmail.cf
[root@localhost mail]#
```

图 2－7－12　安装 sendmail－cf 软件

再生成数据库文件“access. db”：

```
makemap hash access.db < access
```

要使客户端支持“wangluo. cn”的邮件，就要编辑 local－host－names 文件，使用命令“vi /etc/mail/local-host-names”，在其中加入“wangluo. cn”，如图 2－7－13 所示。

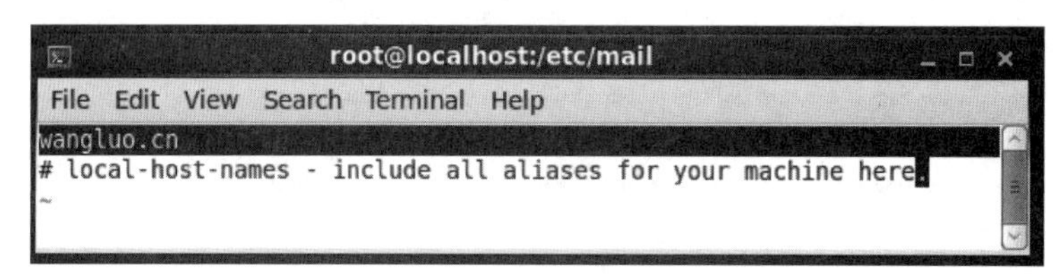

图 2－7－13　编辑 local－host－names 文件

启动 sendmail 服务器，如图 2－7－14 所示。

```
service sendmail start
```

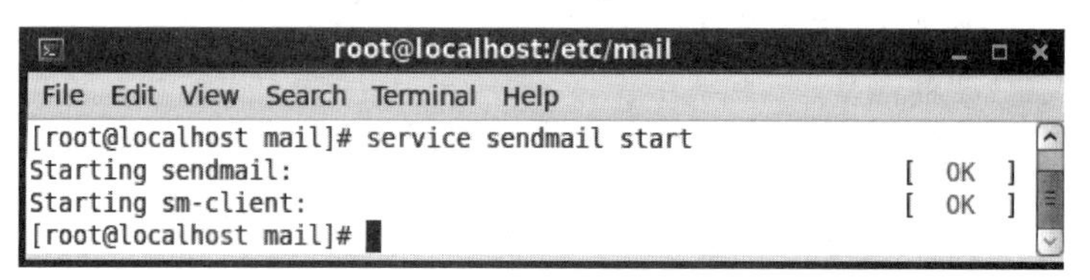

图 2－7－14　启动 sendmail 服务器

5. 配置 POP3（接收邮件）和 IMAP4 服务器 dovecot

（1）创建两个用户（因为用系统账户当作邮件账户使用会造成不安全），并设置密码，如图 2－7－15 所示。

（2）编辑主配置文件“/etc/dovecot/dovecot. conf”，去掉第 20 行前的“#”号，再去掉第 38 行前的“#”号并在行尾添加“0. 0. 0. 0/0”，如图 2－7－16 所示。

（3）修改“/etc/dovecot/conf. d/10－mail. conf”文件，把第 25 行的“#”号去除，用于指定邮件的存储位置，如图 2－7－17 所示。

（4）进入用户目录，创建用户邮件文件夹，如图 2－7－18 所示。

```
root@localhost:/etc/mail
File Edit View Search Terminal Help
[root@localhost mail]# useradd -s /sbin/nologin ding1
[root@localhost mail]# useradd -s /sbin/nologin ding2
[root@localhost mail]# passwd ding1
Changing password for user ding1.
New password:
BAD PASSWORD: it is too simplistic/systematic
BAD PASSWORD: is too simple
Retype new password:
passwd: all authentication tokens updated successfully.
[root@localhost mail]# passwd ding2
Changing password for user ding2.
New password:
BAD PASSWORD: it is too simplistic/systematic
BAD PASSWORD: is too simple
Retype new password:
passwd: all authentication tokens updated successfully.
[root@localhost mail]#
```

图 2－7－15　创建邮件用户

```
root@localhost:/etc/dovecot
File Edit View Search Terminal Help
 19 # Protocols we want to be serving.
 20 protocols = imap pop3 lmtp
 21
 22 # A comma separated list of IPs or hosts where to listen in for connections.
 23 # "*" listens in all IPv4 interfaces, "::" listens in all IPv6 interfaces.
 24 # If you want to specify non-default ports or anything more complex,
 25 # edit conf.d/master.conf.
 26 #listen = *, ::
 27
 28 # Base directory where to store runtime data.
 29 #base_dir = /var/run/dovecot/
 30
 31 # Greeting message for clients.
 32 #login_greeting = Dovecot ready.
 33
 34 # Space separated list of trusted network ranges. Connections from these
 35 # IPs are allowed to override their IP addresses and ports (for logging and
 36 # for authentication checks). disable_plaintext_auth is also ignored for
 37 # these networks. Typically you'd specify your IMAP proxy servers here.
 38 login_trusted_networks = 0.0.0.0/0
 39
 40 # Sepace separated list of login access check sockets (e.g. tcpwrap)
```

图 2－7－16　编辑主配置文件

```
root@localhost:/etc/dovecot/conf.d
File Edit View Search Terminal Help
 23 #
 24 #    mail_location = maildir:~/Maildir
 25      mail_location = mbox:~/mail:INBOX=/var/mail/%u
 26 #    mail_location = mbox:/var/mail/%d/%1n/%n:INDEX=/var/indexes/%d/%1n/%n
```

图 2－7－17　指定邮件的存储位置

```
root@localhost:/home/ding2
File Edit View Search Terminal Help
[root@localhost /]# cd /home
[root@localhost home]# cd ding1
[root@localhost ding1]# mkdir -p mail/.imap/INBOX
[root@localhost ding1]# cd ..
[root@localhost home]# cd ding2
[root@localhost ding2]# mkdir -p mail/.imap/INBOX
```

图 2－7－18　创建用户邮件文件夹

（5）启动 dovecot 服务器，如图 2－7－19 所示。

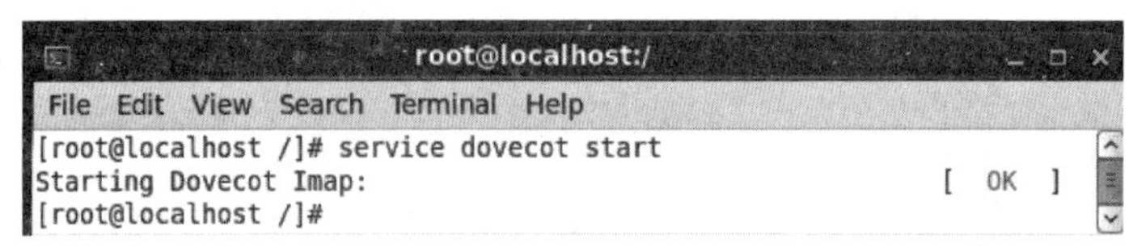

图 2－7－19 启动 dovecot 服务器

6. 验证服务

（1）在服务器上分别启动 named、sendmail、dovecot，再打开两台虚拟机，其中的 DNS 服务器地址均设成该服务器的 IP 地址，并且地址保持在同一网段，如图 2－7－20 所示。

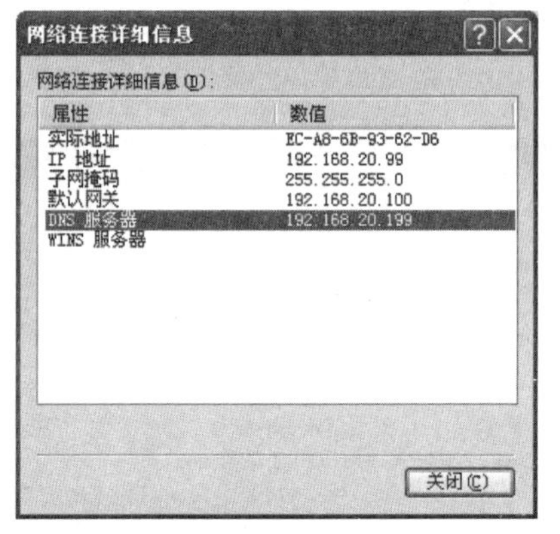

图 2－7－20 设置邮件测试客户机的 DNS

（2）对两台虚拟机的 Outlook Express 进行账户设置。设置本地接收邮件的名称、SMTP 和 POP3 服务器的地址、用户名和密码等，如图 2－7－21 所示。

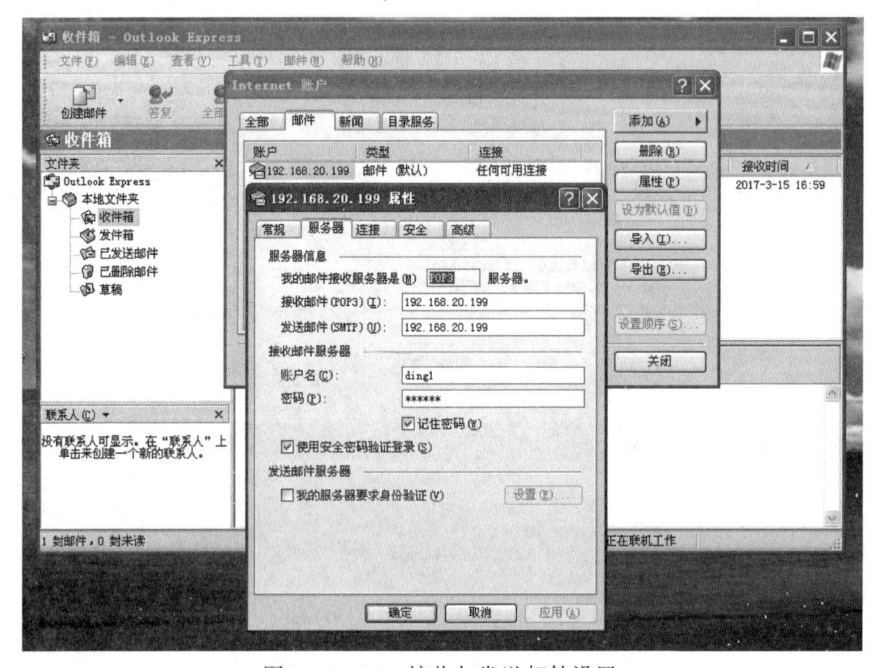

图 2－7－21 接收与发送邮件设置

两台 XP 虚拟机可以相互发送和接收对方的邮件。

【实验作业】

（1）安装 dovecot，提交操作截图。

（2）安装 sendmail，提交操作截图。

（3）安装 m4 工具，提交操作截图。

（4）配置 DNS 服务器，启动 DNS 服务器，并测试 DNS 服务器是否正常工作，提交操作截图。

（5）配置 sendmail，启动 sendmail 服务器，提交操作截图。

（6）配置 POP3（接收邮件），提交操作截图。

（7）验证服务，提交操作截图。

项目三

MySQL 数据库与软路由

任务 1　MySQL 数据库

【学习目的】

(1) 了解 MySQL 数据库和 LAMP 的基本概念。

(2) 掌握常用的 SQL 语言语法结构。

(3) 掌握 MySQL 常用命令。

(4) 掌握 MySQL 数据库、数据表的增加、删除、修改基本操作。

【学习环境】

(1) 硬件：PC 1 台。

(2) 软件：VMware、CentOS 6.5。

【学习要点】

(1) MySQL 数据库的安装与登录。

(2) 创建新的数据库，创建新的数据表，删除数据表和数据库操作。

(3) 增加数据表里的记录，修改与删除记录操作。

(4) 创建新的数据库用户。

(5) 重置 MySQL root 密码。

(6) 备份数据库。

(7) 使用 Navicat for MySQL 图形化管理 MySQL 数据库。

【理论基础】

MySQL 是一种开放源代码的关系型数据库管理系统（RDBMS），MySQL 数据库系统使用最常用的数据库管理语言——结构化查询语言（SQL）进行数据库管理。

由于 MySQL 是开放源代码的，因此任何人都可以在 General Public License 的许可下下载并根据个性化的需要对其进行修改。MySQL 因为速度、可靠性和适应性而备受关注。大多数人都认为在不需要事务化处理的情况下，MySQL 是管理内容的最好选择。

【素质修养】

1. 数据管理的诞生

数据库的历史可以追溯到50多年前，那时的数据管理非常简单。通过机器运行数百万穿孔卡片来进行数据的处理，其运行结果在纸上打印出来或者制成新的穿孔卡片。而数据管理就是对所有这些穿孔卡片进行物理的储存和处理。

数据库系统的萌芽出现于20世纪60年代。当时计算机开始广泛地应用于数据管理，对数据的共享提出了越来越高的要求。传统的文件系统已经不能满足人们的需要。能够统一管理和共享数据的数据库管理系统（DBMS）应运而生。数据模型是数据库系统的核心和基础，各种DBMS软件都是基于某种数据模型的。所以通常也按照数据模型的特点将传统数据库系统分成网状数据库（Network database）、层次数据库（Hierarchical database）和关系数据库（Relational database）三类。其中，关系型数据库系统以关系代数为坚实的理论基础，经过几十年的发展和实际应用，技术越来越成熟和完善。

2. 关系数据库的由来

网状数据库和层次数据库已经很好地解决了数据的集中和共享问题，但是在数据独立性和抽象级别上仍有很大欠缺。1970年，IBM的研究员E. F. Codd博士在刊物《Communication of the ACM》上发表了一篇名为“ARelational Model of Data for Large Shared Data Banks”的论文，提出了关系模型的概念，奠定了关系模型的理论基础。这篇论文被普遍认为是数据库系统历史上具有划时代意义的里程碑。Codd的心愿是为数据库建立一个优美的数据模型。后来Codd又陆续发表多篇文章，论述了范式理论和衡量关系系统的12条标准，用数学理论奠定了关系数据库的基础。

关系模型有严格的数学基础，抽象级别比较高，而且简单清晰，便于理解和使用。但是当时也有人认为关系模型是理想化的数据模型，用来实现DBMS是不现实的，尤其担心关系数据库的性能难以接受，更有人视其为当时正在进行中的网状数据库规范化工作的严重威胁。为了促进对问题的理解，1974年ACM牵头组织了一次研讨会，会上开展了一场分别以Codd和Bachman为首的支持和反对关系数据库两派之间的辩论。这次著名的辩论推动了关系数据库的发展，使其最终成为现代数据库产品的主流。

【任务实施】

1. MySQL的安装、检查与登录，如图3-1-1所示。

（1）MySQL的安装与检查。

yum -y install mysql *：涉及的相关程序比较多，可以用yum来联网自动安装。

rpm -qa|grep mysql：查看mysql的相关程序。

（2）启动MySQL。

```
service mysqld start
```

```
root@localhost:/
File Edit View Search Terminal Help
[root@localhost /]# rpm -qa|grep mysql
mysql-devel-5.1.73-8.el6_8.x86_64
mysql-test-5.1.73-8.el6_8.x86_64
mysql-connector-odbc-5.1.5r1144-7.el6.x86_64
mysql-bench-5.1.73-8.el6_8.x86_64
mysql-libs-5.1.73-8.el6_8.x86_64
mysql-5.1.73-8.el6_8.x86_64
mysql-embedded-devel-5.1.73-8.el6_8.x86_64
mysql-embedded-5.1.73-8.el6_8.x86_64
mysql-server-5.1.73-8.el6_8.x86_64
mysql-connector-java-5.1.17-6.el6.noarch
[root@localhost /]#
```

图 3－1－1　MySQL 的安装与检查

（3）设置默认账户 root 及密码。

mysqladmin -u root password 123456

（4）用 root 账户登录（见图 3－1－2）。

mysql -u root -p

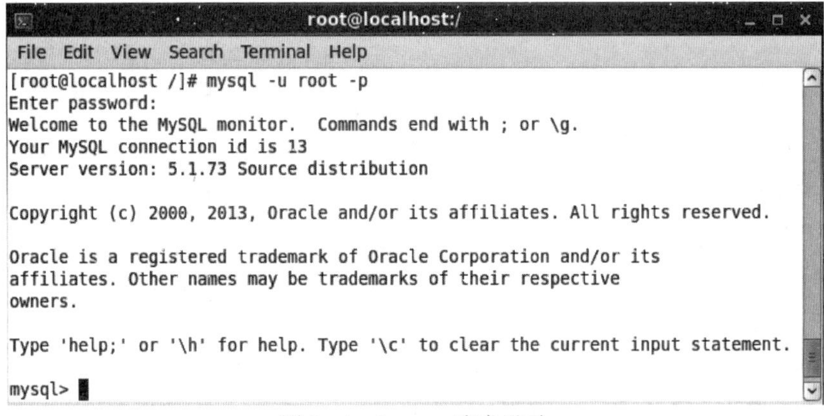

图 3－1－2　root 账户登录

（5）CentOS 7 版本 MySQL5.7 的安装。

a. 配置 YUM 源

在 MySQL 官网中下载 YUM 源 rpm 安装包：http://dev.mysql.com/downloads/repo/yum/

下载 mysql 源安装包：

wget http://dev.mysql.com/get/mysql57-community-release-el7-8.noarch.rpm

安装 mysql 源：

yum localinstall mysql57-community-release-el7-8.noarch.rpm

检查 mysql 源是否安装成功：

yum repolist enabled | grep "mysql.*-community.*"

b. 安装 MySQL：yum -y install mysql-community-server

c. 启动 MySQL 服务：systemctl start mysqld

查看 MySQL 的启动状态：systemctl status mysqld

d. 开机启动：

```
systemctl enable mysqld
systemctl daemon-reload
```

e. 修改 root 本地登录密码

mysql 安装完成之后，在/var/log/mysqld. log 文件中给 root 生成了一个默认密码，执行命令#grep 'temporary password' /var/log/mysqld. log，找到 root 默认密码。

使用默认密码登录 mysql：mysql -u root -p

进行密码修改，如修改为“WJXvtc-123!”：

```
mysql> set password for 'root'@'localhost'=password('WJXvtc-123!');
```

注意：mysql5. 7 默认安装了密码安全检查插件（validate_password），默认密码检查策略要求密码必须包含：大小写字母、数字和特殊符号，并且长度不能少于 8 位。否则会提示错误。

2. 创建新的数据库，创建新的数据表，查看表与表结构

（1）显示 root 账户下面的所有数据库（见图 3-1-3）。

```
mysql> show databases;
```

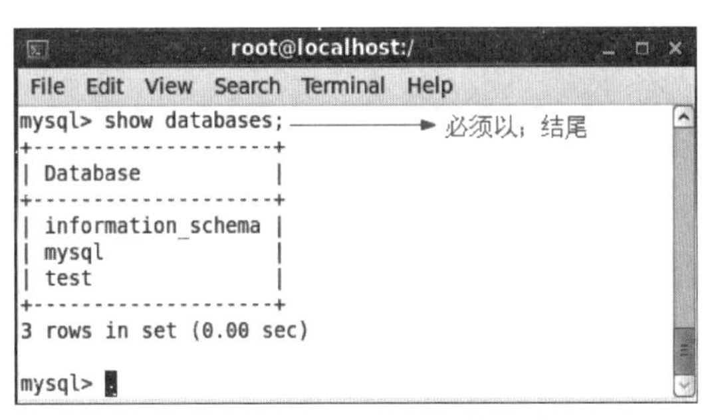

图 3-1-3　显示所有数据库

这里显示一共 3 个数据库：information_schema、mysql、test。

（2）创建一个新的数据库 wlzydb，并打开（见图 3-1-4）。

```
mysql> create database wlzydb    //创建 wlzydb 数据库
mysql> use wlzydb   //打开 wlzydb 数据库
```

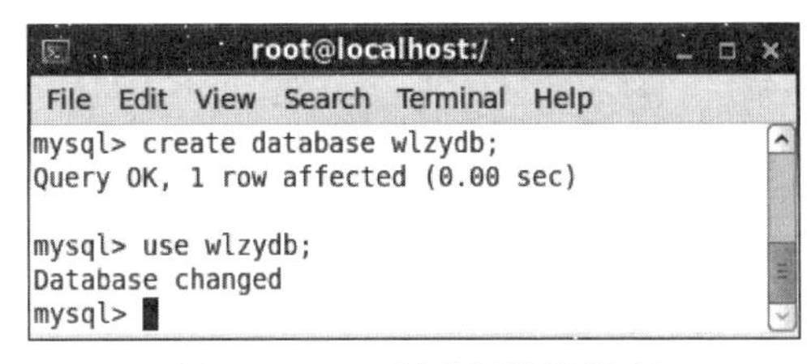

图 3-1-4　创建新的数据库

（3）在数据库 wlzydb 中建立数据表 tea1，表结构包括 3 个字段：Gid，Name，Age。其中，Gid 字段（2 位整型）存放组号信息，并设置为主键；Name 字段（8 位字符型）存放姓名信息；Age 字段（2 位整型）存放年龄信息。刚建立的表 tea1 是一个空表，只有表头，

如图 3－1－5 所示。

```
root@localhost:/
File Edit View Search Terminal Help
mysql> create table tea1(Gid int(2)primary key,Name char(8),Age int(2));
Query OK, 0 rows affected (0.03 sec)

mysql> show tables;
+-----------------+
| Tables_in_wlzydb |
+-----------------+
| tea1            |
+-----------------+
1 row in set (0.00 sec)

mysql>
```

图 3－1－5　建立新的数据表

建立表：mysql > create table tea1(Gid int(2)primary key,Name char(8),Age int(2))。

格式说明：create table 表名(字段 1　类型,字段 2　类型,…)。

显示表：mysql > show tables。

（4）查看表结构（见图 3－1－6）。

mysql > describe tea1;

3. 增加数据表里的记录，修改与删除记录

（1）使用“insert into　表名 values”命令，增加表记录，显示所有表记录（见图 3－1－7）。

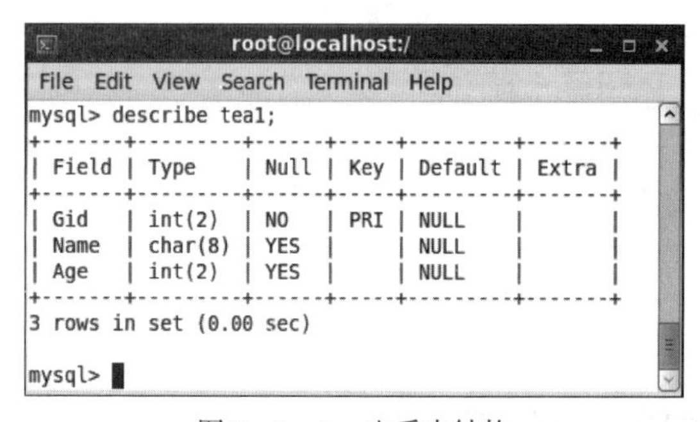

图 3－1－6　查看表结构

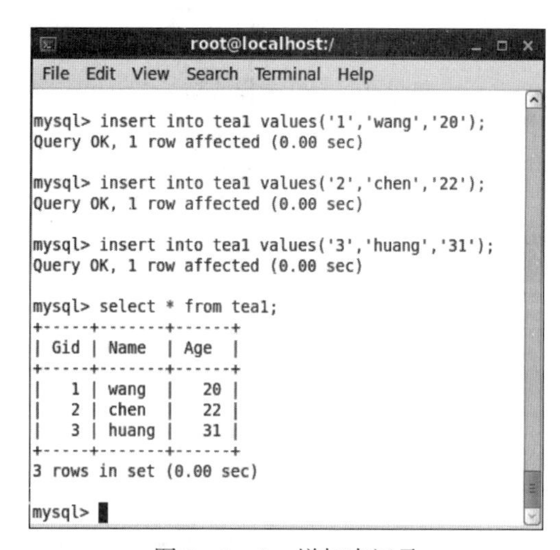

图 3－1－7　增加表记录

①增加表记录：mysql > insert into tea1 values('1','wang','20');

②显示所有表记录：mysql > select * from tea1;

（2）显示指定记录信息，如搜索姓名为“huang”的记录，如图 3－1－8 所示。

（3）修改记录，如把姓名为“huang”的记录的年龄改为“40”：

mysql > update tea1 set Age ='40' where Name ='huang';

（4）删除记录，如把姓名为“chen”的记录删除（见图 3－1－9）：

mysql > delete from tea1 where Name ='chen';

```
root@localhost:/
File Edit View Search Terminal Help
mysql> select * from tea1 where Name='huang';
+-----+-------+------+
| Gid | Name  | Age  |
+-----+-------+------+
|   3 | huang |   31 |
+-----+-------+------+
1 row in set (0.00 sec)

mysql>
```

图 3－1－8　搜索表记录

```
root@localhost:/
File Edit View Search Terminal Help
mysql> delete from tea1 where Name='chen';
Query OK, 1 row affected (0.00 sec)

mysql> update tea1 set Age='40' where Name='huang';
Query OK, 1 row affected (0.00 sec)
Rows matched: 1  Changed: 1  Warnings: 0

mysql> select * from tea1;
+-----+-------+------+
| Gid | Name  | Age  |
+-----+-------+------+
|   1 | wang  |   20 |
|   3 | huang |   40 |
+-----+-------+------+
2 rows in set (0.00 sec)

mysql>
```

图 3－1－9　删除表记录

4. 删除表，删除库

具体如图 3－1－10 所示。

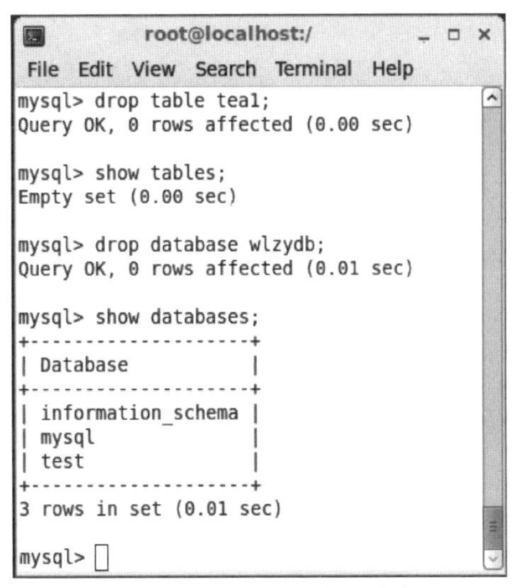

图 3－1－10　删除表删除库

(1) 删除表：

```
mysql > drop table tea1;
```

（2）删除库：

mysql > drop database wlzydb;

5. 创建新的数据库用户并登录

（1）创建新的数据库用户和密码，如图3－1－11所示。

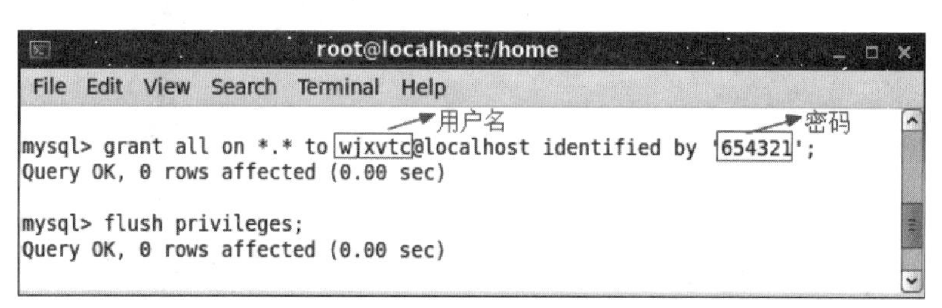

图3－1－11　创建新用户

（2）重启MySQL，以新建的用户登录，并显示数据状态，如图3－1－12所示。

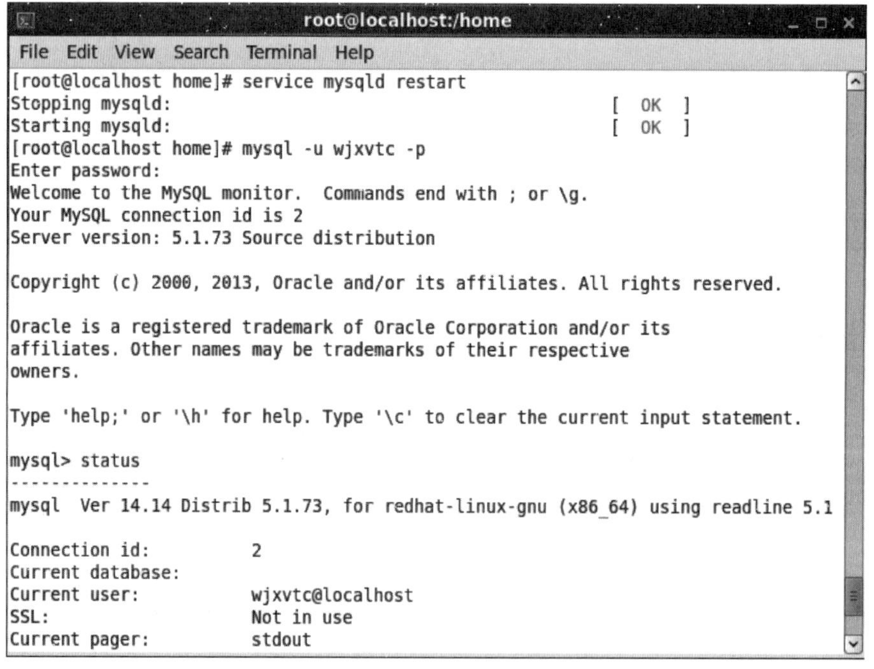

图3－1－12　新用户登录

6. 重置MySQL root密码

无法登录MySQL时，需要重置MySQL root密码。

（1）关闭MySQL：

service mysqld stop

（2）进入MySQL安全模式（见图3－1－13）：

[root@ localhost bin]# mysqld_safe --skip-grant-table &

（3）直接登录MySQL，已不需要密码（见图3－1－14）：

mysql －u root

```
root@localhost:/usr/bin
File  Edit  View  Search  Terminal  Help
[root@localhost bin]# pwd
/usr/bin
[root@localhost bin]# service mysqld stop
Stopping mysqld:                                          [  OK  ]
[root@localhost bin]# ls mysqld*
mysqld_multi  mysqld_safe  mysqldump  mysqldumpslow
[root@localhost bin]# mysqld_safe --skip-grant-table &
[1] 4638
[root@localhost bin]# 170329 00:18:02 mysqld_safe Logging to '/var/log/mysqld.lo
g'.
170329 00:18:02 mysqld_safe Starting mysqld daemon with databases from /var/lib/
mysql
```

图 3－1－13　进入 MySQL 安全模式

```
root@localhost:/usr/bin
File  Edit  View  Search  Terminal  Help
[root@localhost bin]# mysql -u root
Welcome to the MySQL monitor.  Commands end with ; or \g.
Your MySQL connection id is 1
Server version: 5.1.73 Source distribution

Copyright (c) 2000, 2013, Oracle and/or its affiliates. All rights reserved.

Oracle is a registered trademark of Oracle Corporation and/or its
affiliates. Other names may be trademarks of their respective
owners.

Type 'help;' or '\h' for help. Type '\c' to clear the current input statement.

mysql>
```

图 3－1－14　root 用户登录 MySQL

（4）修改 root 密码，如图 3－1－15 所示。

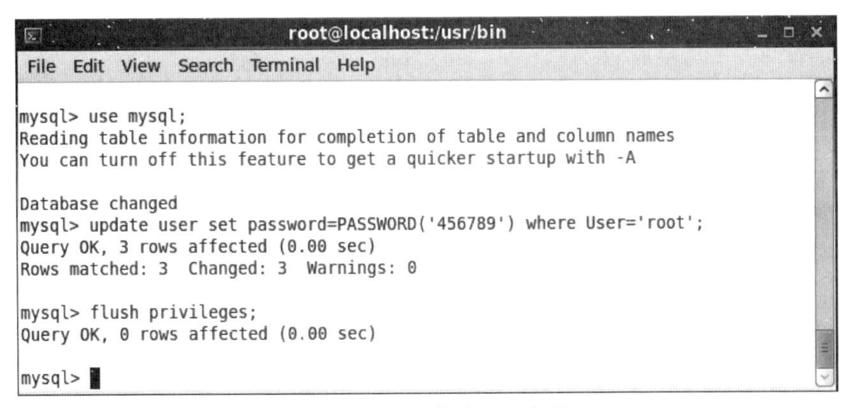
```
root@localhost:/usr/bin
File  Edit  View  Search  Terminal  Help

mysql> use mysql;
Reading table information for completion of table and column names
You can turn off this feature to get a quicker startup with -A

Database changed
mysql> update user set password=PASSWORD('456789') where User='root';
Query OK, 3 rows affected (0.00 sec)
Rows matched: 3  Changed: 3  Warnings: 0

mysql> flush privileges;
Query OK, 0 rows affected (0.00 sec)

mysql>
```

图 3－1－15　修改 root 密码

mysql > use mysql;　　//使用数据库

mysql >update user set password = PASSWORD('456789') where User ='root';

设置 root 用户的新密码：

mysql > flush privileges;　//刷新权限

（5）退出重启，用新密码登录，如图 3－1－16 所示。

```
root@localhost:/usr/bin
File Edit View Search Terminal Help
[root@localhost bin]# service mysqld restart
170329 00:28:48 mysqld_safe mysqld from pid file /var/run/mysqld/mysqld.pid ende
d
Stopping mysqld:                                           [  OK  ]
Starting mysqld:                                           [  OK  ]
[1]+  Done                    mysqld_safe --skip-grant-table
[root@localhost bin]# mysql -u root -p
Enter password:
Welcome to the MySQL monitor.  Commands end with ; or \g.
Your MySQL connection id is 2
Server version: 5.1.73 Source distribution

Copyright (c) 2000, 2013, Oracle and/or its affiliates. All rights reserved.

Oracle is a registered trademark of Oracle Corporation and/or its
affiliates. Other names may be trademarks of their respective
owners.

Type 'help;' or '\h' for help. Type '\c' to clear the current input statement.

mysql> 
```

图 3－1－16　用新密码登录

7. 备份数据库

（1）备份指定数据库，如备份 wlzydb 数据库到“/wlzydb. sql”文件中（见图 3－1－17）：

```
mysqldump -u root -p456789 wlzydb > /wlzydb.sql
```

（2）备份所有数据库，如备份所有数据库到“/all. sql”文件中。

```
mysqldump -u root -p456789 --all-databases > /all.sql
```

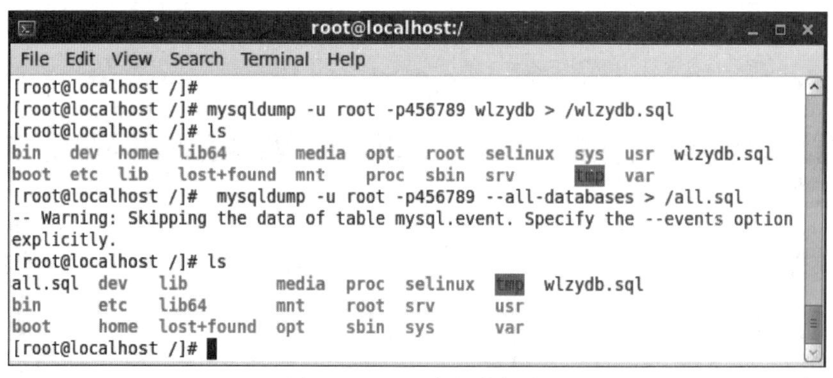

图 3－1－17　备份数据库

（3）恢复数据库：

```
mysql -u root -p456789 wlzydb < /wlzydb.sql
```

8. 使用 Navicat for MySQL 图形化管理 MySQL

（1）设置 root 账户允许远程登录，如图 3－1－18 所示。

命令：grant all on *. * to root@远程客户端 IP identified by '本机 root 用户密码';

```
mysql>grant all on *.* to root@192.168.20.99 identified by '456789';
```

（2）在远程客户端搜索 Navicat for MySQL 软件，下载安装。单击链接，打开“Navicat for MySQL”管理窗口，如图 3－1－19 所示。

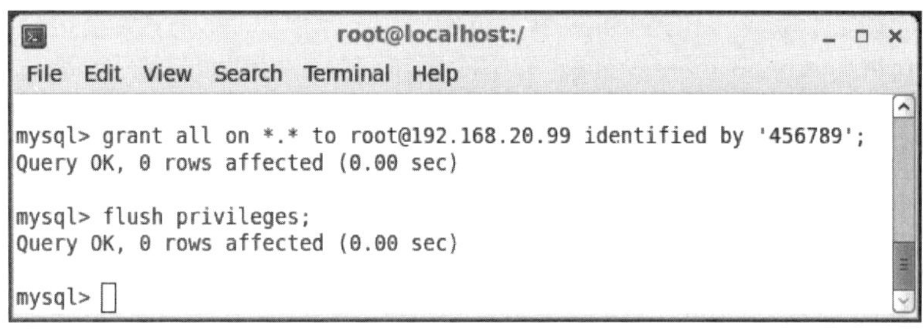

图 3－1－18　允许远程登录

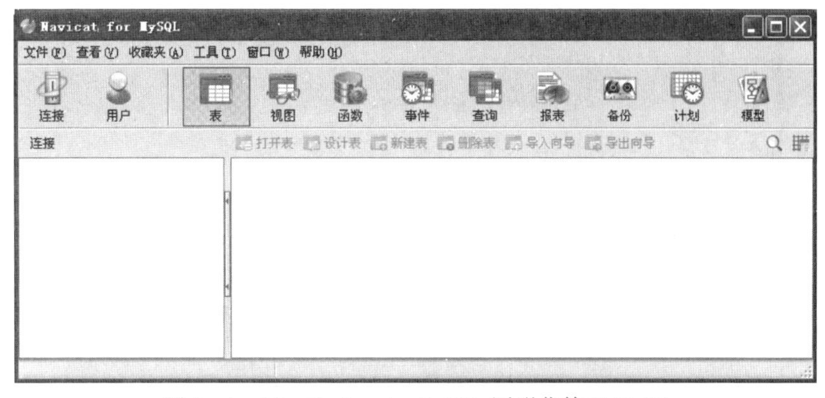

图 3－1－19　Navicat for MySQL 图形化管理 MySQ

（3）单击“文件”菜单，再单击“新建”按钮，在弹出的“新建连接”对话框中输入IP地址和密码等信息，然后单击“连接测试”按钮。若连接成功（见图 3－1－20），就在弹出的消息框中单击“确定”按钮；如果连接测试不成功，就要关闭Linux操作系统的防火墙。

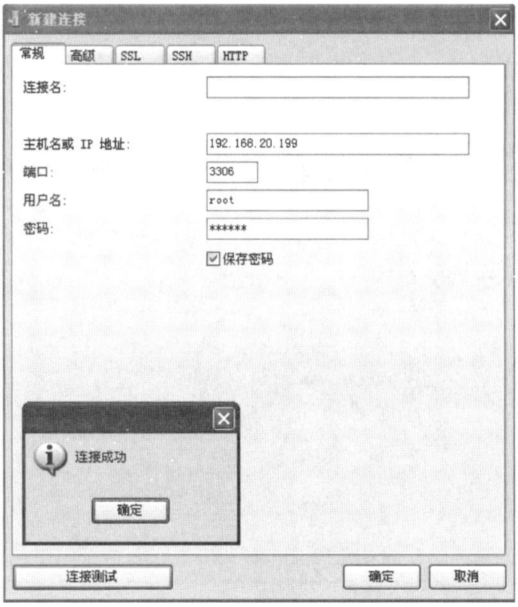

图 3－1－20　远程连接

（4）展开连接后，就可以看到和编辑 MySQL 的所有数据库，查看连接信息，查看用户以及用户的权限，如图 3-1-21～图 3-1-23 所示。

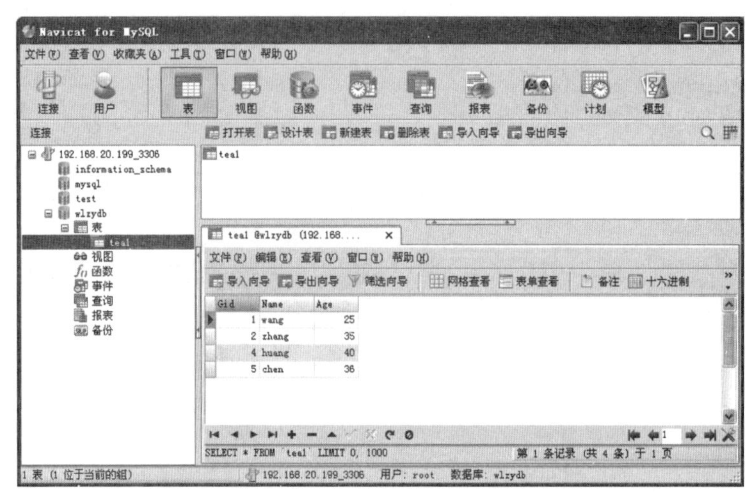

图 3-1-21　查看和编辑数据库

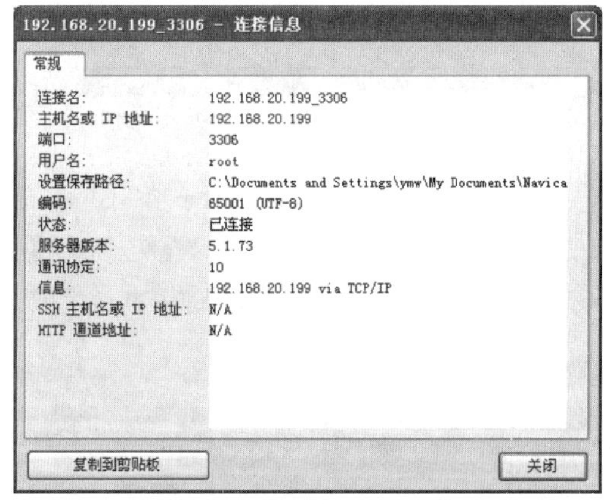

图 3-1-22　查看连接信息

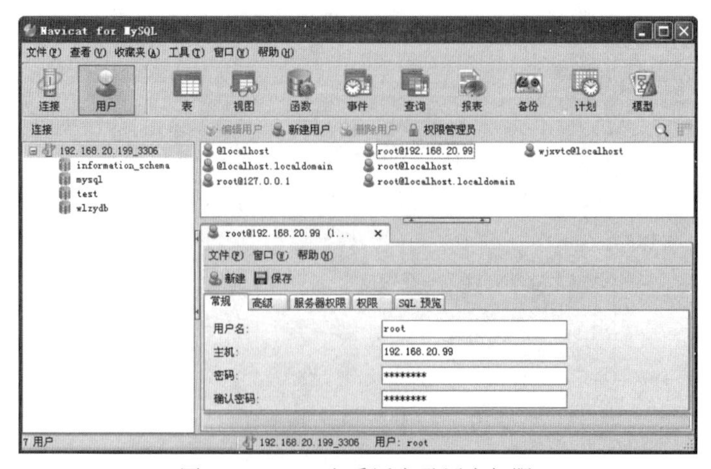

图 3-1-23　查看用户及用户权限

【实验作业】

（1）进行 MySQL 的安装、检查与登录，提交操作截图。

（2）以自己的英文名创建新的数据库、新的数据表，查看表与表结构，提交操作截图。

①显示 root 账户下的所有数据库，提交操作截图。

②以自己的英文名创建一个新的数据库并打开，提交操作截图。

③在 wlzydb 中建立数据表 mytea，表结构包括 3 个字段：Gid，Name，Age。其中 Gid 字段（2 位整型）存放组号信息并设置为主键，Name 字段（8 位字符型）存放姓名信息，Age 字段（2 位整型）存放年龄信息。刚建立的表是一个空表，只有表头。提交操作截图。

④查看表结构，提交操作截图。

（3）增加数据表里的记录，修改与删除记录操作，提交操作截图。

任务 2　软路由

【学习目的】

（1）了解路由与软路由的区别。

（2）掌握 Linux 操作系统下配置简单路由并实现不同网段连通的方法。

（3）掌握 Linux 操作系统下配置静态路由的方法。

（4）掌握 Linux 操作系统下配置动态路由（rip 和 ospf）的方法。

【学习环境】

（1）硬件：PC 1 台。

（2）软件：VMware、CentOS 6.5、Windows XP 操作系统或 Windows 7 操作系统。

【学习要点】

（1）软路由的两种生成方式。

（2）跨网段虚拟机连通。

（3）Linux 操作系统下的静态路由的配置。

（4）quagga 的安装和启动，zebra 进程的配置。

（5）quagga 的安装动态路由 rip 和 ospf 的配置。

【理论基础】

软路由是指利用台式机（或服务器）配合软件来形成路由解决方案，主要通过对软件的设置来实现路由器的功能；而硬路由则是以特有的硬设备（包括处理器、电源供应、嵌入式软件）提供设定的路由器功能。

软路由的好处有很多，如使用便宜的台式机、配合免费的 Linux 软件、软路由弹性较大，而且台式机处理器性能强大，所以处理效能不错，也较容易扩充，但对应地也要求技术人员掌握更多的设置方法、参数设计等专业知识，同时设定也比较复杂，而且需技术人员具备一定的应变能力。

【素质修养】

软路由与硬路由的概念

硬路由：目前普遍使用的路由器，由厂家提供整体的解决方案，包括处理器、电源供应、嵌入式软件，提供设定的路由器功能。常用的路由器品牌有 TP - Link、华为、H3C 等，这就属于“硬”路由。

软路由：软路由就是台式机或服务器配合软件形成路由解决方案，主要靠应用软件的设置达成路由器的功能。它是由电脑（×86 架构的 CPU）+ Linux 系统 + 专用的路由程序组成。

【任务实施】

（1）安装准备工作。

①关闭防火墙。

②关闭 SELinux。

（2）生成方式软路由（临时配置与永久配置），并实现跨网段虚拟机连通。

搭建拓扑，如图 3 - 2 - 1 所示：开启 1 台 CentOS 虚拟机（安装两块网卡，设置两个不同网段，地址为网段的网关，如图 3 - 2 - 2 ~ 图 3 - 2 - 4 所示），开启两台虚拟机，地址分别设置为与 CentOS 两个网段相同，网关为 CentOS 网卡地址，测试两台虚拟机不能互通。关闭两台虚拟机的防火墙，以进行 ping 测试。

①临时配置软路由方法：

```
#echo 1 > /proc/sys/net/ipv4/ip_forward
```

软路由立即生效，但重启会失效，如图 3 - 2 - 5 所示。

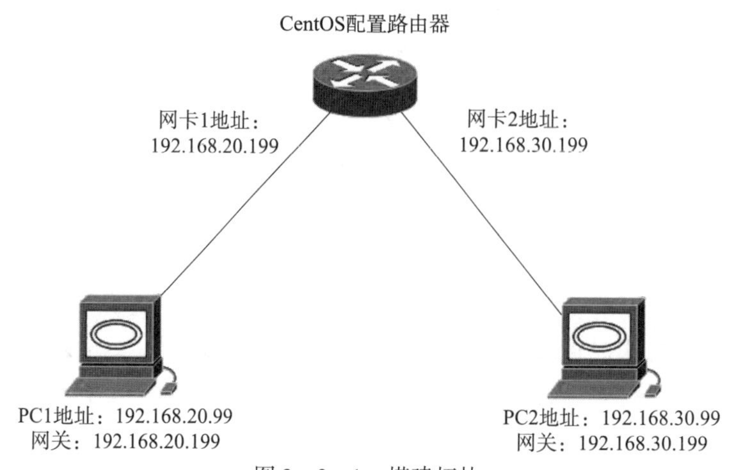

图 3 - 2 - 1　搭建拓扑

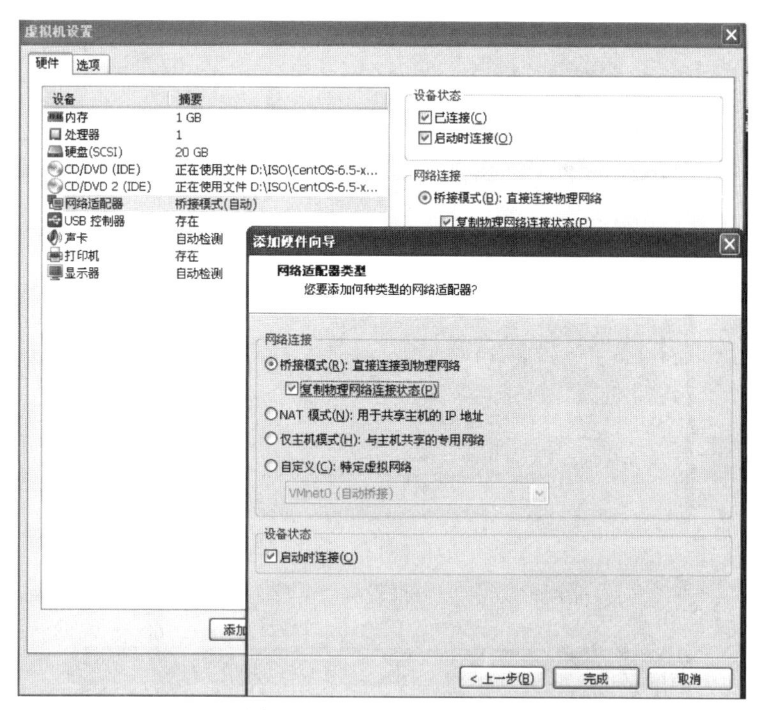

图 3－2－2　安装两块网卡

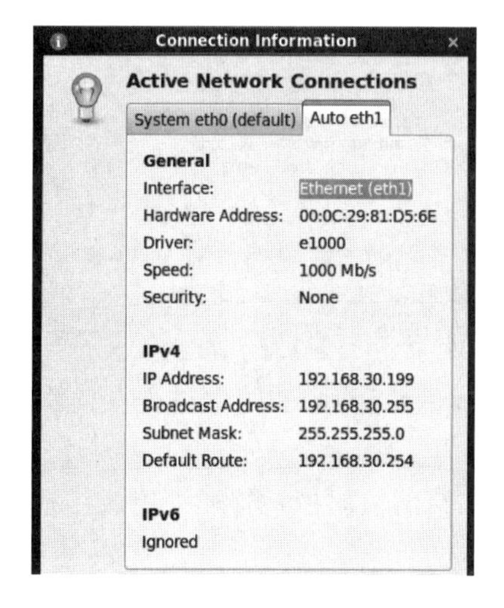

图 3－2－3　设置 CentOS 网卡地址

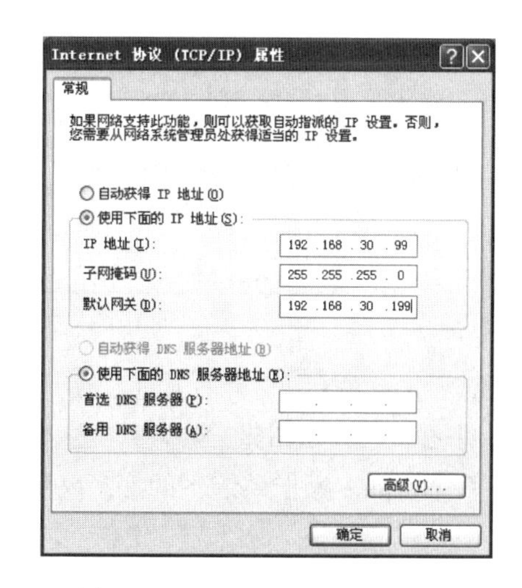

图 3－2－4　设置 PC 机网卡地址

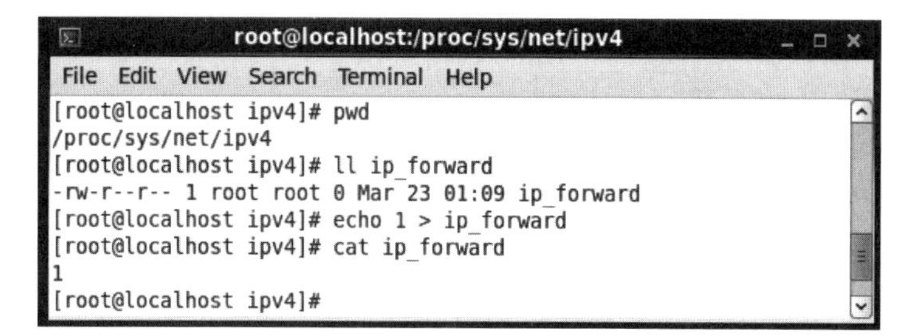

图 3－2－5　配置临时软路由

②永久配置软路由方法：

```
vi /etc/sysctl.conf
```

修改语句“net. ipv4. ip_forward = 0”，把“0”改为“1”并保存退出，如图 3 - 2 - 6 所示。

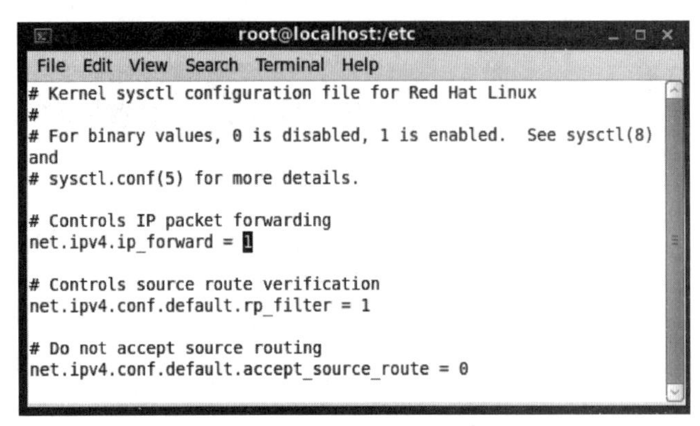

```
root@localhost:/etc
File  Edit  View  Search  Terminal  Help
# Kernel sysctl configuration file for Red Hat Linux
#
# For binary values, 0 is disabled, 1 is enabled.  See sysctl(8)
and
# sysctl.conf(5) for more details.

# Controls IP packet forwarding
net.ipv4.ip_forward = 1

# Controls source route verification
net.ipv4.conf.default.rp_filter = 1

# Do not accept source routing
net.ipv4.conf.default.accept_source_route = 0
```

图 3 - 2 - 6　配置永久软路由

执行命令“sysctl -p”使配置生效，开启软路由，如图 3 - 2 - 7 所示。

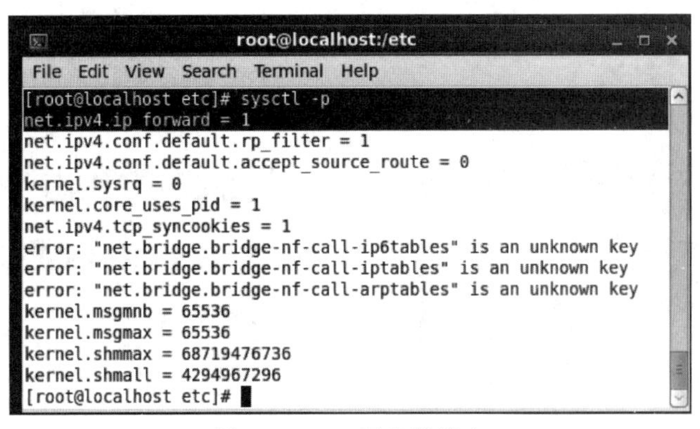

```
root@localhost:/etc
File  Edit  View  Search  Terminal  Help
[root@localhost etc]# sysctl -p
net.ipv4.ip_forward = 1
net.ipv4.conf.default.rp_filter = 1
net.ipv4.conf.default.accept_source_route = 0
kernel.sysrq = 0
kernel.core_uses_pid = 1
net.ipv4.tcp_syncookies = 1
error: "net.bridge.bridge-nf-call-ip6tables" is an unknown key
error: "net.bridge.bridge-nf-call-iptables" is an unknown key
error: "net.bridge.bridge-nf-call-arptables" is an unknown key
kernel.msgmnb = 65536
kernel.msgmax = 65536
kernel.shmmax = 68719476736
kernel.shmall = 4294967296
[root@localhost etc]#
```

图 3 - 2 - 7　开启软路由

③测试：ping 两台 PC 能否互通。使用命令“arp -a”查看协议信息。查看软路由的路由信息（见图 3 - 2 - 8、图 3 - 2 - 9）。

（3）配置 Linux 操作系统下的静态路由，并实现跨网段虚拟机连通，更改拓扑如图 3 - 2 - 10 所示。

CentOS 7 版本，编辑#vi /usr/lib/sysctl. d/50 - default. conf 文件，在末尾增加语句 net. ipv4. ip_forward = 1，保存退出后执行命令#sysctl -p /etc/sysctl. conf，使配置生效。

①查看本机的路由表（见图 3 - 2 - 11）。

```
route -n  //观察两条直连路由
```

②设置静态路由（见图 3 - 2 - 12）：

```
route add -net 192.168.30.0 netmask 255.255.255.0 gw 192.168.1.2
```

或者用命令“ip route add 192. 168. 30. 0/24 via 192. 168. 1. 2”。

在软路由 1 上设置一条通往 192. 168. 30. 0 网段的静态路由网关。

在软路由 2 上作类似设置。

```
C:\WINDOWS\system32\cmd.exe
C:\>ping 192.168.20.199

Pinging 192.168.20.199 with 32 bytes of data:

Reply from 192.168.20.199: bytes=32 time<1ms TTL=64
Reply from 192.168.20.199: bytes=32 time<1ms TTL=64
Reply from 192.168.20.199: bytes=32 time<1ms TTL=64
Reply from 192.168.20.199: bytes=32 time<1ms TTL=64

Ping statistics for 192.168.20.199:
    Packets: Sent = 4, Received = 4, Lost = 0 (0% loss),
Approximate round trip times in milli-seconds:
    Minimum = 0ms, Maximum = 0ms, Average = 0ms

C:\>arp -a

Interface: 192.168.30.99 --- 0x2
  Internet Address      Physical Address      Type
  192.168.30.58         00-0c-29-b7-97-18     dynamic
  192.168.30.199        00-0c-29-81-d5-6e     dynamic

C:\>
```

图 3－2－8　两台 PC 机连通性测试

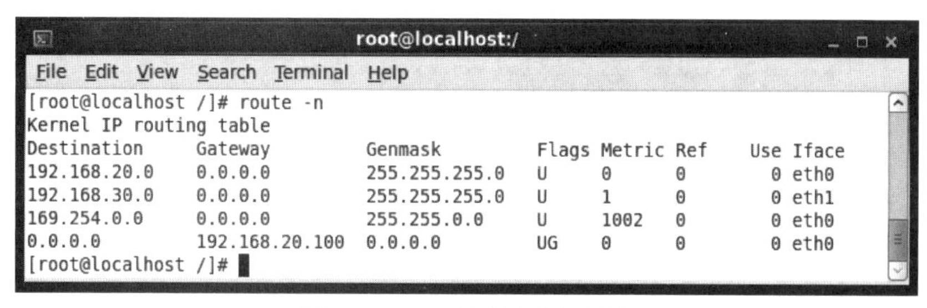

图 3－2－9　查看软路由信息

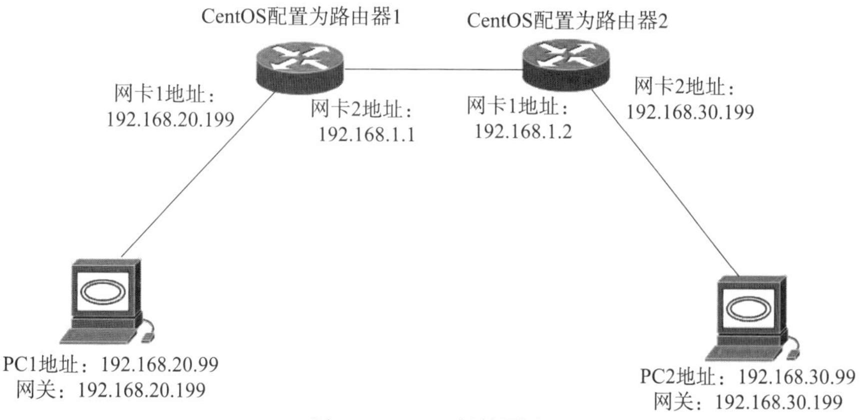

图 3－2－10　拓扑更改

```
root@localhost:~/Desktop
File  Edit  View  Search  Terminal  Help
[root@localhost Desktop]# route -n
Kernel IP routing table
Destination     Gateway         Genmask         Flags Metric Ref    Use Iface
192.168.20.0    0.0.0.0         255.255.255.0   U     0      0        0 eth0
192.168.1.0     0.0.0.0         255.255.255.0   U     1      0        0 eth1
169.254.0.0     0.0.0.0         255.255.0.0     U     1002   0        0 eth0
0.0.0.0         192.168.20.100  0.0.0.0         UG    0      0        0 eth0
[root@localhost Desktop]#
```

图 3－2－11　查看本机路由表

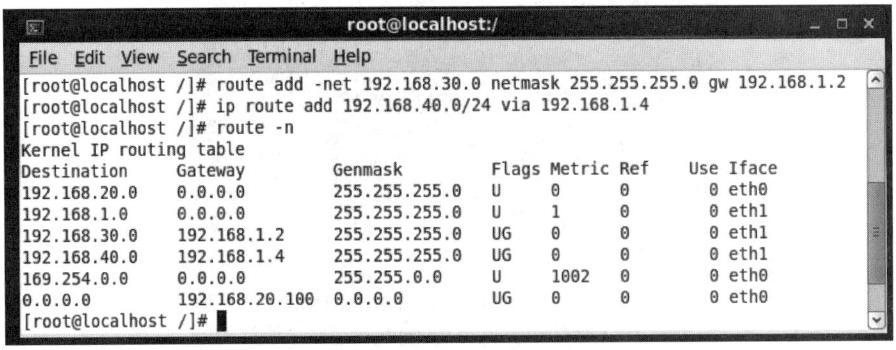

```
root@localhost:/
File  Edit  View  Search  Terminal  Help
[root@localhost /]# route add -net 192.168.30.0 netmask 255.255.255.0 gw 192.168.1.2
[root@localhost /]# ip route add 192.168.40.0/24 via 192.168.1.4
[root@localhost /]# route -n
Kernel IP routing table
Destination     Gateway         Genmask         Flags Metric Ref    Use Iface
192.168.20.0    0.0.0.0         255.255.255.0   U     0      0        0 eth0
192.168.1.0     0.0.0.0         255.255.255.0   U     1      0        0 eth1
192.168.30.0    192.168.1.2     255.255.255.0   UG    0      0        0 eth1
192.168.40.0    192.168.1.4     255.255.255.0   UG    0      0        0 eth1
169.254.0.0     0.0.0.0         255.255.0.0     U     1002   0        0 eth0
0.0.0.0         192.168.20.100  0.0.0.0         UG    0      0        0 eth0
[root@localhost /]#
```

图 3－2－12　设置静态路由

③测试：ping 两台 PC 能否互通。

（4）安装 quagga，启动并配置 zebra 路由协议进程，实验拓扑如图 3－2－10 所示。

①安装并检查 quagga 软件（见图 3－2－13）。

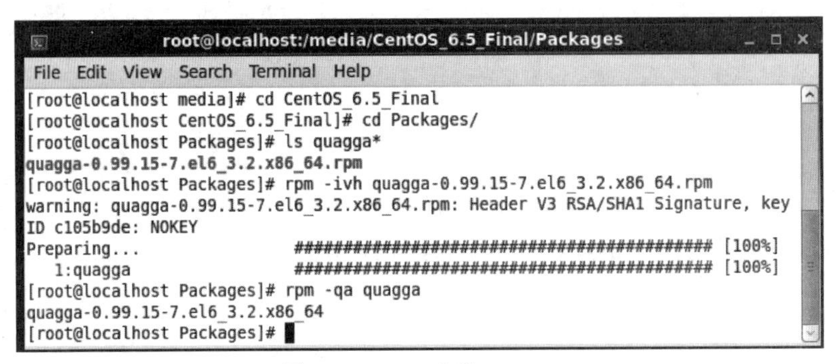

图 3－2－13　安装 quagga

②查看路由协议的进程和端口号（见图 3－2－14）。

```
vi /etc/services
```

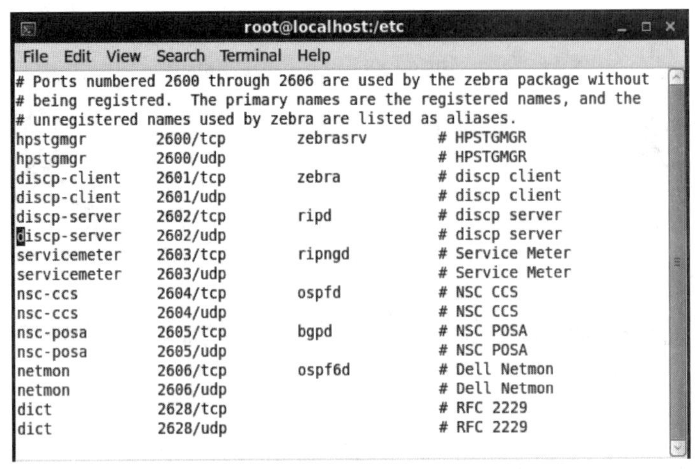

图 3－2－14　查看路由协议的进程和端口号

CentOS 7 版本依赖包比较多，可以联网安装：#yum －y install quagga，并查看安装的详细信息#rpm －lq quagga。

可以看出 zebra 协议的进程是 zebra，TCP 端口号是 2601；rip 路由协议的进程是 ripd，TCP 端口号是 2602；ospf 路由协议的进程是 ospfd，TCP 端口号是 2604；bgp 路由协议的进程是 bgpd，TCP 端口号是 2605。记住这些端口号，以便 Telnet 登录各路由协议进程。

③查看 quagga 主目录“/etc/quagga”，查看 zebra. conf. sample 示例文件（Centos7 版本的示例文件在/usr/share/doc/quagga * 里面），找到登录密码设置，配置 quagga，实际上就是对各进程进行配置（见图 3 -2 -15、图 3 -2 -16）。

```
root@localhost:/etc/quagga
File Edit View Search Terminal Help
[root@localhost quagga]# ll
total 36
-rw-r--r-- 1 root   root      566 Sep 12  2012 bgpd.conf.sample
-rw-r--r-- 1 root   root     2801 Sep 12  2012 bgpd.conf.sample2
-rw-r--r-- 1 root   root     1110 Sep 12  2012 ospf6d.conf.sample
-rw-r--r-- 1 root   root      182 Sep 12  2012 ospfd.conf.sample
-rw-r--r-- 1 root   root      406 Sep 12  2012 ripd.conf.sample
-rw-r--r-- 1 root   root      390 Sep 12  2012 ripngd.conf.sample
-rw-r----- 1 quagga quaggavt    0 Mar 23 17:45 vtysh.conf
-rw-r--r-- 1 quagga quaggavt  128 Sep 12  2012 vtysh.conf.sample
-rw-r----- 1 quagga quagga     31 Mar 23 17:45 zebra.conf
-rw-r--r-- 1 root   root      369 Sep 12  2012 zebra.conf.sample
[root@localhost quagga]#
```

图 3 -2 -15　查看 guagga 主目录

```
root@localhost:/etc/quagga
File Edit View Search Terminal Help
! -*- zebra -*-
!
! zebra sample configuration file
!
! $Id: zebra.conf.sample,v 1.1 2002/12/13 20:15:30 paul Exp $
!
hostname Router
password zebra
enable password zebra
!
! Interface's description.
!
!interface lo
! description test of desc.
```

图 3 -2 -16　查看 zebra. conf. sample 示例文件

④复制示例文件为“zebra. conf”配置文件（覆盖原文件，因为原文件是空文件）：

cp -p zebra.conf.sample zebra.conf

⑤启动 zebra 进程：

service zebra start(Centos7 版本命令为 systemctl start zebra)

⑥登录并配置 zebra（见图 3 -2 -17）：

telnet localhost 2601

连接登录，如果没有 Telnet 命令，则需要安装，或用以下命令：

telnet 127.0.0.1 2601

```
root@localhost:/media/CentOS_6.5_Final/Packages
File Edit View Search Terminal Help
[root@localhost Packages]# rpm -ivh telnet-0.17-47.el6_3.1.x86_64.rpm
warning: telnet-0.17-47.el6_3.1.x86_64.rpm: Header V3 RSA/SHA1 Signature,
key ID c105b9de: NOKEY
Preparing...                                                      (1
########################################### [100%]
   1:telnet                                                       (
########################################### [100%]
[root@localhost Packages]# telnet localhost 2601
Trying ::1...
telnet: connect to address ::1: Connection refused
Trying 127.0.0.1...
Connected to localhost.
Escape character is '^]'.

Hello, this is Quagga (version 0.99.15).
Copyright 1996-2005 Kunihiro Ishiguro, et al.


User Access Verification

Password:
Router> en
Router> enable
Password:
Router#
```

图 3－2－17　安装 telnet

Router# configure terminal

Router(config)# hostname R1　//改名

R1(config)# interface eth0

“R1(config－if)# ip address 192.168.20.199/24”对接口设置地址，注意与思科命令区别，子网掩码用/24，不能用 255.255.255.0。

R1(config－if)# no shutdown

R1(config－if)# exit

R1(config)# interface eth1

R1(config－if)# ip address 192.168.1.1/24

R1(config－if)# no shutdown

R1(config－if)# end

“R1# show interface description”用于查看端口状态，如图 3－2－18 所示。

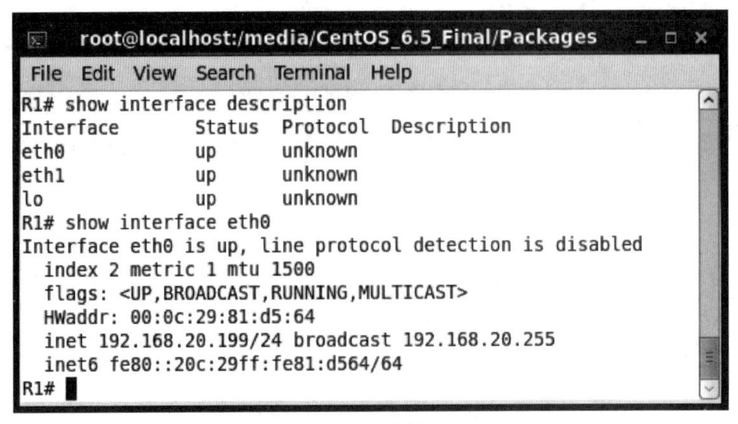

图 3－2－18　登录并配置 zebra

R1# show running-config //查看运行配置

R1# copy running-config startup-config //保存运行配置,或用 R1# write 命令。

(5) 配置 rip (必须先配置 zebra)。

①复制 ripd 示例文件来配置 rip，查看“ripd. conf”，找到登录的密码：

```
cp -p ripd.conf.sample ripd.conf
vi ripd.conf
```

②启动 ripd 进程：

```
service ripd start
```

③登录 ripd 进程：

```
telnet localhost 2602
```

④启动 rip 协议并进行相关配置：

```
router rip
network 192.168.20.0/24   //注意与思科命令的区别,有子网掩码
network 192.168.1.0/24
```

⑤查看路由信息：

```
show ip rip
```

测试连通性。

⑥查看运行配置并保存运行配置：

```
show running-config
write
```

另一台 CentOS 软路由作类似的设置。

(6) 配置 ospf (必须先配置 zebra)。

①复制 ospfd 示例文件来配置 ospf，查看“ospfd. conf”，找到登录的密码：

```
cp -p ospfd.conf.sample ospfd.conf
vi ospfd.conf
```

②启动 ospfd 进程：

```
service ospfd start
```

③登录 ospfd 进程：

```
telnet localhost 2604
```

④启动 rip 协议并进行相关配置：

```
router ospf
network 192.168.20.0/24 area 0 //注意与思科命令的区别
network 192.168.1.0/24 area 0
```

⑤查看路由信息：

```
show ip ospf
```

测试连通性。

⑥查看运行配置并保存运行配置：

```
show running-config
write
```

另一台 CentOS 软路由作类似的设置。

【实验作业】

（1）安装并检查 quagga 软件，提交操作截图。

（2）配置 quagga，复制示例文件成“zebra. conf”配置文件，提交操作截图。

（3）启动 zebra 进程，提交操作截图。

（4）登录并配置 zebra，对接口设置地址，提交操作截图。

（5）查看路由信息，提交操作截图。

项目四

构建 VPN 与入侵检测

任务 1　构建 VPN 服务与应用

【学习目的】

（1）了解 VPN 的概念与功能。

（2）学会建立 VPN 服务器。

（3）掌握 VPN 服务器的配置和管理。

【学习环境】

（1）硬件：PC 1 台。

（2）软件：VMware、CentOS 6.5。

【学习要点】

（1）安装、配置和管理 VPN 服务。

（2）验证 VPN 服务器配置的正确性。

【理论基础】

VPN（Virtual Private Network，虚拟专用网络）是一种常用于连接大、中型企业或团体与团体间的专用网络的通信方法。虚拟专用网络透过公用的网络架构来传送内联网的网络信息。它利用已加密的通道协议来达到保密、发送端认证、消息准确等私人消息安全效果。这种技术可以用不安全的网络来发送可靠、安全的消息。

SoftEther VPN 是由日本筑波大学的登大遊在硕士论文中提出的开源、跨平台、多重协议的虚拟专用网络方案，是专门为穿过防火墙而设计的。可以用它在云主机上搭建一个简单的 VPN 来使用。本项目介绍如何在 CentOS Linux 操作系统上搭建 SoftEther VPN 服务，并在 Windows 客户端上连接使用。

【素质修养】

1. VPN 的前世与今生

VPN 的英文全称是 Virtual Private Network，指的是一种虚拟专用网络，是一种常用于连接中、大型企业或团体与团体间的私人网络的通讯方法。再通俗一点讲，它属于一种中转服务，当我们的电脑接入 VPN 后，对外公网的 IP 地址就会发生改变。

从这个层面来看，VPN 是互联网发展趋势下的必然产物。各国在其诞生之初也并未过多地加以干预，其发展前景一度被非常看好的。尤其是在云计算、大数据等应用技术像雨后春笋一样陆续取得发展后，人们纷纷开始关注起了网络安全的问题。VPN 也在此阶段，突破了单纯的加密访问隧道模式，转型融合了访问控制、传输管理、加密、路由选择、可用性管理等多种功能。

【任务实施】

1. 安装 VPN 服务器包

配置 VPN 需要安装相关的软件（见图 4－1－1）：

```
yum install -y perl *      //也可以从光盘安装
yum -y install ppp *       //也可以从光盘安装
yum install -y wget *      //也可以从光盘安装
```

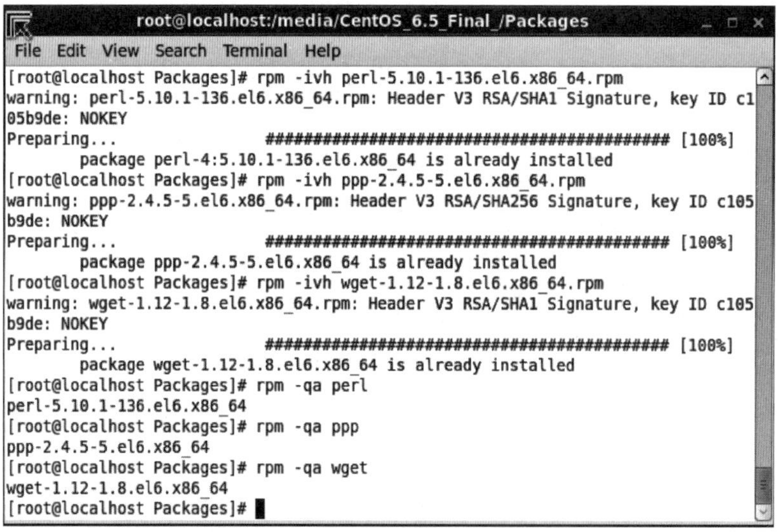

```
root@localhost:/media/CentOS_6.5_Final_/Packages
File Edit View Search Terminal Help
[root@localhost Packages]# rpm -ivh perl-5.10.1-136.el6.x86_64.rpm
warning: perl-5.10.1-136.el6.x86_64.rpm: Header V3 RSA/SHA1 Signature, key ID c1
05b9de: NOKEY
Preparing...                ########################################### [100%]
        package perl-4:5.10.1-136.el6.x86_64 is already installed
[root@localhost Packages]# rpm -ivh ppp-2.4.5-5.el6.x86_64.rpm
warning: ppp-2.4.5-5.el6.x86_64.rpm: Header V3 RSA/SHA256 Signature, key ID c105
b9de: NOKEY
Preparing...                ########################################### [100%]
        package ppp-2.4.5-5.el6.x86_64 is already installed
[root@localhost Packages]# rpm -ivh wget-1.12-1.8.el6.x86_64.rpm
warning: wget-1.12-1.8.el6.x86_64.rpm: Header V3 RSA/SHA1 Signature, key ID c105
b9de: NOKEY
Preparing...                ########################################### [100%]
        package wget-1.12-1.8.el6.x86_64 is already installed
[root@localhost Packages]# rpm -qa perl
perl-5.10.1-136.el6.x86_64
[root@localhost Packages]# rpm -qa ppp
ppp-2.4.5-5.el6.x86_64
[root@localhost Packages]# rpm -qa wget
wget-1.12-1.8.el6.x86_64
[root@localhost Packages]#
```

图 4－1－1　安装 VPN 相关软件包

再使用"wget"命令下载 VPN 安装程序 pptpd（见图 4－1－2）：

32 位的 CentOS 下载包：

```
wget http://poptop.sourceforge.net/yum/stable/packages/pptpd-1.4.0
    -1.el6.i686.rpm
```

64 位的 CentOS 下载包：

```
wget http://poptop.sourceforge.net/yum/stable/packages/pptpd-1.4.0
    -1.el6.x86_64.rpm
```

```
root@localhost:~/Desktop
File Edit View Search Terminal Help
[root@localhost Desktop]# wget http://poptop.sourceforge.net/yum/stable/packages/pptpd-1.4.0-1
.el6.x86_64.rpm
--2017-04-06 18:40:11--  http://poptop.sourceforge.net/yum/stable/packages/pptpd-1.4.0-1.el6.x
86_64.rpm
Resolving poptop.sourceforge.net... 216.34.181.96
Connecting to poptop.sourceforge.net|216.34.181.96|:80... connected.
HTTP request sent, awaiting response... 200 OK
Length: 76180 (74K) [application/x-rpm]
Saving to: "pptpd-1.4.0-1.el6.x86_64.rpm"

100%[======================================================>] 76,180      7.79K/s   in 11s

2017-04-06 18:40:23 (6.70 KB/s) - "pptpd-1.4.0-1.el6.x86_64.rpm" saved [76180/76180]

[root@localhost Desktop]# ls
pptpd-1.4.0-1.el6.x86_64.rpm
[root@localhost Desktop]# rpm -ivh pptpd-1.4.0-1.el6.x86_64.rpm
warning: pptpd-1.4.0-1.el6.x86_64.rpm: Header V3 DSA/SHA1 Signature, key ID 862acc42: NOKEY
Preparing...                ########################################### [100%]
   1:pptpd                  ########################################### [100%]
[root@localhost Desktop]# 
```

图 4－1－2　下载并安装 pptpd

使用“rpm”命令安装：

rpm －ivh pptpd－1.4.0－1.el6.x86_64.rpm

也可以从网上下载“pptpd－1.4.0.tar.gz”，进行解压源码编译安装，即解压后执行如下 3 步：./configure；make；sudo make install。

安装完毕后，可以用命令“rpm －qa ＊”检测（见图 4－1－3）。

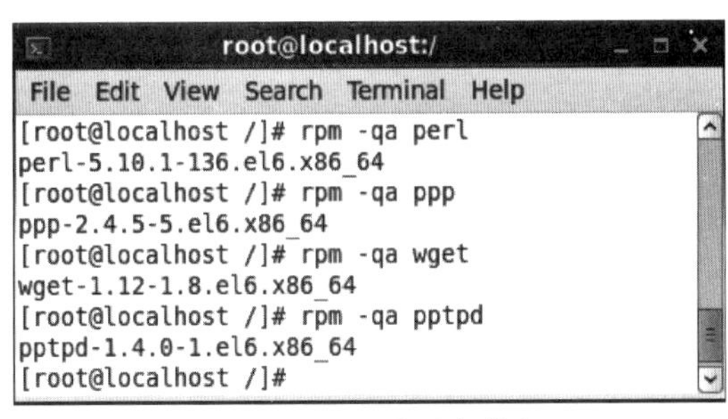

图 4－1－3　检测安装包

如果是早期 CentOS 版本，还要安装如下安装包：

yum install －y kernel ＊　　　//也可以从光盘安装

yum －y install pptp ＊　　　//也可以从光盘安装

再使用“wget”命下载 dkms 包并安装（见图 4－1－4）：

wget http://poptop.sourceforge.net/yum/stable/packages/dkms－2.0.17.5－1.noarch.rpm

2. 配置过程

（1）编辑“vi /etc/pptpd.conf”（见图 4－1－5）。

```
root@localhost:~/Desktop
File Edit View Search Terminal Help
[root@localhost Desktop]# wget http://poptop.sourceforge.net/yum/stable/packages/dkms-2.0.17.5-
1.noarch.rpm
--2017-04-06 19:03:25--  http://poptop.sourceforge.net/yum/stable/packages/dkms-2.0.17.5-1.noar
ch.rpm
Resolving poptop.sourceforge.net... 216.34.181.96
Connecting to poptop.sourceforge.net|216.34.181.96|:80... connected.
HTTP request sent, awaiting response... 200 OK
Length: 91440 (89K) [application/x-rpm]
Saving to: "dkms-2.0.17.5-1.noarch.rpm"

100%[=====================================================>] 91,440      146K/s   in 0.6s

2017-04-06 19:03:26 (146 KB/s) - "dkms-2.0.17.5-1.noarch.rpm" saved [91440/91440]

[root@localhost Desktop]# ls
dkms-2.0.17.5-1.noarch.rpm  pptpd-1.4.0-1.el6.x86_64.rpm
[root@localhost Desktop]# rpm -ivh dkms-2.0.17.5-1.noarch.rpm
warning: dkms-2.0.17.5-1.noarch.rpm: Header V3 DSA/SHA1 Signature, key ID 862acc42: NOKEY
Preparing...                ########################################### [100%]
   1:dkms                   ########################################### [100%]
[root@localhost Desktop]#
```

图 4－1－4　下载并安装 dkms

```
root@localhost:/etc
File Edit View Search Terminal Help
#           be set to the given one. You MUST still give at least one remote
#           IP for each simultaneous client.
#
# (Recommended)
#localip 192.168.0.1
#remoteip 192.168.0.234-238,192.168.0.245
# or
#localip 192.168.0.234-238,192.168.0.245
#remoteip 192.168.1.234-238,192.168.1.245

localip 192.168.20.199
remoteip 192.168.20.200-220
```

图 4－1－5　配置 pptpd. conf 文件

其中，localip 为本地 IP；remoteip 是为远程客户机分配的地址池，当 VPN 客户机拨号到 VPN 服务器时，服务器就会在这个地址池内取出一个 IP 地址分配给它。

（2）配置可以访问 VPN 服务器的账户：

vi /etc/ppp/chap - secrets

创建的内容为：用户名、服务器、密码、允许登录的 IP 地址（见图 4－1－6）。

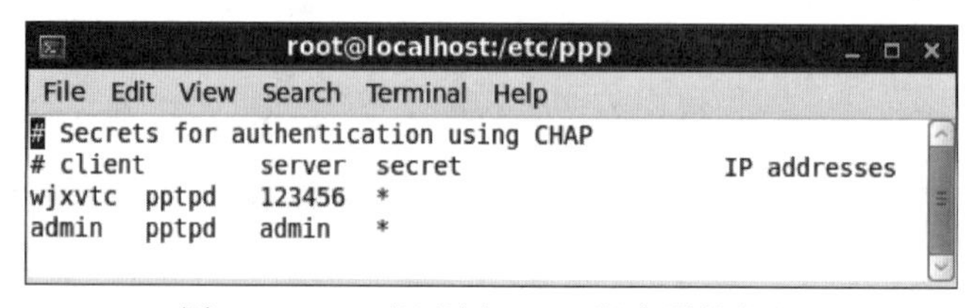

图 4－1－6　配置访问 VPN 服务器的帐户

（3）配置 Linux 下的路由功能（见图 4－1－7）：

vi /etc/sysctl.conf

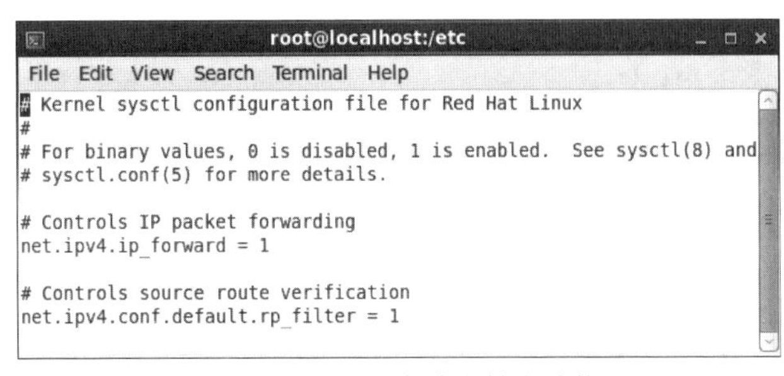


```
# Kernel sysctl configuration file for Red Hat Linux
#
# For binary values, 0 is disabled, 1 is enabled.  See sysctl(8) and
# sysctl.conf(5) for more details.

# Controls IP packet forwarding
net.ipv4.ip_forward = 1

# Controls source route verification
net.ipv4.conf.default.rp_filter = 1
```

图 4－1－7　开启路由转发功能

将“net. ipv4. ip_forward”设置为 1，开启路由转发功能。

使其生效：sysctl －p

（4）启动 VPN。

关闭防火墙：service iptables stop

启动 VPN：service pptpd start

设置 VPN 为自启动：chkconfig pptpd on

停止：service pptpd stop

重启：service pptpd restart

强行终止：service pptpd restart-kill

（5）配置客户端。

打开网上邻居，查看网络连接，创建一个新的连接（见图 4－1－8）。

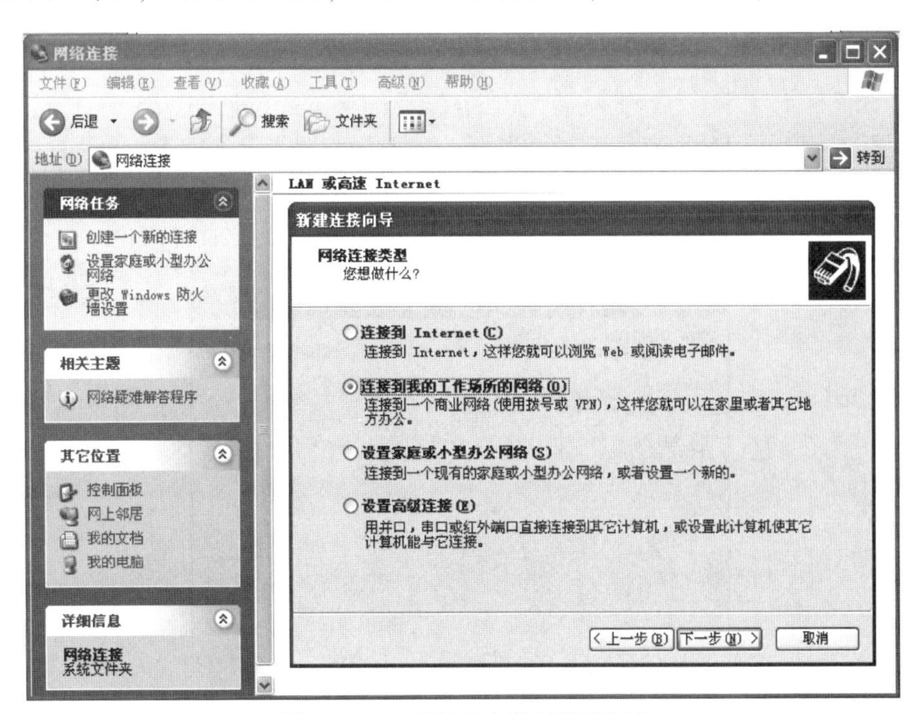

图 4－1－8　配置客户端创建新连接

选择第二项，连接 VPN，单击“下一步”按钮（见图 4-1-9）。

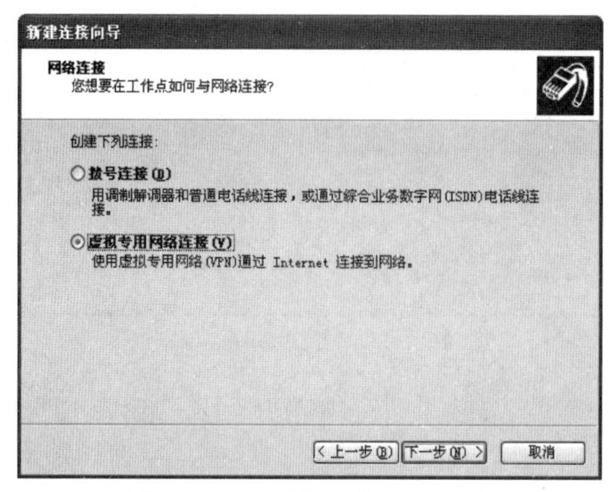

图 4-1-9　选择连接 VPN 方式

输入用户名，单击“下一步”按钮（见图 4-1-10）。

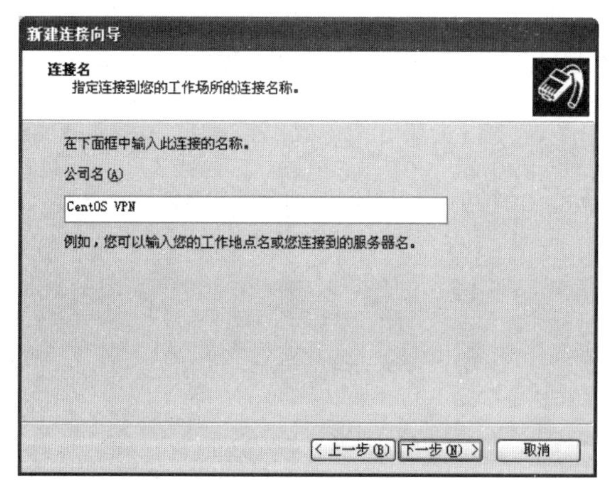

图 4-1-10　设置用户名

输入 VPN 服务器的 IP 地址，单击“下一步”按钮（见图 4-1-11）。

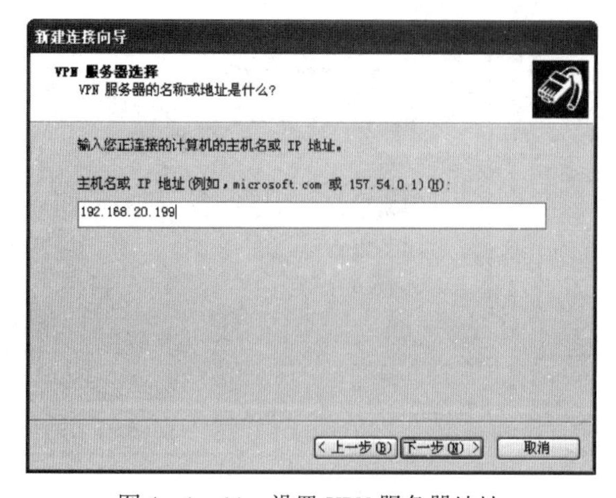

图 4-1-11　设置 VPN 服务器地址

单击“完成”按钮（见图4－1－12）。

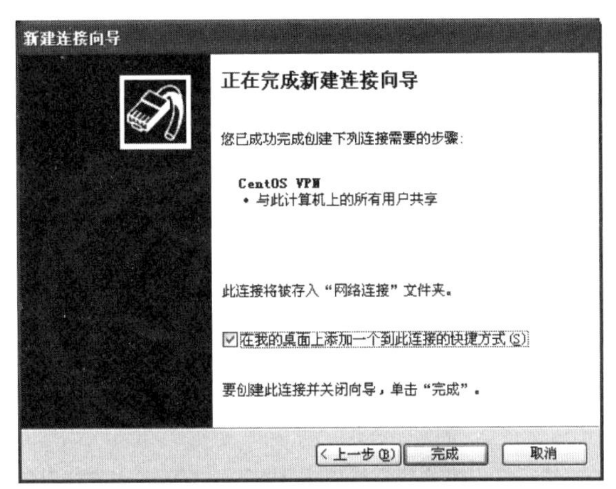

图4－1－12　完成VPN连接

这里看到网络连接VPN，双击图标，VPN拨号（见图4－1－13～图4－1－15）。

图4－1－13　VPN拨号

图4－1－14　输入用户名和密码

图4－1－15　连接VPN

拨号成功，如图4－1－16所示。

图4－1－16　连接成功

这里可以看到客户机的IP地址，如图4－1－17所示。

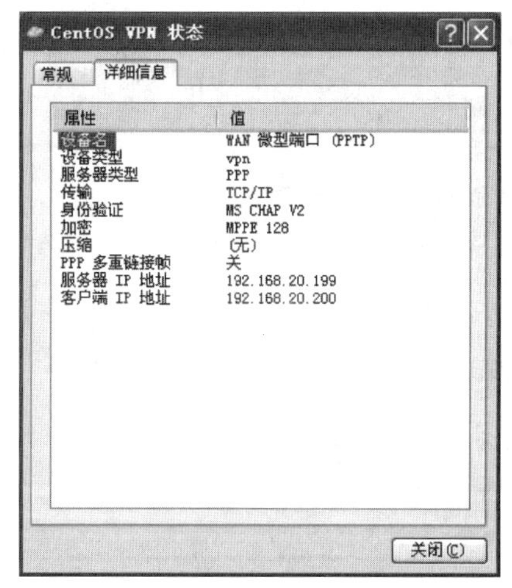

图4－1－17　查看客户机VPN地址信息

进行连通性测试（见图4－1－18）。

注意：若CentOS是双网卡，如用eth1（192.168.30.199）作为VPN服务器，则在客户机上必须增加一条路由，如“C:\>route ADD 192.168.30.0 MASK 255.255.255.0 192.168.20.199”。

补充一：防火墙开启状态下的设置。

(1) 设置清空防火墙，使VPN用户可以连接。

```
service iptables start
iptables -F
iptables -X
iptables -Z
service iptables save
```

```
C:\WINDOWS\system32\cmd.exe
C:\>ping 192.168.20.200

Pinging 192.168.20.200 with 32 bytes of data:

Reply from 192.168.20.200: bytes=32 time<1ms TTL=64
Reply from 192.168.20.200: bytes=32 time<1ms TTL=64
Reply from 192.168.20.200: bytes=32 time<1ms TTL=64
Reply from 192.168.20.200: bytes=32 time<1ms TTL=64

Ping statistics for 192.168.20.200:
    Packets: Sent = 4, Received = 4, Lost = 0 (0% loss),
Approximate round trip times in milli-seconds:
    Minimum = 0ms, Maximum = 0ms, Average = 0ms

C:\>ping 192.168.20.199

Pinging 192.168.20.199 with 32 bytes of data:

Reply from 192.168.20.199: bytes=32 time<1ms TTL=64
Reply from 192.168.20.199: bytes=32 time<1ms TTL=64
Reply from 192.168.20.199: bytes=32 time<1ms TTL=64
Reply from 192.168.20.199: bytes=32 time<1ms TTL=64

Ping statistics for 192.168.20.199:
    Packets: Sent = 4, Received = 4, Lost = 0 (0% loss),
Approximate round trip times in milli-seconds:
    Minimum = 0ms, Maximum = 0ms, Average = 0ms

C:\>_
```

图4-1-18　测试连通性

（2）设置防火墙，开启VPN服务的1723和47端口以及gre协议，编辑防火墙配置文件iptables。

```
vi /etc/sysconfig/iptables
-A INPUT -p tcp -dport 1723 -j ACCEPT
-A INPUT -p tcp -dport 47 -j ACCEPT
-A INPUT -P gre -j ACCEPT
service iptables restart
```

（3）配置NAT转换，使VPN用户可以访问外网。

```
iptables -t nat -A POSTROUTING -o eth0 -s 192.168.20.0/24 -j MASQUERADE
```

说明：来自192.168.20.0网段的访问流经eth0网卡转发。

补充二：“/var/log/messages”日志错误。

错误日志内容：from PTY failed：status = -1 error = Input/output error，usually caused by unexpected termination of pppd，check option syntax and pppd logs

解决办法：修改“/etc/pptpd.conf”文件，在logwtmp这行前添加注释符，重启pptpd服务。

【实验作业】

（1）安装VPN服务器包，提交操作截图。

（2）配置VPN，提交操作截图。

（3）启动 VPN，提交操作截图。

（4）配置客户端并进行测试，提交操作截图。

任务2　入侵检测系统 Snort 的安装与应用

【学习目的】

（1）了解漏洞扫描与 IDS 的区别。

（2）掌握 Snort 在 CentOS 中的安装方法。

（3）掌握 Snort 的 3 种工作模式。

【学习环境】

（1）硬件：PC 1 台。

（2）软件：VMware、CentOS 6.5。

【学习要点】

（1）下载并编译安装“daq-2.0.2.tar.gz”。

（2）下载并编译安装“snort-2.9.6.2.tar.gz”。

（3）嗅探器模式与主要参数。

（4）数据包记录器模式与设置。

（5）入侵检测系统模式与规则。

【理论基础】

入侵检测系统（IDS）处于防火墙之后，对网络活动进行实时检测。许多情况下，由于可以记录和禁止网络活动，因此入侵检测系统是防火墙的延续。入侵检测系统（IDS）与系统扫描器（system scanner）不同。系统扫描器是根据攻击特征数据库来扫描系统漏洞的，它更关注配置上的漏洞而不是当前进出主机的流量。

IDS 扫描当前网络的活动，监视和记录网络的流量，根据定义好的规则过滤从主机网卡到网线上的流量，提供实时报警。系统扫描器检测主机上先前设置的漏洞，而 IDS 监视和记录网络流量。如果在同一台主机上运行 IDS 和系统扫描器，配置合理的 IDS 会发出许多报警。

Snort 是一个免费的、跨平台的软件包，用作监视小型 TCP/IP 网的嗅探器、日志记录工具、侵入探测器。它可以运行在 Linux/UNIX 和 Win32 操作系统上。Snort 的功能如下：

（1）实时通信分析和信息包记录。

（2）包装有效载荷检查。

（3）协议分析和内容查询匹配。

（4）缓冲溢出探测、秘密端口扫描、CGI 攻击、SMB 探测、操作系统侵入尝试。

（5）对系统日志、指定文件、UNIX socket 或通过 Samba 的 WinPopus 进行实时报警。

Snort 有 3 种工作模式：嗅探器、数据包记录器、网络入侵检测系统。嗅探器模式仅是从网络上读取数据包并作为连续不断的流显示在终端上。数据包记录器模式把数据包记录到硬盘上。网络入侵检测系统模式是最复杂的，而且是可配置的，可以让 Snort 分析网络数据流以匹配用户定义的一些规则，并根据检测结果采取一定的动作。

【素质修养】

1. 入侵检测的发展

1980 年，James P. Anderson 写了一份题为《计算机安全威胁监控与监视》的技术报告，首次提出了“威胁”等术语。这里所指的“威胁”与入侵的含义基本相同，将入侵或威胁定义为：潜在的、有预谋的、未经授权的访问，企图致使系统不可靠或无法使用。1984 年到 1986 年，乔治敦大学的 Dorothy Denning 和 SRI 公司计算机科学实验室的 Peter Neumann 研究出了一个抽象的实时入侵检测系统模型——入侵检测专家系统 IDEs（Intrusion Detection Expert Systems）。这是第一个在一个应用中运用了统计和基于规则两种技术的系统，是入侵检测研究中最有影响的一个系统，并将入侵检测作为一个新的安全防御措施提出。1989 年，加州大学戴维斯分校的 Todd Heberlein 写了一篇题为“A Network Security Monitor”的论文，提出监控器用于捕获 TCP/IP 分组，第一次直接将网络流作为审计数据来源，因而可以在不将审计数据转换成统一格式的情况下监控异种主机，网络入侵检测从此诞生。

2. 入侵检测的原理

入侵检测的原理，是从一组数据中检测出符合某一特点的数据。

（1）异常入侵检测原理：构筑异常检测原理的入侵检测系统，首先要建立系统或用户的正常行为模式库，不属于该库的行为被视为异常行为。但是，入侵性活动并不总是与异常活动相符合，而是存在下列 4 种可能性：入侵性非异常；非入侵性且异常；非入侵性非异常；入侵性且异常。

另外，设置异常的门槛值不当，往往会导致 IDS 出现许多误报警或者漏检的现象。IDS 给安全管理员造成了系统安全假象，漏检对于重要的安全系统来说是相当危险的。

（2）误用入侵检测原理：误用入侵检测依赖于模式库。误用入侵检测能直接检测出模式库中已涵盖的入侵行为或不可接受的行为，而异常入侵检测是发现同正常行为相违背的行为。误用入侵检测的主要假设是具有能够被精确地按某种方式编码的攻击。

3. 入侵检测的检测步骤

（1）信息收集：入侵检测的第一步是信息收集，内容包括系统、网络、数据及用户活动的状态和行为。而且，需要在计算机网络系统中的若干不同关键点（不同网段和不同主机）收集信息，这除了尽可能扩大检测范围的因素外，还有一个重要的因素就是从一个源来的信息有可能看不出疑点，但从几个源来的信息的不一致性，却是可疑行为或入侵的标识。

（2）信号分析：一般通过三种技术手段进行分析：模式匹配、统计分析和完整性分析。

其中前两种方法用于实时的入侵检测，而完整性分析则用于事后分析。

【任务实施】

1. 安装 libpcap 与 libpcap-devel（见图 4-2-1）

命令：yum -y install libpcap *

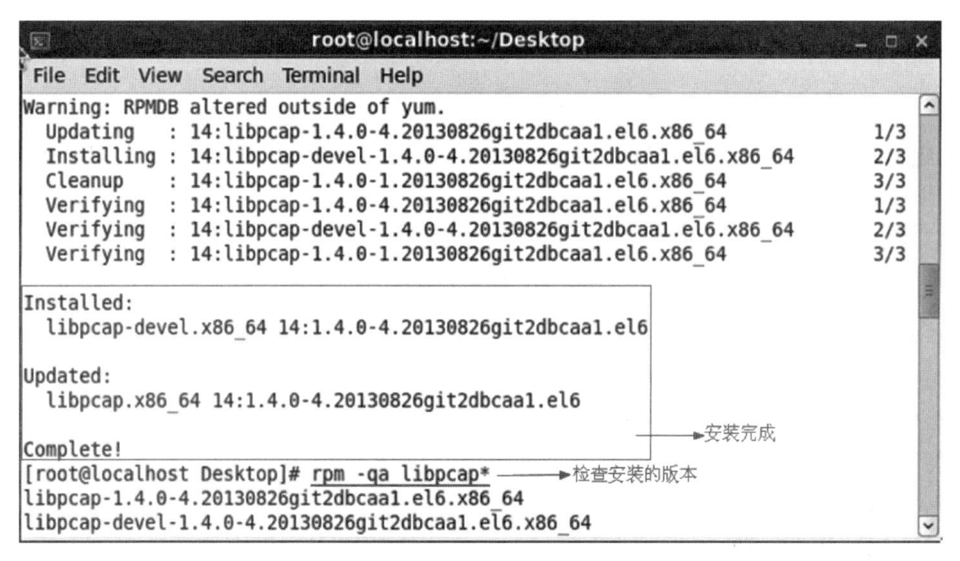

图 4-2-1　安装 libpcap

2. 安装 libpcre（见图 4-2-2）

命令：yum -y install pcre *

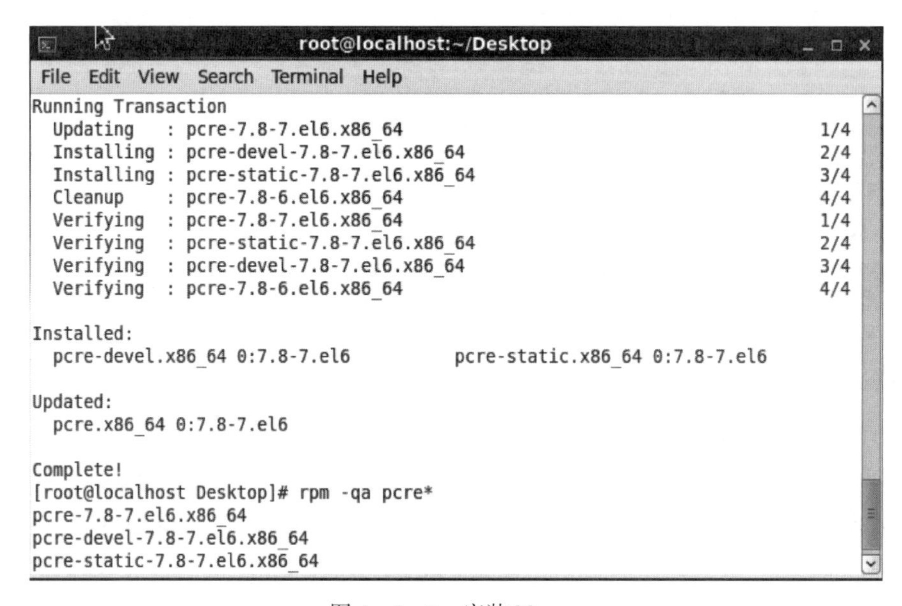

图 4-2-2　安装 libpcre

3. 安装 libdnet（见图 4－2－3）

先添加 epel 源（“yum -y install epel *”），再安装此组件。

命令：`yum -y install libdnet *`

4. 下载最新版 Snort（见图 4－2－4 ~ 图 4－2－6）

使用 Linux 操作系统自带的火狐浏览器下载，网址为 https://www.snort.org/。

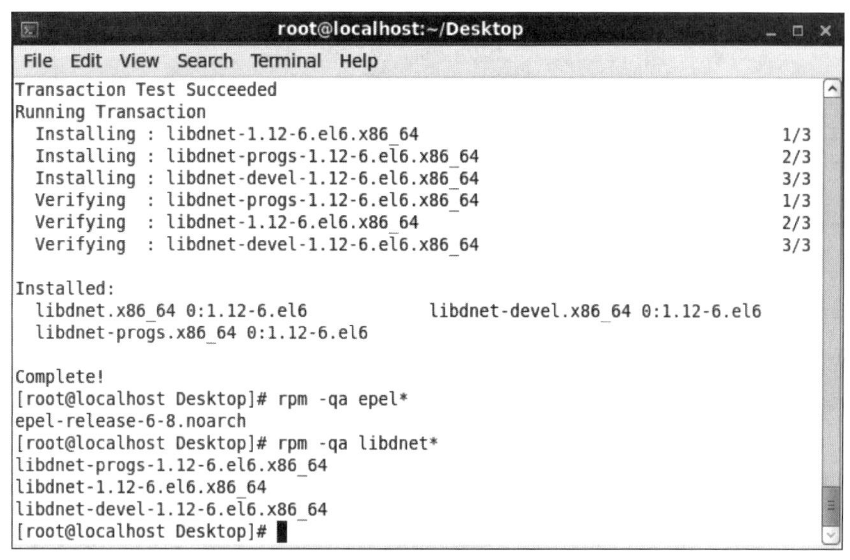

图 4－2－3　安装 libdnet

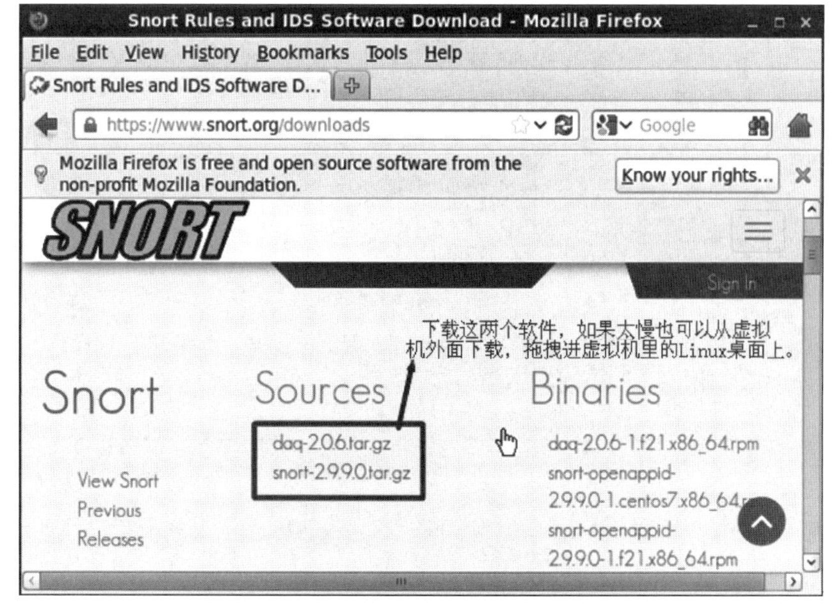

图 4－2－4　下载 Snort

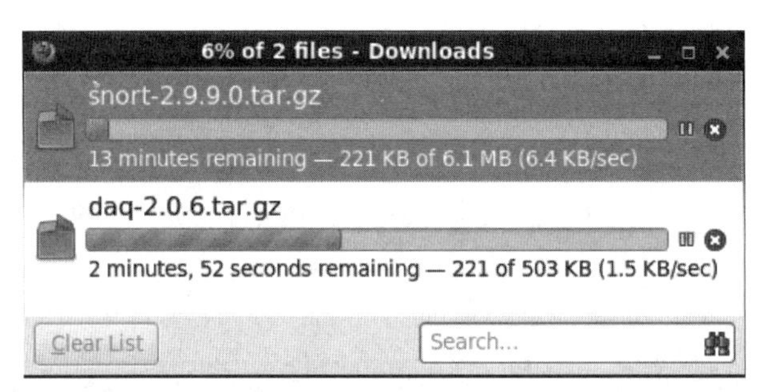

图 4－2－5　进入 Snort 安装包下载目录

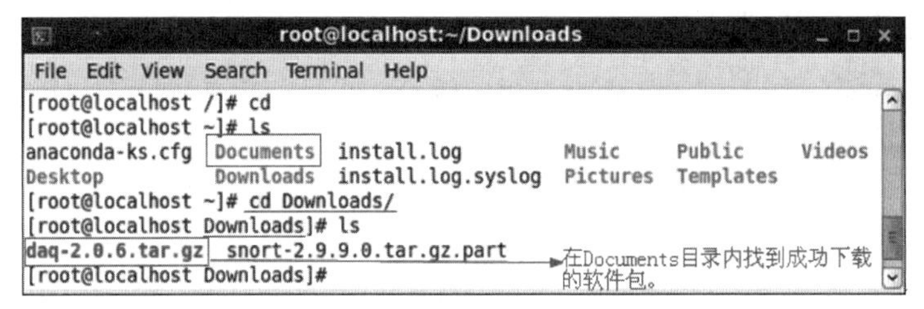

图 4－2－6　安装依赖包 bison 和 flex

5．编译安装“daq－2.0.2.tar.gz”

解压 daq 源码包，此时直接安装 daq 会报错，因为缺少各种各样的依赖包，所以要先安装依赖包 bison、flex（见图 4－2－7）。

yum －y install bison *　　　//安装相关性程序

yum －y install flex *　　　//安装相关性程序

图 4－2－7　解压 daq

[root@localhost Downloads]# tar －xvzf daq－2.0.2.tar.gz　　//解压（见图 4－2－8）

[root@localhost Downloads]# cd daq－2.0.6

[root@localhost daq-2.0.6]# ./configure　　//配置（见图 4－2－9）

[root@localhost daq-2.0.6]# make　　//编译（见图 4－2－10）

```
root@localhost:~/Downloads/daq-2.0.6
File  Edit  View  Search  Terminal  Help
daq-2.0.6/m4/ltsugar.m4
daq-2.0.6/m4/sf.m4
daq-2.0.6/m4/libtool.m4
daq-2.0.6/m4/ltversion.m4
daq-2.0.6/m4/lt~obsolete.m4
daq-2.0.6/m4/ltoptions.m4
daq-2.0.6/configure.ac
[root@localhost Downloads]# ls
daq-2.0.6  daq-2.0.6.tar.gz  snort-2.9.9.0.tar.gz
[root@localhost Downloads]# cd daq-2.0.6
[root@localhost daq-2.0.6]# ls
aclocal.m4  config.guess  configure.ac  install-sh   Makefile.in     sfbpf
api         config.h.in   COPYING       ltmain.sh    missing
ChangeLog   config.sub    daq.dsp       m4           os-daq-modules
compile     configure     depcomp       Makefile.am  README
[root@localhost daq-2.0.6]# ./configure
```

图 4－2－8　进入 daq 目录并配置 daq

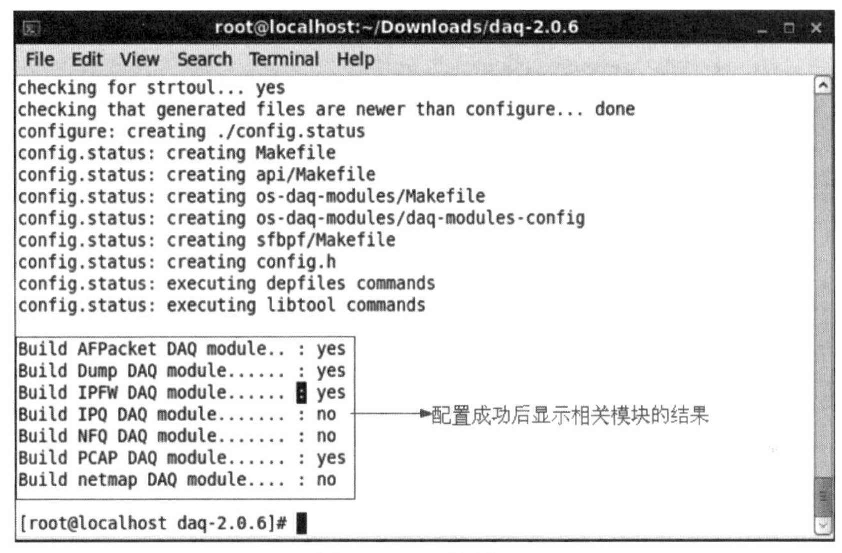

```
root@localhost:~/Downloads/daq-2.0.6
File  Edit  View  Search  Terminal  Help
checking for strtoul... yes
checking that generated files are newer than configure... done
configure: creating ./config.status
config.status: creating Makefile
config.status: creating api/Makefile
config.status: creating os-daq-modules/Makefile
config.status: creating os-daq-modules/daq-modules-config
config.status: creating sfbpf/Makefile
config.status: creating config.h
config.status: executing depfiles commands
config.status: executing libtool commands

Build AFPacket DAQ module.. : yes
Build Dump DAQ module...... : yes
Build IPFW DAQ module...... : yes
Build IPQ DAQ module....... : no
Build NFQ DAQ module....... : no
Build PCAP DAQ module...... : yes
Build netmap DAQ module.... : no

[root@localhost daq-2.0.6]#
```


图 4－2－9　编译 daq

```
root@localhost:~/Downloads/daq-2.0.6
File  Edit  View  Search  Terminal  Help
ign-compare -Wcast-align -Wextra -Wformat -Wformat-security -Wno-unused-paramete
r -fno-strict-aliasing -fdiagnostics-show-option -pedantic -std=c99 -D_GNU_SOURC
E -MT daq_ipfw_la-daq_ipfw.lo -MD -MP -MF .deps/daq_ipfw_la-daq_ipfw.Tpo -c daq_
ipfw.c -o daq_ipfw_la-daq_ipfw.o >/dev/null 2>&1
mv -f .deps/daq_ipfw_la-daq_ipfw.Tpo .deps/daq_ipfw_la-daq_ipfw.Plo
/bin/sh ../libtool  --tag=CC   --mode=link gcc -DBUILDING_SO -g -O2 -fvisibility
=hidden -Wall -Wwrite-strings -Wsign-compare -Wcast-align -Wextra -Wformat -Wfor
mat-security -Wno-unused-parameter -fno-strict-aliasing -fdiagnostics-show-optio
n -pedantic -std=c99 -D_GNU_SOURCE -module -export-dynamic -avoid-version -share
d   -o daq_ipfw.la -rpath /usr/local/lib/daq daq_ipfw_la-daq_ipfw.lo ../sfbpf/li
bsfbpf.la
libtool: link: gcc -shared  -fPIC -DPIC  .libs/daq_ipfw_la-daq_ipfw.o   -Wl,-rpa
th -Wl,/root/Downloads/daq-2.0.6/sfbpf/.libs -Wl,-rpath -Wl,/usr/local/lib ../sf
bpf/.libs/libsfbpf.so  -g -O2   -Wl,-soname -Wl,daq_ipfw.so -o .libs/daq_ipfw.so
libtool: link: ( cd ".libs" && rm -f "daq_ipfw.la" && ln -s "../daq_ipfw.la" "da
q_ipfw.la" )
make[2]: Leaving directory `/root/Downloads/daq-2.0.6/os-daq-modules'
make[2]: Entering directory `/root/Downloads/daq-2.0.6'
make[2]: Leaving directory `/root/Downloads/daq-2.0.6'
make[1]: Leaving directory `/root/Downloads/daq-2.0.6'
[root@localhost daq-2.0.6]#
```

编译成功后显示的结果

图 4－2－10　安装 daq

[root@localhost daq-2.0.6]# sudo make install //安装(见图4-2-11)

6. 编译安装"snort-2.9.6.2.tar.gz"

要先安装依赖包zlib(见图4-2-12)。

命令:yum -y install zlib* //安装相关性程序

[root@localhost Downloads]# tar -xvzf snort-2.9.6.2.tar.gz //解压(见图4-2-13)

[root@localhost Downloads]# cd snort-2.9.9.0

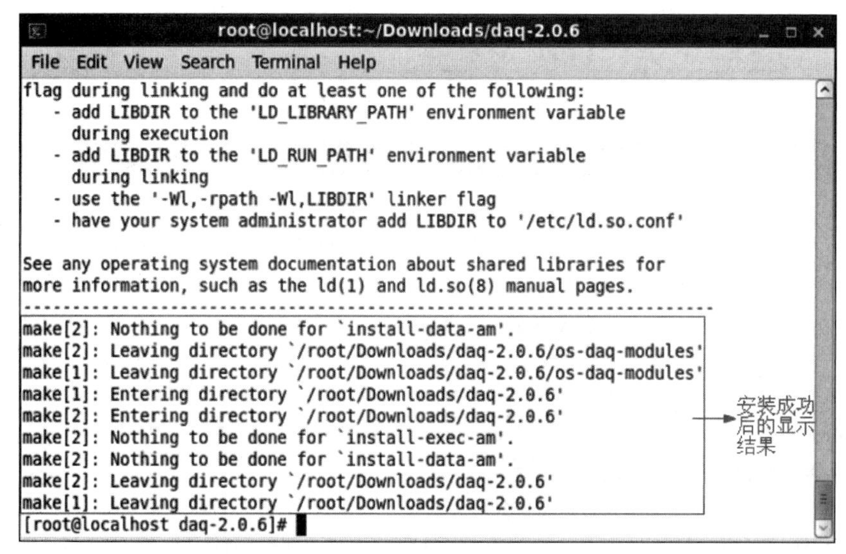

图4-2-11 安装依赖包zlib

```
root@localhost:~/Downloads
File Edit View Search Terminal Help
  zlibrary-ui-gtk.x86_64 0:0.12.10-5.el6  zlibrary-ui-qt.x86_64 0:0.12.10-5.el6

Dependency Installed:
  fribidi.x86_64 0:0.19.2-2.el6
  liblinebreak.x86_64 0:2.1-1.el6
  libmng.x86_64 0:1.0.10-4.1.el6
  phonon-backend-gstreamer.x86_64 1:4.6.2-28.el6_5
  qt.x86_64 1:4.6.2-28.el6_5
  qt-sqlite.x86_64 1:4.6.2-28.el6_5
  qt-x11.x86_64 1:4.6.2-28.el6_5

Complete!
[root@localhost Downloads]# rpm -qa zlib*
zlib-1.2.3-29.el6.x86_64
zlib-static-1.2.3-29.el6.x86_64
zlibrary-0.12.10-5.el6.x86_64
zlib-devel-1.2.3-29.el6.x86_64
zlibrary-ui-gtk-0.12.10-5.el6.x86_64
zlibrary-devel-0.12.10-5.el6.x86_64
zlibrary-ui-qt-0.12.10-5.el6.x86_64
[root@localhost Downloads]#
```

图4-2-12 解压snort

```
root@localhost:~/Downloads/snort-2.9.9.0
File Edit View Search Terminal Help
snort-2.9.9.0/config.sub
snort-2.9.9.0/config.guess
snort-2.9.9.0/ChangeLog
snort-2.9.9.0/COPYING
snort-2.9.9.0/snort.pc.in
snort-2.9.9.0/config.h.in
snort-2.9.9.0/aclocal.m4
snort-2.9.9.0/configure.in
snort-2.9.9.0/configure
snort-2.9.9.0/Makefile.am
snort-2.9.9.0/Makefile.in
[root@localhost Downloads]# ls
daq-2.0.6  daq-2.0.6.tar.gz  snort-2.9.9.0  snort-2.9.9.0.tar.gz
[root@localhost Downloads]# cd snort-2.9.9.0
[root@localhost snort-2.9.9.0]# ls
aclocal.m4    configure     etc          Makefile.am    rpm           tools
ChangeLog     configure.in  install-sh   Makefile.in    snort.8       verstuff.pl
config.guess  COPYING       LICENSE      missing        snort.pc.in   ylwrap
config.h.in   depcomp       ltmain.sh    preproc_rules  src
config.sub    doc           m4           RELEASE.NOTES  templates
[root@localhost snort-2.9.9.0]# ./configure --enable-sourcefire
```

图4 –2 –13　进入 snort 目录

[root@localhost snort –2. 9. 9. 0]# ./configure — enable – sourcefire //配置（见图4 –2 –14）

```
root@localhost:~/Downloads/snort-2.9.9.0
File Edit View Search Terminal Help
config.status: creating src/preprocessors/Stream6/Makefile
config.status: creating src/parser/Makefile
config.status: creating src/target-based/Makefile
config.status: creating doc/Makefile
config.status: creating rpm/Makefile
config.status: creating preproc_rules/Makefile
config.status: creating m4/Makefile
config.status: creating etc/Makefile
config.status: creating templates/Makefile
config.status: creating tools/Makefile
config.status: creating tools/control/Makefile
config.status: creating tools/u2boat/Makefile
config.status: creating tools/u2spewfoo/Makefile
config.status: creating tools/u2openappid/Makefile
config.status: creating tools/u2streamer/Makefile
config.status: creating tools/file_server/Makefile
config.status: creating src/win32/Makefile
config.status: creating config.h
config.status: executing depfiles commands
config.status: executing libtool commands
[root@localhost snort-2.9.9.0]#
```

图4 –2 –14　配置 snort

[root@ localhost snort –2. 9. 9. 0]# make　　//编译（见图4 –2 –15）

[root@ localhost snort –2. 9. 9. 0]# sudo make install　　//安装（见图4 –2 –16）

Snort 会被安装到如下目录：/usr/local/bin/。

[root@ localhost bin]# snort –– h　　//snort 帮助（见图4 –2 –17）

```
root@localhost:~/Downloads/snort-2.9.9.0
File  Edit  View  Search  Terminal  Help
/bin/sh ../../libtool  --tag=CC   --mode=link gcc -g -O2 -DSF_VISIBILITY -fvisib
ility=hidden -fno-strict-aliasing -Wall  -g -O2 -DSF_VISIBILITY -fvisibility=hid
den -fno-strict-aliasing -Wall  -lpcre -L/usr/lib64 -ldnet -o u2spewfoo u2spewfo
o-u2spewfoo.o  -lz -ldaq_static -ldnet -lpcre -lpcap -lnsl -lm -lm  -ldl -L/usr/
local/lib -ldaq_static_modules  -lsfbpf -lpcap -lsfbpf -lpcap -lz -lpthread -lpt
hread -lpthread
libtool: link: gcc -g -O2 -DSF_VISIBILITY -fvisibility=hidden -fno-strict-aliasi
ng -Wall -g -O2 -DSF_VISIBILITY -fvisibility=hidden -fno-strict-aliasing -Wall -
o u2spewfoo u2spewfoo-u2spewfoo.o  -L/usr/lib64 /usr/local/lib/libdaq_static.a -
ldnet -lpcre -lnsl -lm -ldl -L/usr/local/lib /usr/local/lib/libdaq_static_module
s.a /usr/local/lib/libsfbpf.so -lpcap -lz -lpthread -Wl,-rpath -Wl,/usr/local/li
b -Wl,-rpath -Wl,/usr/local/lib
make[3]: Leaving directory `/root/Downloads/snort-2.9.9.0/tools/u2spewfoo'
make[3]: Entering directory `/root/Downloads/snort-2.9.9.0/tools'
make[3]: Nothing to be done for `all-am'.
make[3]: Leaving directory `/root/Downloads/snort-2.9.9.0/tools'
make[2]: Leaving directory `/root/Downloads/snort-2.9.9.0/tools'
make[2]: Entering directory `/root/Downloads/snort-2.9.9.0'
make[2]: Leaving directory `/root/Downloads/snort-2.9.9.0'
make[1]: Leaving directory `/root/Downloads/snort-2.9.9.0'
[root@localhost snort-2.9.9.0]#
```

图 4-2-15　编译 snort

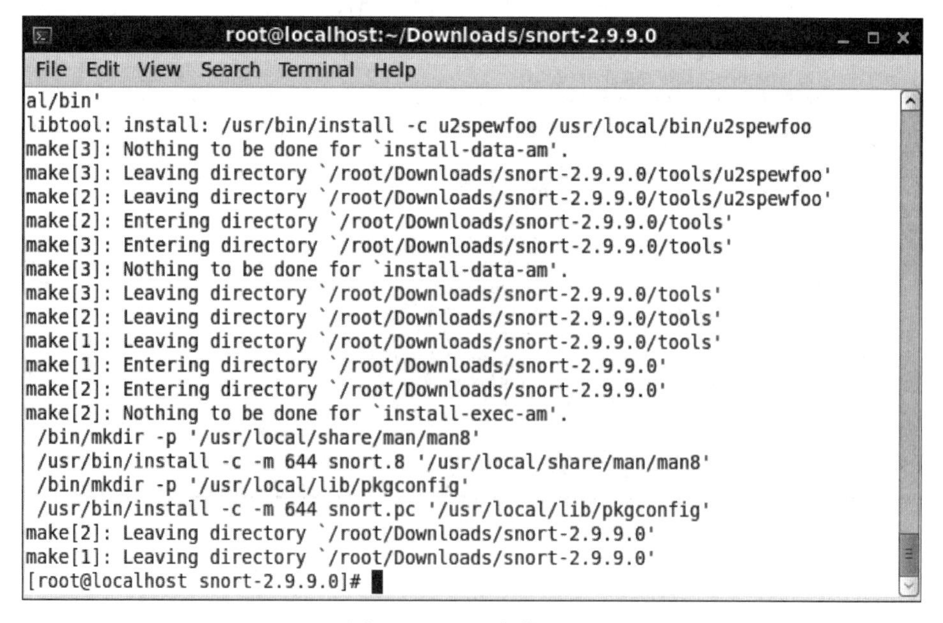

图 4-2-16　安装 snort

```
root@localhost:/
File  Edit  View  Search  Terminal  Help
[root@localhost /]# snort --h
snort: option '--h' is ambiguous

   ,,_     -*> Snort! <*-
  o"  )~   Version 2.9.9.0 GRE (Build 56)
   ''''    By Martin Roesch & The Snort Team: http://www.snort.org/contact#team
           Copyright (C) 2014-2016 Cisco and/or its affiliates. All rights reser
ved.
           Copyright (C) 1998-2013 Sourcefire, Inc., et al.
           Using libpcap version 1.4.0
           Using PCRE version: 7.8 2008-09-05
           Using ZLIB version: 1.2.3

USAGE: snort [-options] <filter options>
Options:
        -A         Set alert mode: fast, full, console, test or none  (alert fil
e alerts only)
                   "unsock" enables UNIX socket logging (experimental).
        -b         Log packets in tcpdump format (much faster!)
        -B <mask>  Obfuscated IP addresses in alerts and packet dumps using CIDR
 mask
```

图 4－2－17　snort 帮助

7. Snort 嗅探器模式与应用

所谓嗅探器模式，就是 Snort 从网络上读出数据包，然后显示在控制台上。首先，从最基本的用法入手。如果只要把 TCP/IP 包头信息打印在屏幕上，则只需要输入命令“snort -v”(见图 4－2－18、图 4－2－19)。

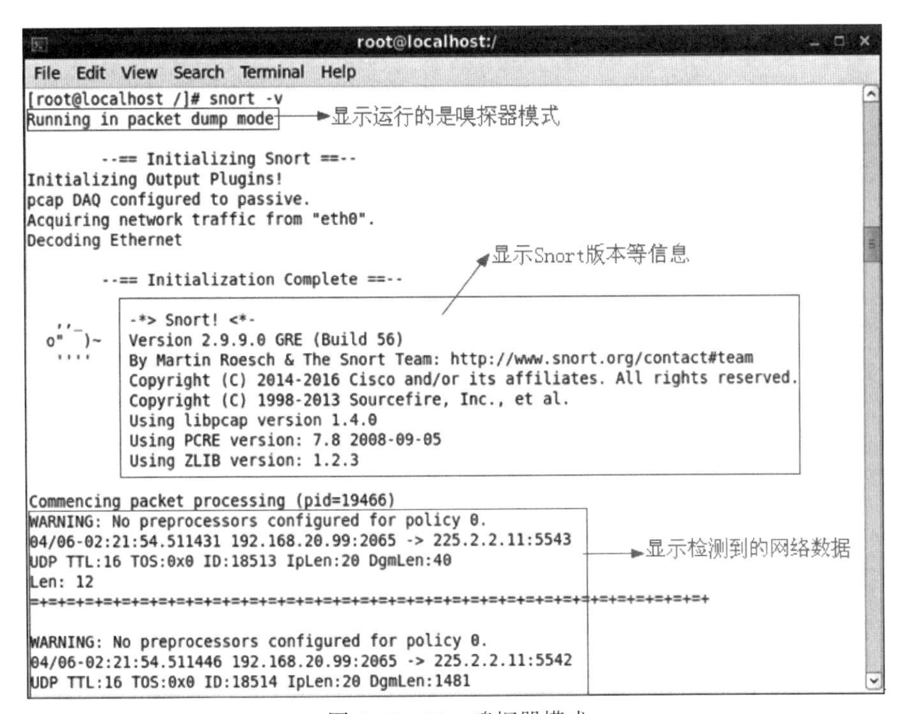

图 4－2－18　嗅探器模式

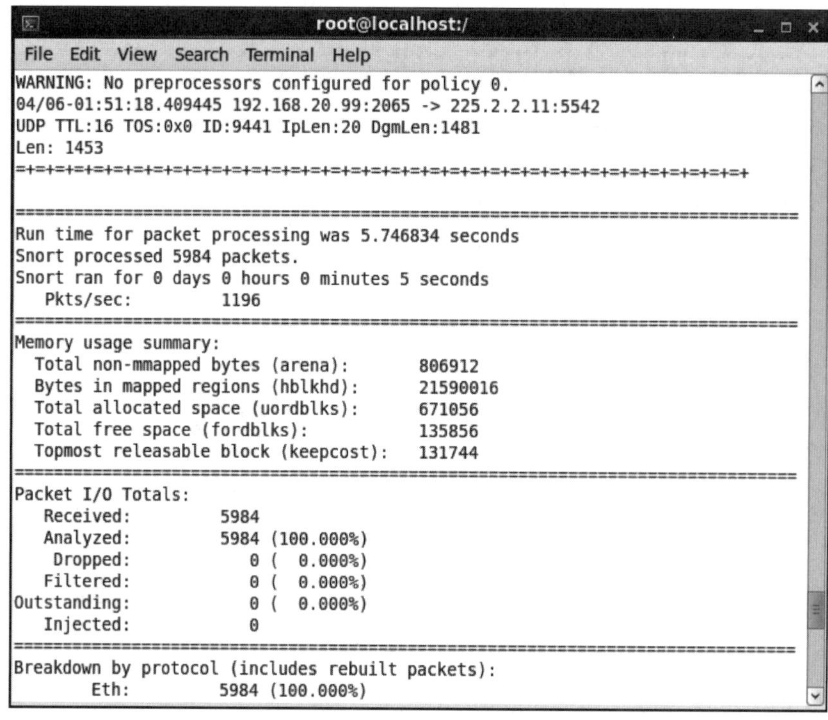

图 4－2－19　输出 TCP/IP 包头信息

使用这个命令将使 Snort 只输出 IP 和 TCP/UDP/ICMP 的包头信息（见图 4－2－20）。如果要看到应用层的数据，可以使用命令“snort －vd”。

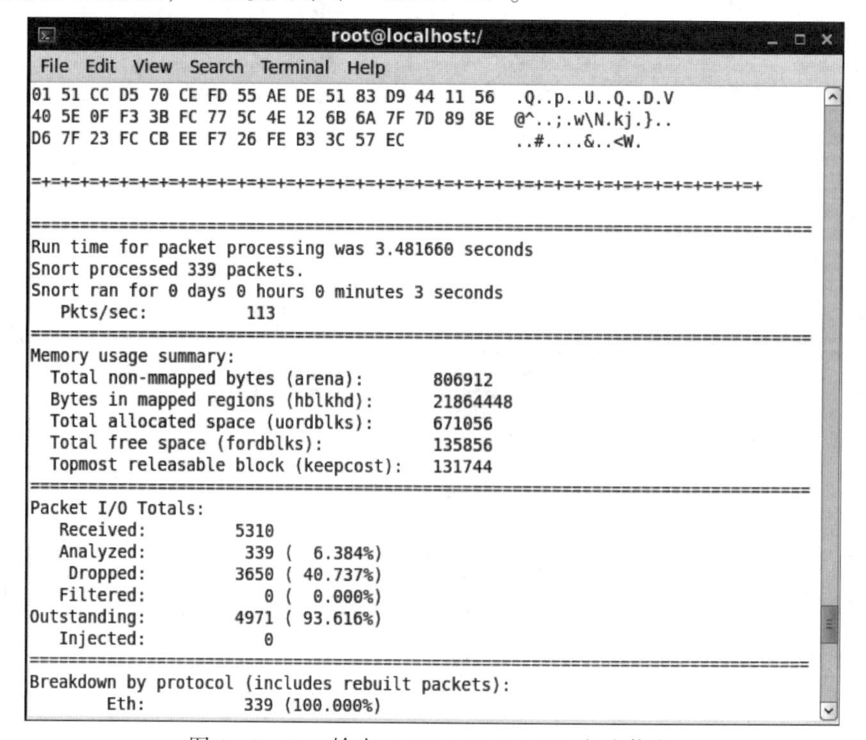

图 4－2－20　输出 IP/TCP/UDP/ICMP 包头信息

这条命令使 Snort 在输出包头信息的同时显示包的数据信息。如果还要显示数据链路层的信息，就使用命令“snort -vde”（见图 4-2-21）。

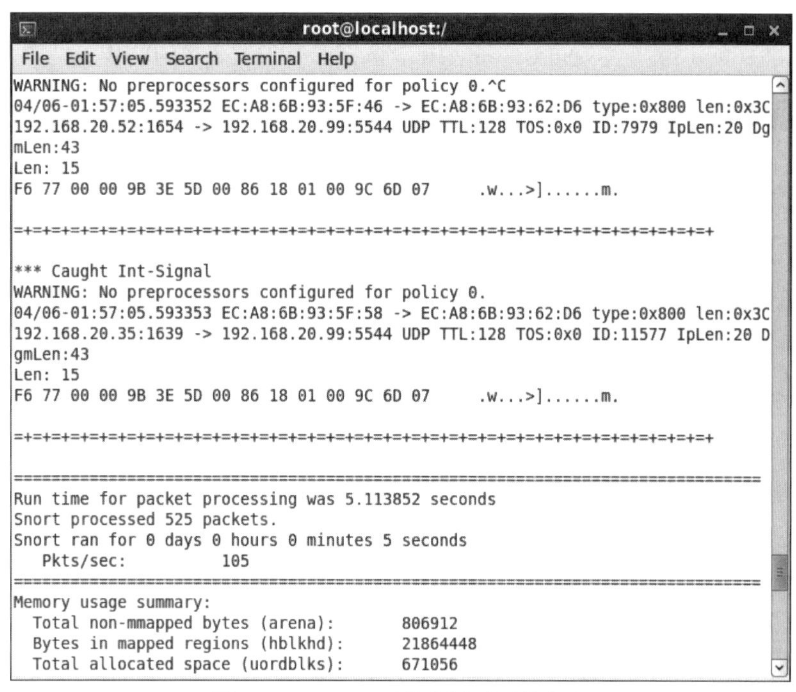

图 4-2-21　显示数据链路层的信息

注意：这些选项开关还可以分开写或者任意结合在一块。例如，下面的命令就和上面最后一条命令等价：snort -d-v-e。

8. 数据包记录器模式与设置

如果要把所有的数据包记录到硬盘上，需要指定一个日志目录，Snort 会自动记录数据包：snort -dev-l ./log（见图 4-2-22）。

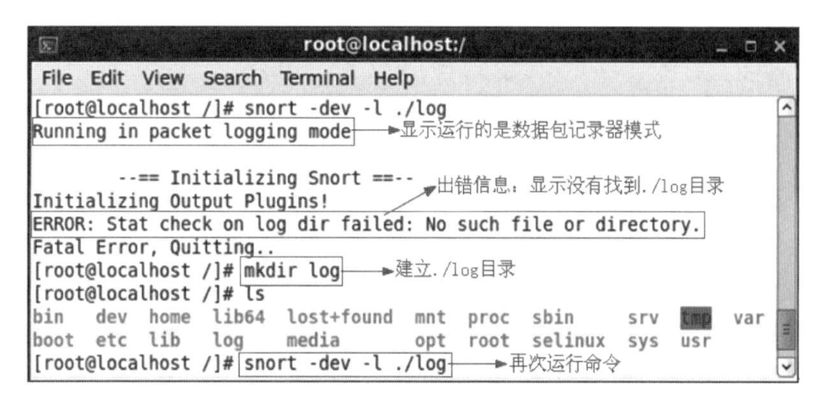

图 4-2-22　数据包记录器模式

当然，“./log”目录必须存在，否则 Snort 就会报告错误信息并退出。当 Snort 在这种模式下运行时，它会记录所有看到的数据包并将其放到一个目录中，这个目录以数据包目的主机的 IP 地址命名，例如：192.168.20.1。

如果只指定了 -l 命令开关，而没有设置目录名，Snort 有时会使用远程主机的 IP 地址作为目录名，有时会使用本地主机的 IP 地址作为目录名。若要只对本地网络进行日志，则需要给出本地网络的 IP 地址：snort -dev -l ./log -h 192.168.20.0/24（见图 4-2-23）。

```
root@localhost:/
File Edit View Search Terminal Help
^C[root@localhost /]# snort -dev -l ./log -h 192.168.20.0/24
Running in packet logging mode

        --== Initializing Snort ==--
Initializing Output Plugins!
Log directory = ./log
pcap DAQ configured to passive.
Acquiring network traffic from "eth0".
Decoding Ethernet

        --== Initialization Complete ==--

   ,,_     -*> Snort! <*-
  o"  )~   Version 2.9.9.0 GRE (Build 56)
   ''''    By Martin Roesch & The Snort Team: http://www.snort.org/contact#team
           Copyright (C) 2014-2016 Cisco and/or its affiliates. All rights reserved.
           Copyright (C) 1998-2013 Sourcefire, Inc., et al.
           Using libpcap version 1.4.0
           Using PCRE version: 7.8 2008-09-05
           Using ZLIB version: 1.2.3

Commencing packet processing (pid=19450)
WARNING: No preprocessors configured for policy 0.
WARNING: No preprocessors configured for policy 0.
WARNING: No preprocessors configured for policy 0.
```

图 4-2-23　只对本地网络进行日志

这个命令告诉 Snort 把进入 C 类网络 192.168.20.0 的所有数据包的链路、TCP/IP 以及应用层的数据记录到目录“./log”中。

注意：生成的数据文件是 tcpdump 格式的，可使用“snort -r 数据文件名”来查看（见图 4-2-24）。

```
root@localhost:/log
File Edit View Search Terminal Help
   Eth Disc:            0 (  0.000%)
   IP4 Disc:            0 (  0.000%)
   IP6 Disc:            0 (  0.000%)
   TCP Disc:            0 (  0.000%)
   UDP Disc:            0 (  0.000%)
  ICMP Disc:            0 (  0.000%)
All Discard:            0 (  0.000%)
      Other:            0 (  0.000%)
Bad Chk Sum:            0 (  0.000%)
    Bad TTL:            0 (  0.000%)
     S5 G 1:            0 (  0.000%)
     S5 G 2:            0 (  0.000%)
      Total:          712
===============================================================================
Snort exiting
[root@localhost log]# ls                    查看log目录保存的日志记录文件内容
snort.log.1491469452
[root@localhost log]# snort -r snort.log.1491469452
```

图 4-2-24　生成 tcpdump 数据文件格式

如果网络速度很快，或者想使日志更加紧凑以便以后分析，那么应该使用二进制日志文件格式。所谓二进制日志文件格式，就是 tcpdump 程序使用的格式。使用下面的命令可以把

所有数据包记录到一个单一的二进制文件中：snort　-l ./log　-b。

9. 网络入侵检测系统模式与应用

Snort 最重要的用途是作为网络入侵检测系统（NIDS），使用下面的命令可以启动这种模式：snort　-dev -l ./log -h 192.168.20.0/24 -c snort.conf。

“snort.conf”是规则集文件。Snort 会对每个数据包和规则集进行匹配，一旦发现这样的数据包就采取相应的行动。如果不指定输出目录，Snort 就输出到“/var/log/snort”目录。“./root/Downloads/snort-2.9.9.0/etc/snort.conf”有范例文件（见图 4-2-25）。

```
root@localhost:~/Downloads/snort-2.9.9.0/etc
File  Edit  View  Search  Terminal  Help
[root@localhost etc]# pwd
/root/Downloads/snort-2.9.9.0/etc
[root@localhost etc]# ll
total 296
-rw-r--r-- 1 root root   1281 Aug 20  2007 attribute_table.dtd
-rw-r--r-- 1 root root   3757 Nov 18  2015 classification.config
-rw-r--r-- 1 root root  23058 Jun 10  2014 file_magic.conf
-rw-r--r-- 1 root root  31971 Nov 18  2015 gen-msg.map
-rw-r--r-- 1 root root  13414 Apr  6 01:42 Makefile
-rw-r--r-- 1 root root    190 Nov 18  2015 Makefile.am
-rw-r--r-- 1 root root  12306 Nov 28 22:12 Makefile.in
-rw-r--r-- 1 root root    687 Nov 18  2015 reference.config
-rw-r--r-- 1 root root  26804 Nov 28 22:12 snort.conf
-rw-r--r-- 1 root root   2335 Jul  6  2009 threshold.conf
-rw-r--r-- 1 root root 160606 Jul 13  2011 unicode.map
[root@localhost etc]#
```

图 4-2-25　规则集范例文件

若想长期使用 Snort 作为网络入侵检测系统，则最好不要使用 -v 选项。因为使用这个选项会使 Snort 向屏幕上输出一些信息，大大降低 Snort 的处理速度，从而在向显示器输出的过程中丢弃一些包。此外，在绝大多数情况下，没有必要记录数据链路层的包头，所以 -e 选项也可以不用：# snort　-dev　-l./log　-h 192.168.20.0.24　-c snort.conf（见图 4-2-26）。

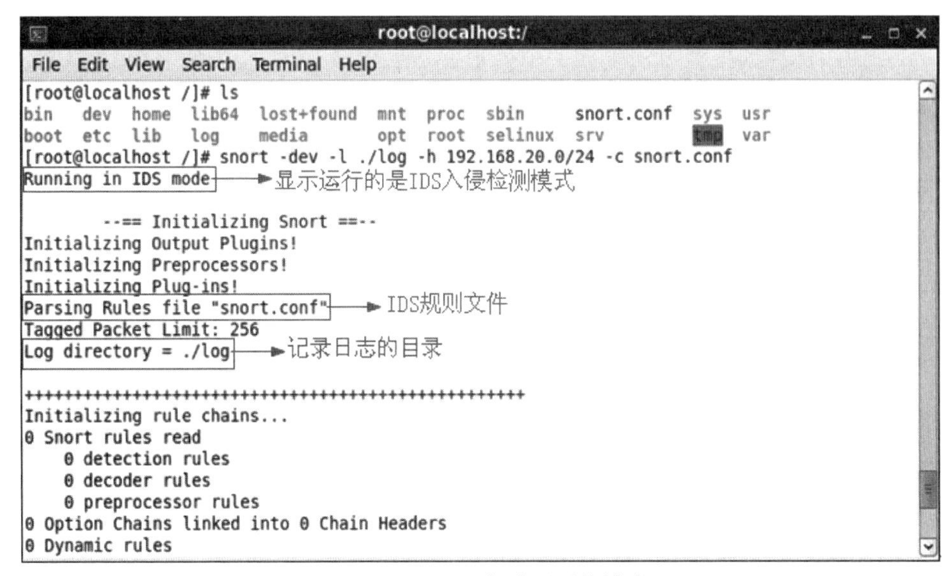

图 4-2-26　入侵检测系统模式

这是使用 Snort 作为网络入侵检测系统最基本的形式，日志符合规则的包以 ASCII 形式保存在有层次的目录结构中。

10. Snort 入侵检测系统模式规则编写

Snort 使用一种简单的、轻量级的规则描述语言，这种语言灵活而强大。在开发 Snort 规则时要记住几个简单的原则。

（1）大多数 Snort 规则都写在一个单行上，或者在多行之间的行尾用“/”分隔。Snort 规则被分成两个逻辑部分：规则头和规则选项。规则头包含规则的动作、协议、源和目标 IP 地址与网络掩码，以及源和目标端口信息。规则选项部分包含报警消息内容和要检查的包的具体部分。下面是一个规则范例：

```
alert tcp any any -> 192.168.20.0/24 111 (content:" |00 01 86 a5 |"; msg: "mountd access";) //规则动作协议源 IP 地址源端口号 -> 目标 IP 地址目标端口号(规则选项)
```

第一个括号前的部分是规则头（rule header），括号内的部分是规则选项（rule options）。规则选项部分中冒号前的单词称为选项关键字（option keywords）。不是所有规则都必须包含规则选项部分，选项部分只是为了使对要收集或报警或丢弃的包的定义更加严格。组成一个规则的所有元素对于指定的要采取的行动都必须是真的。当多个元素放在一起时，可以认为它们组成了一个逻辑与（AND）语句。同时，Snort 规则库文件中的不同规则可以认为组成了一个大的逻辑或（OR）语句。

（2）规则动作。

规则头包含了定义一个包的 who、where 和 what 信息，以及当满足规则定义的所有属性的包出现时要采取的行动。规则的第一项是“规则动作”（rule action），“规则动作”告诉 Snort 在发现匹配规则的包时要干什么。在 Snort 中有 5 种动作：alert、log、pass、activate 和 dynamic。

①alert：使用选择的报警方法生成一个警报，然后记录（log）这个包。

②log：记录这个包。

③pass：丢弃（忽略）这个包。

④activate：报警并且激活另一条 dynamic 规则。

⑤dynamic：保持空闲直至被一条 activate 规则激活，被激活后作为一条 log 规则执行。

【实验作业】

（1）安装 libpcap 与 libpcap - devel，提交操作截图。

（2）安装 libpcre，提交操作截图。

（3）安装 libdnet，提交操作截图。

（4）下载最新版 Snort，提交操作截图。

（5）编译安装“daq - 2. 0. 2. tar. gz”：

①解压 daq，提交操作截图。

②配置 daq，提交操作截图。

③编译 daq，提交操作截图。

④安装 daq，提交操作截图。

（6）编译安装“snort -2. 9. 6. 2. tar. gz”：

①解压 Snort，提交操作截图。

②配置 Snort，提交操作截图。

③编译 Snort，提交操作截图。

④安装 Snort，提交操作截图。

（7）运行 Snort 嗅探器模式，提交操作截图。

（8）运行 Snort 数据包记录器模式，提交操作截图。

（9）运行 Snort 网络入侵检测系统模式，提交操作截图。

项目五

信息收集与日志分析

任务1　端口扫描

【学习目的】

（1）了解守护进程与端口的基本概念。

（2）掌握查看与修改进程的命令与方法。

（3）掌握查看与修改端口的命令与方法。

【学习环境】

（1）硬件：PC 1 台。

（2）软件：VMware、CentOS 6.5。

【学习要点】

（1）了解守护进程与端口。

（2）使用“chkconfig”命令修改进程运行等级。

（3）使用“netstat”命令监听端口状态。

（4）关闭端口进程。

（5）扫描端口。

【理论基础】

1. 守护进程

Linux 操作系统的大多数服务器都是用守护进程实现的，守护进程是生存期长的一种进程。它能够完成许多系统任务，比如 crond（作业规划进程）、lqd（打印进程）、kudzu（硬件检测）、sshd（远程连接）、inetd（网络连接）、ldap（目录访问协议）等。

2. Linux 运行级别

run level 0：是作关机用，一开机就会做关机的动作。

run level 1：都是 Single user mode 模式，只允许 root 账号登录，主要做一些系统维护的工作。

run level 2：可以使所有用户登录，但不会启用 NFS working，也就是没有网络功能。

run level 3：可以使所有用户登录，并拥有完整的功能，包含 run level 2 没有的功能，但是开机后用文本模式。

run level 4 ：使用者自己定义，但是默认情况下和 run level 3 完全相同。

run level 5：和 run level 3 几乎一样，唯一的不同是开机后是图形界面。

run level 6：重启，即开机后立刻重启。

最常用的是 run level 3、run level 5 两个级别。

“chkconfig”命令可以改变守护进程运行级别，使用“MAN chkconfig”命令查看帮助信息即可知道使用方法。

3. 端口

操作系统会给那些有需求的进程分配协议端口（protocol port），每个协议端口由一个正整数标识，如 80、139、445 等。当目的主机接收到数据报后，将根据报文首部的目的端口号，把数据发送到相应端口，而与此端口相对应的那个进程将会领取数据并等待下一组数据的到来。

“netstat”命令可以查看当前开放端口、监听端口的状态，“lsof”命令配合“netstat”命令查看是什么程序启动的相对应的端口。“lsof -i”命令可以查看端口对应进程的 PID 和 COMMAND 值，“kill”命令可以关闭 PID 值的端口进程。Ntsysv 是一个图形化的工具，可以关闭或开启需要的服务。

【素质修养】

1. 网络世界的“后门”——端口

端口与现实世界的一个类比：比如去市民中心办理居住证、护照、社保等业务，通常会按排队号码去某个窗口办理对应业务，这个窗口其实就类似于端口。

2. 守护进程

守护进程本质是一个孤儿进程，运行周期长，在后台运行，不与用户交互。会话是一个或多个进程组的集合。

后台进程受用户登录和注销的影响，而守护进程不受用户登录和注销的影响。守护进程已经完全脱离终端控制台了，而后台程序并未完全脱离终端，在终端未关闭前还是会往终端输出结果。

【任务实施】

1. 守护进程

(1) 查看系统里已经开启的服务、进程与运行级别（见图 5-1-1）：

```
chkconfig --list
```

```
root@localhost:~/Desktop
File  Edit  View  Search  Terminal  Help
[root@localhost Desktop]# chkconfig --list
NetworkManager  0:off   1:off   2:on    3:on    4:on    5:on    6:off
abrt-ccpp       0:off   1:off   2:off   3:on    4:off   5:on    6:off
abrtd           0:off   1:off   2:off   3:on    4:off   5:on    6:off
acpid           0:off   1:off   2:on    3:on    4:on    5:on    6:off
atd             0:off   1:off   2:off   3:on    4:on    5:on    6:off
auditd          0:off   1:off   2:on    3:on    4:on    5:on    6:off
blk-availability        0:off   1:on    2:on    3:on    4:on    5:on    6:off
bluetooth       0:off   1:off   2:off   3:on    4:on    5:on    6:off
cpuspeed        0:off   1:on    2:on    3:on    4:on    5:on    6:off
crond           0:off   1:off   2:on    3:on    4:on    5:on    6:off
cups            0:off   1:off   2:on    3:on    4:on    5:on    6:off
dnsmasq         0:off   1:off   2:off   3:off   4:off   5:off   6:off
firstboot       0:off   1:off   2:off   3:on    4:off   5:on    6:off
haldaemon       0:off   1:off   2:off   3:on    4:on    5:on    6:off
htcacheclean    0:off   1:off   2:off   3:off   4:off   5:off   6:off
httpd           0:off   1:off   2:off   3:off   4:off   5:off   6:off
ip6tables       0:off   1:off   2:on    3:on    4:on    5:on    6:off
iptables        0:off   1:off   2:on    3:on    4:on    5:on    6:off
irqbalance      0:off   1:off   2:off   3:on    4:on    5:on    6:off
kdump           0:off   1:off   2:off   3:on    4:on    5:on    6:off
lvm2-monitor    0:off   1:on    2:on    3:on    4:on    5:on    6:off
mdmonitor       0:off   1:off   2:on    3:on    4:on    5:on    6:off
messagebus      0:off   1:off   2:on    3:on    4:on    5:on    6:off
```

图5－1－1　查看守护进程

（2）修改运行进程的运行级别：

chkconfig --level 运行级别 进程 on/off

例如：开启httpd在2、3、4三个级别的服务，如图5－1－2所示。

```
[root@localhost Desktop]# chkconfig --level 234 httpd on
[root@localhost Desktop]# chkconfig --list | grep httpd
httpd           0:off   1:off   2:on    3:on    4:on    5:on    6:off
[root@localhost Desktop]# 
```

图5－1－2　图形化进程服务工具ntsysv

（3）用Ntsysv图形化工具修改进程的服务，如图5－1－3所示。

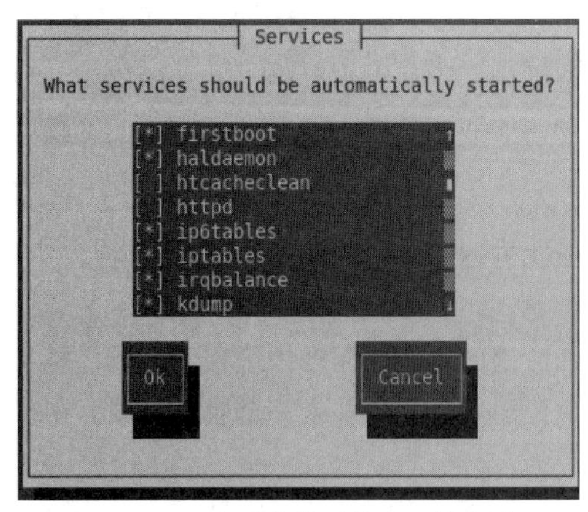

图5－1－3　查看当前开放TCP协议端口

2. 端口

（1）查看当前开放端口（见图5－1－4）。

Netstat -tnl　　　//t 表示 TCP 协议,n 表示端口号,l 表示 listen(监听)

```
root@localhost:~/Desktop
File  Edit  View  Search  Terminal  Help
[root@localhost Desktop]# netstat -tnl
Active Internet connections (only servers)
Proto Recv-Q Send-Q Local Address               Foreign Address             State
tcp        0      0 0.0.0.0:22                  0.0.0.0:*                   LISTEN
tcp        0      0 127.0.0.1:631               0.0.0.0:*                   LISTEN
tcp        0      0 127.0.0.1:25                0.0.0.0:*                   LISTEN
tcp        0      0 :::22                       :::*                        LISTEN
tcp        0      0 ::1:631                     :::*                        LISTEN
tcp        0      0 ::1:25                      :::*                        LISTEN
[root@localhost Desktop]#
```

图 5－1－4　查看开放端口关联的进程

（2）查看当前开放端口所关联的进程及 PID 值。

lsof -i:端口号

例如：查看 631 端口关联的应用程序是 cupsd（打印机进程），PID 值是 1685（见图 5－1－5）。

```
File  Edit  View  Search  Terminal  Help
[root@localhost Desktop]# lsof -i:631
COMMAND  PID USER   FD   TYPE DEVICE SIZE/OFF NODE NAME
cupsd   1685 root    7u  IPv6  12330      0t0  TCP localhost:ipp (LISTEN)
cupsd   1685 root    8u  IPv4  12331      0t0  TCP localhost:ipp (LISTEN)
cupsd   1685 root   10u  IPv4  12334      0t0  UDP *:ipp
```

图 5－1－5　查看 631 端口关联的进程 cupsd

例如：查看 80 端口关联的应用程序是 httpd（web 进程），PID 值是 3567（见图 5－1－6）。

```
[root@localhost init.d]# ./httpd start
Starting httpd: httpd: Could not reliably determine the server's fully qualified domai
lhost.localdomain for ServerName
                                                           [  OK  ]
[root@localhost init.d]# netstat -tnl
Active Internet connections (only servers)
Proto Recv-Q Send-Q Local Address               Foreign Address             State
tcp        0      0 0.0.0.0:22                  0.0.0.0:*                   LISTEN
tcp        0      0 127.0.0.1:631               0.0.0.0:*                   LISTEN
tcp        0      0 127.0.0.1:25                0.0.0.0:*                   LISTEN
tcp        0      0 :::80                       :::*                        LISTEN
tcp        0      0 :::22                       :::*                        LISTEN
tcp        0      0 ::1:631                     :::*                        LISTEN
tcp        0      0 ::1:25                      :::*                        LISTEN
[root@localhost init.d]# lsof -i:80
COMMAND    PID   USER   FD   TYPE DEVICE SIZE/OFF NODE NAME
clock-app 2383   root   21u  IPv4  31080      0t0  TCP 192.168.81.129:56564->107.14.33
HED)
httpd     3567   root    4u  IPv6  33524      0t0  TCP *:http (LISTEN)
httpd     3570 apache    4u  IPv6  33524      0t0  TCP *:http (LISTEN)
httpd     3571 apache    4u  IPv6  33524      0t0  TCP *:http (LISTEN)
httpd     3572 apache    4u  IPv6  33524      0t0  TCP *:http (LISTEN)
```

图 5－1－6　查看 80 端口关联的进程 httpd

（3）关闭某个进程。

kill 进程的 PID 值

例如：使用命令“kill 3567”后，httpd 进程对应的 80 端口被关闭（见图 5－1－7）。

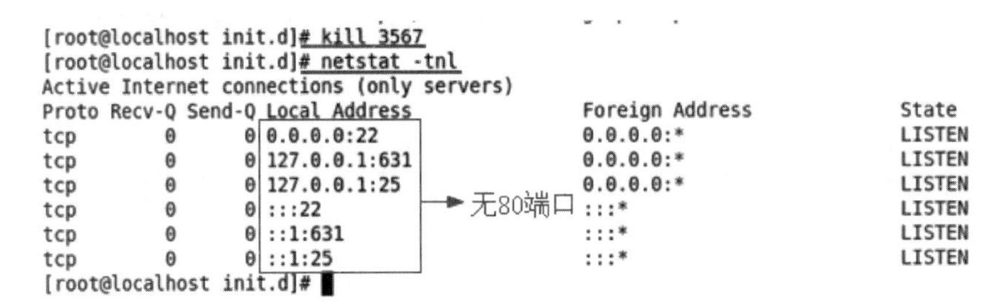

图 5－1－7　kill 杀掉内存中的进程

3. *端口扫描*

（1）Telnet 为用户提供了在本地计算机上完成远程主机工作的能力，因此可通过“telnet”命令来测试端口的连通性，具体格式如下：

```
telnet ip port
```

说明：

ip：测试主机的 IP 地址。

port：端口号，比如 80。

（2）SSH 是目前较可靠，专为远程登录会话和其他网络服务提供安全性的协议，在 Linux 上可以通过“ssh”命令测试端口的连通性，具体格式如下：

```
ssh -v -p port username@ip
```

说明：

－v：调试模式（会打印日志）。

－p：指定端口。

username：远程主机的登录用户名。

ip：远程主机的 IP 地址。

（3）curl 是利用 URL 语法在命令行方式下工作的开源文件传输工具，也可以用来测试端口的连通性，具体用法如下：

```
curl ip:port
```

说明：

ip：测试主机的 IP 地址。

port：端口号，比如 80。

（4）wget 是一个从网络上自动下载文件的自由工具，支持通过 HTTP、HTTPS、FTP 三个最常见的 TCP/IP 下载，并可以使用 HTTP 代理。wget 名称来自“World Wide Web”与“get”的结合，它也可以用来测试端口的连通性，具体用法如下：

```
wget ip:port
```

如果远程主机不存在端口，则会一直提示连接主机。

（5）“nc”命令可以测试 TCP 和 UDP 端口的连通性，具体用法如下：

```
nc -nzv ip port
```

【实验作业】

（1）查看当前已经打开的端口有哪些，查看当前已经开启的守护进程有哪些。操作截图如图 5－1－8～图 5－1－10 所示。

```
root@localhost:~/Desktop
File  Edit  View  Search  Terminal  Help
Active Internet connections (servers and established)
Proto Recv-Q Send-Q Local Address               Foreign Address             State
tcp        0      0 0.0.0.0:22                  0.0.0.0:*                   LISTEN
tcp        0      0 127.0.0.1:631               0.0.0.0:*                   LISTEN
tcp        0      0 127.0.0.1:25                0.0.0.0:*                   LISTEN
tcp        0      0 :::22                       :::*                        LISTEN
tcp        0      0 ::1:631                     :::*                        LISTEN
tcp        0      0 ::1:25                      :::*                        LISTEN
udp        0      0 0.0.0.0:631                 0.0.0.0:*
Active UNIX domain sockets (servers and established)
Proto RefCnt Flags       Type       State         I-Node Path
unix  2      [ ACC ]     STREAM     LISTENING     12662  @/var/run/hald/dbus-tVMd9cOML1
unix  2      [ ACC ]     STREAM     LISTENING     14446  /tmp/.X11-unix/X0
unix  2      [ ACC ]     STREAM     LISTENING     16217  /tmp/.ICE-unix/2250
unix  2      [ ACC ]     STREAM     LISTENING     16243  /tmp/orbit-root/linc-8e1-0-5124
--More--
```

图 5－1－8　查看当前已经打开的端口

```
root@localhost:~/Desktop
File  Edit  View  Search  Terminal  Help
[root@localhost Desktop]# netstat -tnl
Active Internet connections (only servers)
Proto Recv-Q Send-Q Local Address               Foreign Address             State
tcp        0      0 0.0.0.0:22                  0.0.0.0:*                   LISTEN
tcp        0      0 127.0.0.1:631               0.0.0.0:*                   LISTEN
tcp        0      0 127.0.0.1:25                0.0.0.0:*                   LISTEN
tcp        0      0 :::22                       :::*                        LISTEN
tcp        0      0 ::1:631                     :::*                        LISTEN
tcp        0      0 ::1:25                      :::*                        LISTEN
[root@localhost Desktop]#
```

图 5－1－9　查看当前已经打开的 TCP 端口

```
root@localhost:~/Desktop
File  Edit  View  Search  Terminal  Help
[root@localhost Desktop]# chkconfig |more
NetworkManager  0:off   1:off   2:on    3:on    4:on    5:on    6:off
abrt-ccpp       0:off   1:off   2:off   3:on    4:off   5:on    6:off
abrtd           0:off   1:off   2:off   3:on    4:off   5:on    6:off
acpid           0:off   1:off   2:on    3:on    4:on    5:on    6:off
atd             0:off   1:off   2:off   3:on    4:on    5:on    6:off
auditd          0:off   1:off   2:on    3:on    4:on    5:on    6:off
blk-availability        0:off   1:on    2:on    3:on    4:on    5:on    6:off
bluetooth       0:off   1:off   2:off   3:on    4:on    5:on    6:off
cpuspeed        0:off   1:on    2:on    3:on    4:on    5:on    6:off
crond           0:off   1:off   2:on    3:on    4:on    5:on    6:off
cups            0:off   1:off   2:on    3:on    4:on    5:on    6:off
dnsmasq         0:off   1:off   2:off   3:off   4:off   5:off   6:off
firstboot       0:off   1:off   2:off   3:on    4:off   5:on    6:off
haldaemon       0:off   1:off   2:off   3:on    4:on    5:on    6:off
htcacheclean    0:off   1:off   2:off   3:off   4:off   5:off   6:off
httpd           0:off   1:on    2:on    3:on    4:on    5:on    6:off
ip6tables       0:off   1:off   2:on    3:on    4:on    5:on    6:off
iptables        0:off   1:off   2:on    3:on    4:on    5:on    6:off
```

图 5－1－10　查看当前已经开启的守护进程

（2）关闭 2、3、4、5 级别上的 crond 服务，开启 3、5 级别上的 dnsmasq 服务，操作截图如图 5－1－11所示。

```
root@localhost:~/Desktop
File  Edit  View  Search  Terminal  Help
[root@localhost Desktop]# chkconfig --level 2345  crond off
[root@localhost Desktop]# chkconfig --level 35 dnsmasq on
[root@localhost Desktop]# chkconfig |more
NetworkManager  0:off   1:off   2:on    3:on    4:on    5:on    6:off
abrt-ccpp       0:off   1:off   2:off   3:on    4:off   5:on    6:off
abrtd           0:off   1:off   2:off   3:on    4:off   5:on    6:off
acpid           0:off   1:off   2:on    3:on    4:on    5:on    6:off
atd             0:off   1:off   2:off   3:on    4:on    5:on    6:off
auditd          0:off   1:off   2:on    3:on    4:on    5:on    6:off
blk-availability        0:off   1:on    2:on    3:on    4:on    5:on    6:off
bluetooth       0:off   1:off   2:off   3:on    4:on    5:on    6:off
cpuspeed        0:off   1:on    2:on    3:on    4:on    5:on    6:off
crond           0:off   1:off   2:off   3:off   4:off   5:off   6:off
cups            0:off   1:off   2:on    3:on    4:on    5:on    6:off
dnsmasq         0:off   1:off   2:off   3:on    4:off   5:on    6:off
firstboot       0:off   1:off   2:off   3:on    4:off   5:on    6:off
haldaemon       0:off   1:off   2:off   3:on    4:on    5:on    6:off
htcacheclean    0:off   1:off   2:off   3:off   4:off   5:off   6:off
httpd           0:off   1:on    2:on    3:on    4:on    5:on    6:off
ip6tables       0:off   1:off   2:on    3:on    4:on    5:on    6:off
iptables        0:off   1:off   2:on    3:on    4:on    5:on    6:off
--More--
```

图 5-1-11　关闭或开启指定级别上的服务

（3）运行 httpd 进程，查看打开的端口多了哪些。查看 80 和 25 端口对应的进程分别是什么。操作截图如图 5-1-12、图 5-1-13 所示。

```
root@localhost:/
File  Edit  View  Search  Terminal  Help
[root@localhost /]# service httpd start
Starting httpd:
[root@localhost /]# netstat -tnl
Active Internet connections (only servers)
Proto Recv-Q Send-Q Local Address               Foreign Address             State
tcp        0      0 0.0.0.0:53                  0.0.0.0:*                   LISTEN
tcp        0      0 0.0.0.0:22                  0.0.0.0:*                   LISTEN
tcp        0      0 127.0.0.1:631               0.0.0.0:*                   LISTEN
tcp        0      0 127.0.0.1:25                0.0.0.0:*                   LISTEN
tcp        0      0 :::80                       :::*                        LISTEN
tcp        0      0 :::53                       :::*                        LISTEN
tcp        0      0 :::22                       :::*                        LISTEN
tcp        0      0 ::1:631                     :::*                        LISTEN
tcp        0      0 ::1:25                      :::*                        LISTEN
[root@localhost /]#
```

图 5-1-12　运行 httpd 进程并查看打开的端口

```
root@localhost:/
File  Edit  View  Search  Terminal  Help
[root@localhost /]# lsof -i:80
COMMAND     PID   USER   FD   TYPE DEVICE SIZE/OFF NODE NAME
httpd      2039   root    4u  IPv6  13703      0t0  TCP *:http (LISTEN)
httpd      2046 apache    4u  IPv6  13703      0t0  TCP *:http (LISTEN)
httpd      2047 apache    4u  IPv6  13703      0t0  TCP *:http (LISTEN)
httpd      2048 apache    4u  IPv6  13703      0t0  TCP *:http (LISTEN)
httpd      2049 apache    4u  IPv6  13703      0t0  TCP *:http (LISTEN)
httpd      2050 apache    4u  IPv6  13703      0t0  TCP *:http (LISTEN)
httpd      2051 apache    4u  IPv6  13703      0t0  TCP *:http (LISTEN)
httpd      2052 apache    4u  IPv6  13703      0t0  TCP *:http (LISTEN)
httpd      2053 apache    4u  IPv6  13703      0t0  TCP *:http (LISTEN)
clock-app 2449   root   21u  IPv4  18616      0t0  TCP 192.168.20.199:33424->61.213.
149.17:http (CLOSE_WAIT)
[root@localhost /]# lsof -i:25
COMMAND  PID USER   FD   TYPE DEVICE SIZE/OFF NODE NAME
master  2007 root   12u  IPv4  13510      0t0  TCP localhost:smtp (LISTEN)
master  2007 root   13u  IPv6  13512      0t0  TCP localhost:smtp (LISTEN)
[root@localhost /]#
```

图 5-1-13　查看 80 和 25 端口对应的进程

（4）强行关闭内存中 631 端口对应的进程。操作截图如图 5－1－14 所示。

```
root@localhost:/
File Edit View Search Terminal Help
[root@localhost /]# netstat -tnl
Active Internet connections (only servers)
Proto Recv-Q Send-Q Local Address               Foreign Address             State
tcp        0      0 0.0.0.0:53                  0.0.0.0:*                   LISTEN
tcp        0      0 0.0.0.0:22                  0.0.0.0:*                   LISTEN
tcp        0      0 127.0.0.1:631               0.0.0.0:*                   LISTEN
tcp        0      0 :::80                       :::*                        LISTEN
tcp        0      0 :::53                       :::*                        LISTEN
tcp        0      0 :::22                       :::*                        LISTEN
tcp        0      0 ::1:631                     :::*                        LISTEN
[root@localhost /]# lsof -i:631
COMMAND  PID USER   FD   TYPE DEVICE SIZE/OFF NODE NAME
cupsd   1737 root    7u  IPv6  12521      0t0  TCP localhost:ipp (LISTEN)
cupsd   1737 root    8u  IPv4  12522      0t0  TCP localhost:ipp (LISTEN)
cupsd   1737 root   10u  IPv4  12525      0t0  UDP *:ipp
[root@localhost /]# kill 1737
[root@localhost /]# netstat -tnl
Active Internet connections (only servers)
Proto Recv-Q Send-Q Local Address               Foreign Address             State
tcp        0      0 0.0.0.0:53                  0.0.0.0:*                   LISTEN
tcp        0      0 0.0.0.0:22                  0.0.0.0:*                   LISTEN
tcp        0      0 :::80                       :::*                        LISTEN
tcp        0      0 :::53                       :::*                        LISTEN
tcp        0      0 :::22                       :::*                        LISTEN
[root@localhost /]#
```

图 5－1－14　杀掉内存中 631 端口对应的进程

任务 2　日志分析

【学习目的】

（1）了解日志文件的含义。

（2）掌握通过日志了解系统的运行状态的方法。

（3）掌握被入侵以后根据日志找出入侵者的方法。

【学习环境】

（1）硬件：PC 1 台。

（2）软件：VMware、CentOS 6. 5。

【学习要点】

（1）日志文件的基础概念。

（2）日志优先级。

（3）常见日志文件。

（4）日志配置文件 syslog。

【理论基础】

（1）Linux 操作系统内核和许多程序会产生各种错误信息、警告信息和其他的提示信息，这些信息对管理员了解系统的运行状态是非常有用的，所以应该把它们写到日志文件中去。完成这个过程的程序就是 syslog。

syslog 可以根据日志的类别和优先级将日志保存到不同的文件中。例如，为了方便查阅，可以把内核信息与其他信息分开，单独保存到一个独立的日志文件中。默认配置下，日志文件通常都保存在“/var/log”目录下。

（2）Linux 操作系统的日志文件分类如图 5－2－1 所示。

auth	用户认证时产生的日志，如“login”命令、“su”命令
authpriv	与 auth 类似，但是只能被特定用户查看
console	针对系统控制台的消息
cron	系统定期执行计划任务时产生的日志
daemon	某些守护进程产生的日志
ftp	FTP服务
kern	系统内核消息
local0.local7	由自定义程序使用
lpr	与打印机活动有关
mail	邮件日志
mark	产生时间戳。系统每隔一段时间向日志文件中输出当前时间，每行的格式类似于 May 26 11:17:09 rs2 -- MARK --，可以由此推断系统发生故障的大概时间
news	网络新闻传输协议(nntp)产生的消息
ntp	网络时间协议(ntp)产生的消息
user	用户进程
uucp	UUCP子系统

图 5－2－1　日志系统分类

utmp、wtmp 和 lastlog 日志文件是多数重用 UNIX 日志子系统的关键，保持用户登录进入和退出的记录。有关当前登录用户的信息记录在文件 utmp 中；登录进入和退出记录在文件 wtmp 中；最后一次登录文件可以用“lastlog”命令查看。数据交换、关机和重启也记录在 wtmp 文件中。

“who”“w”“users”“ac”命令由系统内核执行。当一个进程终止时，为每个进程往进程统计文件（pacct 或 acct）中写一个记录。进程统计的目的是为系统中的基本服务提供命令的使用统计，其中/var/log/secure 日志文件里有 sshd、telnet、pop 等登录系统的记录。

（3）日志优先级如图 5－2－2 所示。“/etc/rsyslog. conf”是 syslog 的配置文件，会根据日志类型和优先级来决定将日志保存到何处。

emerg	紧急情况，系统不可用（例如系统崩溃），一般会通知所有用户
alert	需要立即修复，例如系统数据库损坏
crit	危险情况，例如硬盘错误，可能会阻碍程序的部分功能
err	一般错误消息
warning	警告
notice	不是错误，但是可能需要处理
info	通用性消息，一般用来提供有用信息
debug	调试程序产生的信息
none	没有优先级，不记录任何日志消息

图 5－2－2　日志优先级

（4）常见日志文件如图 5－2－3 所示。

/var/log/boot.log	开启或重启日志
/var/log/cron	计划任务日志
/var/log/maillog	邮件日志
/var/log/messages	该日志文件是许多进程日志文件的汇总，从该日志文件可以看出任何入侵企图或成功的入侵
/var/log/httpd 目录	Apache HTTP 服务日志
/var/log/samba 目录	Samba 软件日志

图 5－2－3　常见日志文件

【素质修养】

1. 服务器日记收集

日记就是记录网站被访问的全过程，日志挖掘就是运用数据挖掘的思想来对服务器日志进行分析处理，日志挖掘与传统数据挖掘的区别在于数据源不同。日志挖掘的对象通常是服务器的日志信息，而传统数据挖掘的对象多为数据库。

2. 日志文件的保护

一旦黑客入侵服务器成功，要做的第一件事就是删除用户的日志文件，使用户在被入侵后无法追踪和检查黑客行为。日志文件就像飞机中的“黑匣子”一样重要，确保服务器日志文件安全的方法，主要是做好日志的移位和日志文件的备份。

【任务实施】

1. 日志配置文件 syslog

```
vi /etc/rsyslog.conf
```

文件内容如图 5－2－4 所示，第一列为日志类型和日志优先级的组合，每个类型和优先级的组合称为一个选择器；后面一列为保存日志的文件、服务器，或输出日志的终端。syslog进程根据选择器决定如何操作日志。

2. 配置文件的几点说明

（1）日志类型和优先级由点号“.”分开，例如“kern. debug”表示由内核产生的调试信息。

（2）kern. debug 的优先级大于 debug。

（3）星号“*”表示所有，例如“*. debug”表示所有类型的调试信息，“kern. *”表示由内核产生的所有消息。

（4）可以使用逗号“,”分隔多个日志类型，使用分号“;”分隔多个选择器。

```
*.err;kern.debug;auth.notice /dev/console
daemon,auth.notice           /var/log/messages
lpr.info                     /var/log/lpr.log
mail.*                       /var/log/mail.log
ftp.*                        /var/log/ftp.log
auth.*                       @see.xidian.edu.cn
auth.*                       root,amrood
netinfo.err                  /var/log/netinfo.log
install.*                    /var/log/install.log
*.emerg                      *
*.alert                      |program_name
mark.*                       /dev/console
```

图 5-2-4　日志配置文件 syslog

3. 对日志的操作

（1）将日志输出到文件，例如“/var/log/maillog”或“/dev/console”。

（2）将消息发送给用户，多个用户用逗号“,”分隔，例如“root,amrood”。

（3）通过管道将消息发送给用户程序，注意程序要放在管道符（|）后面。

（4）将消息发送给其他主机上的 syslog 进程，这时“/etc/syslog.conf”文件后面一列为以“@”开头的主机名，例如“@see.xidian.edu.cn”。

4. 查看 messages 日志文件

例如：VPN 实验的日志信息如图 5-2-5 所示。

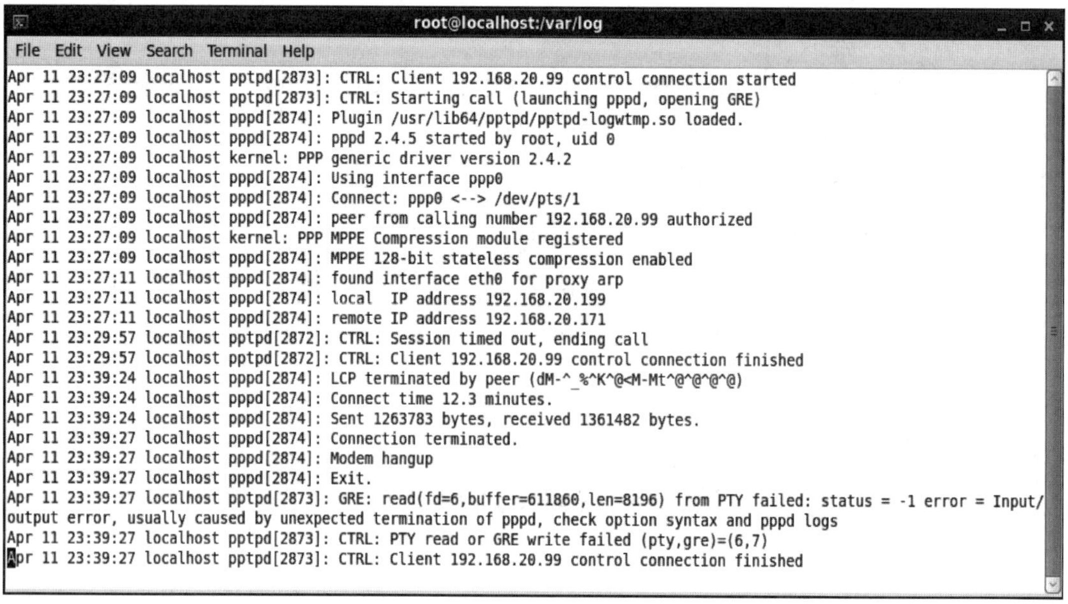

```
root@localhost:/var/log
File Edit View Search Terminal Help
Apr 11 23:27:09 localhost pptpd[2873]: CTRL: Client 192.168.20.99 control connection started
Apr 11 23:27:09 localhost pptpd[2873]: CTRL: Starting call (launching pppd, opening GRE)
Apr 11 23:27:09 localhost pppd[2874]: Plugin /usr/lib64/pptpd/pptpd-logwtmp.so loaded.
Apr 11 23:27:09 localhost pppd[2874]: pppd 2.4.5 started by root, uid 0
Apr 11 23:27:09 localhost kernel: PPP generic driver version 2.4.2
Apr 11 23:27:09 localhost pppd[2874]: Using interface ppp0
Apr 11 23:27:09 localhost pppd[2874]: Connect: ppp0 <--> /dev/pts/1
Apr 11 23:27:09 localhost pppd[2874]: peer from calling number 192.168.20.99 authorized
Apr 11 23:27:09 localhost kernel: PPP MPPE Compression module registered
Apr 11 23:27:09 localhost pppd[2874]: MPPE 128-bit stateless compression enabled
Apr 11 23:27:11 localhost pppd[2874]: found interface eth0 for proxy arp
Apr 11 23:27:11 localhost pppd[2874]: local  IP address 192.168.20.199
Apr 11 23:27:11 localhost pppd[2874]: remote IP address 192.168.20.171
Apr 11 23:29:57 localhost pptpd[2872]: CTRL: Session timed out, ending call
Apr 11 23:29:57 localhost pptpd[2872]: CTRL: Client 192.168.20.99 control connection finished
Apr 11 23:39:24 localhost pppd[2874]: LCP terminated by peer (dM-^_%^K^@<M-Mt^@^@^@^@)
Apr 11 23:39:24 localhost pppd[2874]: Connect time 12.3 minutes.
Apr 11 23:39:24 localhost pppd[2874]: Sent 1263783 bytes, received 1361482 bytes.
Apr 11 23:39:27 localhost pppd[2874]: Connection terminated.
Apr 11 23:39:27 localhost pppd[2874]: Modem hangup
Apr 11 23:39:27 localhost pppd[2874]: Exit.
Apr 11 23:39:27 localhost pptpd[2873]: GRE: read(fd=6,buffer=611860,len=8196) from PTY failed: status = -1 error = Input/
output error, usually caused by unexpected termination of pppd, check option syntax and pppd logs
Apr 11 23:39:27 localhost pptpd[2873]: CTRL: PTY read or GRE write failed (pty,gre)=(6,7)
Apr 11 23:39:27 localhost pptpd[2873]: CTRL: Client 192.168.20.99 control connection finished
```

图 5-2-5　VPN 实验日志信息

把/var/log/messages 日志文件设置成只能追加模式，避免有人通过输入空设备文件/dev/null到 messages 里，清空日志文件内容，删除入侵留下的证据，如图 5－2－6 所示。

```
wl1523@localhost:/var/log
File  Edit  View  Search  Terminal  Help
[root@localhost wjxvtc]# cd /var/log
[root@localhost log]# ll messages
-rw-------. 1 root root 598923 Apr 25 22:45 messages
[root@localhost log]# chattr +a messages
[root@localhost log]# lsattr messages
-----a-------e- messages
[root@localhost log]# cat /dev/null > messages
bash: messages: Operation not permitted
[root@localhost log]# 
```

图 5－2－6　设置日志文件为只能追加模式

任务 3　文件策略

【学习目的】

（1） 了解 Linux 操作系统中的文件系统和文件的权限。

（2） 了解 Suid、Sgid 和粘滞位。

（3） 掌握文件扩展属性。

【学习环境】

（1） 硬件：PC 1 台。

（2） 软件：VMware、CentOS 6. 5。

【学习要点】

（1） Linux 操作系统的文件系统。

（2） Linux 操作系统的文件类型。

（3） Suid、Sgid 和粘滞位。

（4） 文件扩展属性。

【理论基础】

1. Linux 操作系统的文件系统

Linux 操作系统发行版本之间的差别不大，主要表现在系统管理的特色工具以及软件包管理方式的不同，其目录结构基本上都是一样的。Windows 操作系统的文件结构是多个并列的树状结构，顶部的是不同的磁盘（分区），如 C、D、E、F 等。Linux 操作系统的文件结构是单个的树状结构，可以用“tree”命令进行展示。每次安装系统的时候都会进行分区，Linux 操作系统下磁盘分区和目录的关系如下：

（1）任何一个分区都必须挂载到某个目录上。

（2）目录是逻辑上的区分，分区是物理上的区分。

（3）Linux 操作系统的分区都必须挂载到目录树中的某个具体的目录上才能进行读写操作。

（4）根目录是所有 Linux 操作系统的文件和目录所在的地方，需要挂载上一个磁盘分区。

2. 分区的原因

（1）可以把不同资料分别放入不同分区中管理，以降低风险。

（2）大硬盘搜索范围大、效率低。

（3）磁盘配合只能对分区作设定。

（4）“/home”“/var”“/usr/local”经常单独分区，因为经常操作，容易产生碎片。

3. Linux 操作系统下的文件类型

（1）普通文件：C 语言源代码、Shell 脚本、可执行文件（分为纯文本文件和二进制文件）等。

（2）目录文件：目录，存储文件的唯一地方。

（3）链接文件：指向同一个文件或目录的文件。

（4）特殊文件：与系统外设相关，通常在“/dev”目录下面，分为块设备和字符设备。

4. Suid、Sgid 和粘滞位

（1）Suid：是为了让一般用户在执行某些程序的时候能够暂时具有该程序拥有者的权限。

（2）Sgid：进一步而言，如果 s 的权限是用户组，那么就是 Set GID，简称 Sgid。Sgid 可以用在两个方面：

文件：如果 Sgid 设置在二进制文件上，则不论用户是谁，在执行该程序的时候，它的有效用户组（effective group）都会变成该程序的用户组所有者（group id）。

目录：如果 Sgid 设置在 A 目录上，则在 A 目录内所建立的文件或目录的用户组将会是 A 目录的用户组。

一般来说，Sgid 多用在特定的多人团队的项目开发上，在系统中用得较少。

（3）粘滞位（t 位）：粘滞位当前只针对目录有效，对文件没有效果。粘滞位对目录的作用是：在具有粘滞位的目录下，用户若在该目录下具有 w 及 x 权限，则当用户在该目录下建立文件或目录时，只有文件拥有者与 root 才有权利删除。换句话说：当甲用户在 A 目录下拥有 group 或 other 的项目，且拥有 w 权限，这表示甲用户对该目录内任何人建立的目录或文件均可进行删除、重命名、移动等操作。不过，如果将 A 目录加上了粘滞位的权限，则甲只能够针对自己建立的文件或目录进行删除、重命名、移动等操作。

5. 文件扩展属性

文件扩展属性又称文件隐藏属性，它对系统有很大的帮助，尤其在系统安全方面非常重要。

（1）“chattr”命令：只有超级权限的用户才具有使用该命令的权限，该命令可改变文件或目录属性。

（2）“lsattr”命令：显示文件隐藏属性。

【素质修养】

1. Ext4 日志文件系统的前世今生

Ext4 是第四代扩展文件系统（Fourth extended filesystem，缩写为 Ext4）是 Linux 系统下的日志文件系统，是 Ext3 文件系统的后继版本。Ext4 是由 Ext3 的维护者 Theodore Tso 领导的开发团队实现的，并引入到 Linux2. 6. 19 内核中。

Ext4 产生的原因是开发人员在 Ext3 中加入了新的高级功能，但在实现的过程出现了几个重要问题：

（1）一些新功能违背向后兼容性。

（2）新功能使 Ext3 代码变得更加复杂并难以维护。

（3）新加入的更改使原来十分可靠的 Ext3 变得不可靠。

由于这些原因，从 2006 年 6 月份开始，开发人员决定把 Ext4 从 Ext3 中分离出来进行独立开发。Ext4 的开发工作从那时起开始进行，但大部分 Linux 用户和管理员都没有太关注这件事情。2006 年 11 月，2. 6. 19 内核发布，Ext4 第一次出现在主流内核里，但是它当时还处于试验阶段，因此很多人都忽视了它。

2008 年 12 月 25 日，Linux Kernel 2. 6. 28 的正式版本发布。随着这一新内核的发布，Ext4 文件系统也结束实验期，成为稳定版。

2. Linux 文件系统的发展

Linux 是一套风靡全球的操作系统，它的诞生颇具传奇色彩。Linux 的文件系统 Ext 起源于 Minix 操作系统，历经改进和补充，最终成为许多 Linux 发行版的默认文件系统。Linux 文件系统的版本和功能见表 5－1。

表 5－1 Linux 文件系统的版本和功能

文件系统	描述
Ext	Linux 中最早的文件系统，由于在性能和兼容性上存在很多缺陷，现在已经很少使用
Ext2	是 Ext 文件系统的升级版本，Red Hat Linux 7. 2 版本以前的系统默认都是 Ext2 文件系统。Ext2 于 1993 年发布，支持最大 16TB 的分区和最大 2TB 的文件（1TB = 1024GB = 1024x1024KB）
Ext3	是 Ext2 文件系统的升级版本，最大的区别就是带日志功能，以便在系统突然停止时提高文件系统的可靠性。支持最大 16TB 的分区和最大 2TB 的文件

续表

文件系统	描述
Ext4	是 Ext3 文件系统的升级版。Ext4 在性能、伸缩性和可靠性方面进行了大量改进。Ext4 的变化可以说是翻天覆地的，比如向下兼容 Ext3、最大 1EB 文件系统和 16TB 文件、无限数量子目录、Extents 连续数据块概念、多块分配、延迟分配、持久预分配、快速 FSCK、日志校验、无日志模式、在线碎片整理、inode 增强、默认启用 barrier 等。它是 CentOS 6. 5 的默认文件系统
xfs	xfs 被业界称为最先进、最具有可升级性的文件系统技术，由 SGI 公司设计，目前最新的 CentOS 7 版本默认使用的就是此文件系统。意外宕机时可以快速恢复可能被破坏的系统；强大的日志功能只要花费极低的计算和存储性能；最大可以支持 18EB 的存储容量
swap	swap 是 Linux 中用于交换分区的文件系统，swap 分区在系统的物理内存不够用的时候，把硬盘内存中的一部分空间释放出来，以供当前运行的程序使用。那些被释放的空间可能来自一些很长时间没有操作的程序，这些被释放的空间被临时保存到 swap 分区中，等到那些程序要运行时，再从 swap 分区中恢复保存的数据到内存中
NFS	NFS 是网络文件系统（Network File System）的缩写，是用来实现不同主机之间文件共享的一种网络服务，本地主机可以通过挂载的方式使用远程共享的资源
iso9660	光盘的标准文件系统。Linux 要想使用光盘，必须支持 iso9660 文件系统
fat	即 Windows 下的 fatl6 文件系统，在 Linux 中识别为 fat。
vfat	即 Windows 下的 fat32 文件系统，在 Linux 中识别为 vfat。支持最大 32GB 的分区和最大 4GB 的文件
NTFS	即 Windows 下的 NTFS 文件系统，不过 Linux 默认是不能识别 NTFS 文件系统的，如果需要识别，则需要重新编译内核才能支持。它比 fat32 文件系统更加安全，速度更快，支持最大 2TB 的分区和最大 64GB 的文件
ufs	Sun 公司的操作系统 Solaris 和 SunOS 所采用的文件系统
proc	Linux 中基于内存的虚拟文件系统，用来管理内存存储目录/proc
sysfs	和 proc一样，也是基于内存的虚拟文件系统，用来管理内存存储目录/sysfs
tmpfs	tmpfs 也是一种基于内存的虚拟文件系统，不过也可以使用 swap 交换分区
overlay	overlayfs 文件系统类似于 aufs，相比 aufs，overlay 实现更简洁，很早就合入了 linux 主线，合入主线后 overlayfs 修改为 overlay。docker 使用 overlay 文件系统来构建和管理镜像与容器的磁盘结构。挂载命令：mount -t overlay overlay -o lowerdir=./lower,upperdir=./upper,workdir=./work ./merged

【任务实施】

(1) 使用“fdisk”命令查看硬盘分区表；使用“df”命令查看分区使用情况；使用“du”命令查看文件占用空间情况（见图5－3－1、图5－3－2）。

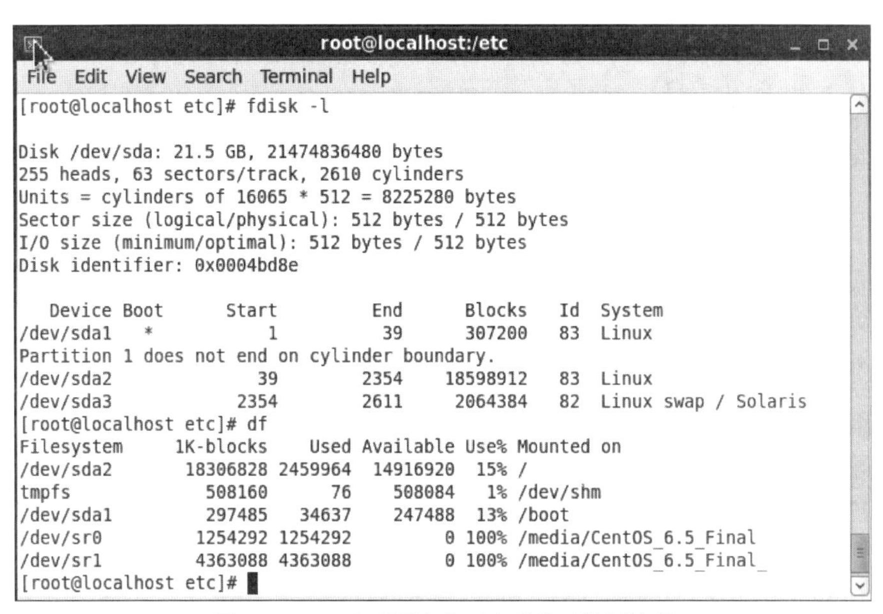

图5－3－1 查看硬盘分区表及分区使用情况

(2) 使用“mount”命令把CentOS下的两张光盘挂载到“/cdrom1”和“/cdrom2”中，并查看挂载的结果（见图5－3－3）。

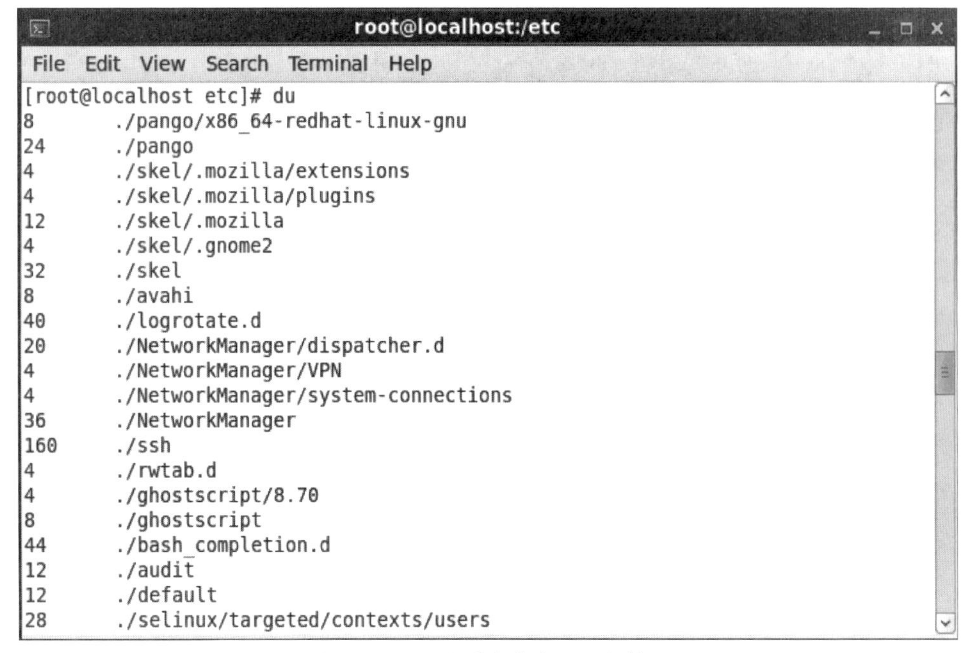

图5－3－2 查看文件占用空间情况

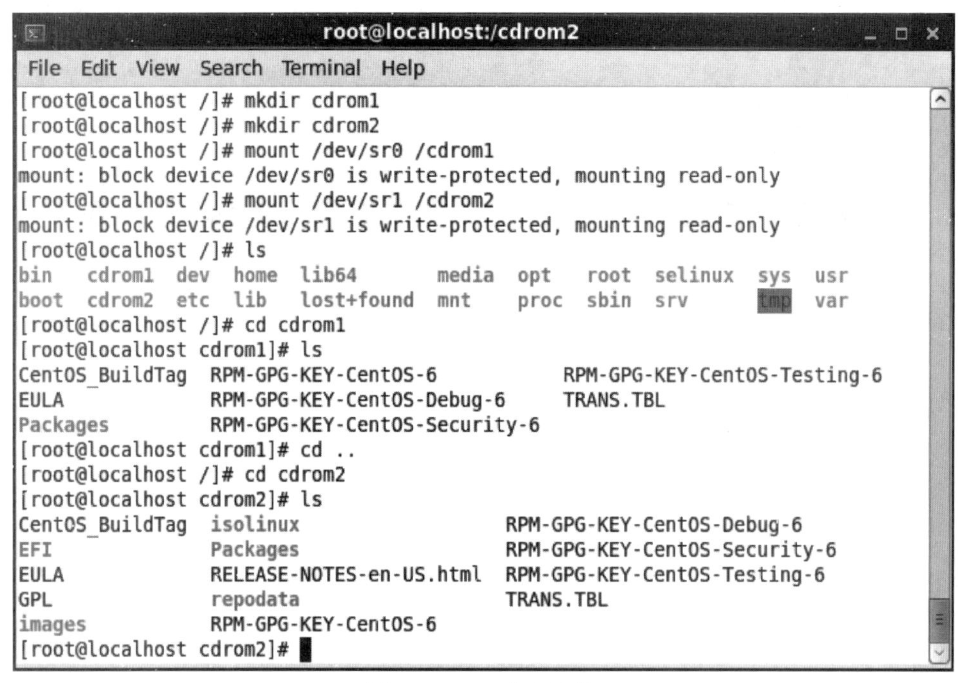

图 5－3－3　光盘挂载

（3）以自己的英文名创建用户，并设置密码为 456789，然后把“/tmp/orbit－root”的目录所属者从 root 改为自己创建的用户（见图 5－3－4）。

```
root@localhost:/tmp
File Edit View Search Terminal Help
drwx------   2 gdm  gdm  4096 Apr 25 22:25 orbit-gdm
drwx------   2 root root 4096 Apr 25 22:26 orbit-root
drwx------.  2 gdm  gdm  4096 Apr 25 22:26 pulse-iLF7mh2g2xzu
drwx------.  2 root root 4096 Apr 25 22:25 pulse-M4rcPKvvoDIK
drwx------   2 root root 4096 Dec 19 00:49 virtual-root.FkJsGh
drwx------.  2 root root 4096 Dec 14 21:40 virtual-root.FMac80
drwx------   2 root root 4096 Apr 25 22:26 virtual-root.Q5RYEg
drwxr-xr-x.  2 root root 4096 Apr  9  2016 vmware-config0
drwxrwxrwt.  2 root root 4096 Apr  9  2016 VMwareDnD
drwxr-xr-x.  2 root root 4096 Apr 25 22:24 vmware-root
drwx------.  2 root root 4096 Apr 25 22:25 vmware-root-591630641
-rw-------.  1 root root    0 Apr  9  2016 yum.log
[root@localhost tmp]# useradd wl1523
[root@localhost tmp]# passwd wl1523
Changing password for user wl1523.
New password:
BAD PASSWORD: it is too simplistic/systematic
BAD PASSWORD: is too simple
Retype new password:
passwd: all authentication tokens updated successfully.
[root@localhost tmp]# chown -R wl1523.wl1523 orbit-root
[root@localhost tmp]# ll
total 56
drwx------   2 root   root   4096 Apr 25 22:25 keyring-BVtl0d
-rwx------.  1 root   root   1637 Apr  9  2016 ks-script-aFNJPf
-rwxr-xr-x.  1 root   root     64 Apr  9  2016 ks-script-aFNJPf.log
drwx------   2 gdm    gdm    4096 Apr 25 22:25 orbit-gdm
drwx------   2 wl1523 wl1523 4096 Apr 25 22:26 orbit-root
drwx------.  2 gdm    gdm    4096 Apr 25 22:26 pulse-iLF7mh2g2xzu
```

图 5－3－4　更改目录所属者

（4）以自己创建的用户登录，并在“/tmp”创建目录“wjxvtc”，在目录“wjxvtc”中创建两个空文件“aaa. txt”“bbb. txt”，并查看它们的文件属性（见图5-3-5）。

```
wl1523@localhost:/tmp/wjxvtc
File Edit View Search Terminal Help
[root@localhost tmp]# su wl1523
[wl1523@localhost tmp]$ mkdir wjxvtc
[wl1523@localhost tmp]$ cd wjxvtc
[wl1523@localhost wjxvtc]$ touch aaa.txt
[wl1523@localhost wjxvtc]$ touch bbb.txt
[wl1523@localhost wjxvtc]$ ll
total 0
-rw-rw-r-- 1 wl1523 wl1523 0 Apr 25 22:55 aaa.txt
-rw-rw-r-- 1 wl1523 wl1523 0 Apr 25 22:56 bbb.txt
[wl1523@localhost wjxvtc]$
```

图5-3-5 个人用户登录并创建文件

（5）为创建的文件“aaa. txt”设置Suid位，为“bbb. txt”设置Sgid位，为目录“wjxvtc”设置粘滞位（t位）（见图5-3-6、图5-3-7）。

```
wl1523@localhost:/tmp
File Edit View Search Terminal Help
[wl1523@localhost wjxvtc]$ ll
total 0
-rw-rw-r-- 1 wl1523 wl1523 0 Apr 25 22:55 aaa.txt
-rw-rw-r-- 1 wl1523 wl1523 0 Apr 25 22:56 bbb.txt
[wl1523@localhost wjxvtc]$ chmod 4664 aaa.txt
[wl1523@localhost wjxvtc]$ chmod 2664 bbb.txt
[wl1523@localhost wjxvtc]$ ll
total 0
-rwSrw-r-- 1 wl1523 wl1523 0 Apr 25 22:55 aaa.txt
-rw-rwSr-- 1 wl1523 wl1523 0 Apr 25 22:56 bbb.txt
```

图5-3-6 设置Sgid位

```
wl1523@localhost:/tmp
File Edit View Search Terminal Help
drwxr-xr-x. 2 root   root   4096 Apr 25 22:24 vmware-root
drwx------. 2 root   root   4096 Apr 25 22:25 vmware-root-591630641
drwxrwxr-x  2 wl1523 wl1523 4096 Apr 25 22:56 wjxvtc
-rw-------. 1 root   root      0 Apr  9  2016 yum.log
[wl1523@localhost tmp]$ chmod 1775 wjxvtc
[wl1523@localhost tmp]$ ll
total 60
drwx------  2 root   root   4096 Apr 25 22:25 keyring-BVtl0d
-rwx------. 1 root   root   1637 Apr  9  2016 ks-script-aFNJPf
-rwxr-xr-x. 1 root   root     64 Apr  9  2016 ks-script-aFNJPf.log
drwx------  2 gdm    gdm    4096 Apr 25 22:25 orbit-gdm
drwx------  2 wl1523 wl1523 4096 Apr 25 22:26 orbit-root
drwx------. 2 gdm    gdm    4096 Apr 25 22:26 pulse-iLF7mh2g2xzu
drwx------. 2 root   root   4096 Apr 25 22:25 pulse-M4rcPKvvoDIK
drwx------  2 root   root   4096 Dec 19 00:49 virtual-root.FkJsGh
drwx------. 2 root   root   4096 Dec 14 21:40 virtual-root.FMac8O
drwx------  2 root   root   4096 Apr 25 22:26 virtual-root.Q5RYEg
drwxr-xr-x. 2 root   root   4096 Apr  9  2016 vmware-config0
drwxrwxrwt. 2 root   root   4096 Apr  9  2016 VMwareDnD
drwxr-xr-x. 2 root   root   4096 Apr 25 22:24 vmware-root
drwx------. 2 root   root   4096 Apr 25 22:25 vmware-root-591630641
drwxrwxr-t  2 wl1523 wl1523 4096 Apr 25 22:56 wjxvtc
-rw-------. 1 root   root      0 Apr  9  2016 yum.log
[wl1523@localhost tmp]$
```

图5-3-7 设置粘滞位

（6）切换到 root 用户，查找根目录下所有带 Suid 位的文件和目录，查找根目录下所有带 Sgid 位的文件和目录，查找根目录下所有带粘滞位（t 位）的目录（见图 5－3－8～图 5－3－10）。

```
wl1523@localhost:/
File  Edit  View  Search  Terminal  Help
[wl1523@localhost /]$ su root
Password:
[root@localhost /]# find -perm -4000 -ls
399194    0 -rwSrw-r--   1 wl1523    wl1523         0 Apr 25 22:55 ./tmp/wjxvtc/
aaa.txt
find: `./proc/2760/task/2760/fd/5': No such file or directory
find: `./proc/2760/task/2760/fdinfo/5': No such file or directory
find: `./proc/2760/fd/5': No such file or directory
find: `./proc/2760/fdinfo/5': No such file or directory
131166   76 -rwsr-xr-x   1 root      root       77336 Nov 22  2013 ./bin/mount
131155   40 -rwsr-xr-x   1 root      root       40760 Sep 26  2013 ./bin/ping
131143   36 -rwsr-xr-x   1 root      root       34904 Nov 22  2013 ./bin/su
136085   28 -rwsr-x---   1 root      fuse       27968 Dec  7  2011 ./bin/fusermo
unt
131169   56 -rwsr-xr-x   1 root      root       53472 Nov 22  2013 ./bin/umount
131156   36 -rwsr-xr-x   1 root      root       36488 Sep 26  2013 ./bin/ping6
262207   36 -rwsr-xr-x   1 root      root       34840 Nov 22  2013 ./sbin/unix_c
```

图 5－3－8　查找带 Suid 位的文件和目录

```
wl1523@localhost:/
File  Edit  View  Search  Terminal  Help
[root@localhost /]# find -perm -2000 -ls
399195    0 -rw-rwSr--   1 wl1523    wl1523         0 Apr 25 22:56 ./tmp/wjxvtc/
bbb.txt
find: `./proc/2768/task/2768/fd/5': No such file or directory
find: `./proc/2768/task/2768/fdinfo/5': No such file or directory
find: `./proc/2768/fd/5': No such file or directory
find: `./proc/2768/fdinfo/5': No such file or directory
262289    8 -rwxr-sr-x   1 root      root        5512 Nov 22  2013 ./sbin/netrep
ort
799505   12 -rwxr-sr-x   1 root      tty        12016 Nov 22  2013 ./usr/bin/wri
te
791190   12 -r-xr-sr-x   1 root      tty        11104 Jun 28  2013 ./usr/bin/wal
l
808227   36 -rwx--s--x   1 root      slocate    35840 Oct 10  2012 ./usr/bin/loc
ate
800938  124 -rwxr-sr-x   1 root      nobody    125000 Nov 22  2013 ./usr/bin/ssh
-agent
```

图 5－3－9　查找带 Sgid 位的文件和目录

```
wl1523@localhost:/
File  Edit  View  Search  Terminal  Help
[root@localhost /]# find -type d -perm -1000 -ls
393217    4 drwxrwxrwt  18 root      root        4096 Apr 25 22:55 ./tmp
399103    4 drwxrwxrwt   2 root      root        4096 Apr 25 22:25 ./tmp/.ICE-un
ix
401539    4 drwxrwxrwt   2 root      root        4096 Apr  9  2016 ./tmp/VMwareD
nD
399193    4 drwxrwxr-t   2 wl1523    wl1523      4096 Apr 25 22:56 ./tmp/wjxvtc
399139    4 drwxrwxrwt   2 root      root        4096 Apr 25 22:25 ./tmp/.X11-un
ix
find: `./proc/2776/task/2776/fd/5': No such file or directory
find: `./proc/2776/task/2776/fdinfo/5': No such file or directory
find: `./proc/2776/fd/5': No such file or directory
find: `./proc/2776/fdinfo/5': No such file or directory
  5832    0 drwxrwxrwt   2 root      root         140 Apr 25 22:45 ./dev/shm
922984    4 drwxr-xr-t   3 root      gdm         4096 Dec 14 21:40 ./var/cache/g
dm
917531    4 drwxrwxrwt   2 root      root        4096 Dec 14 21:56 ./var/tmp
```

图 5－3－10　查找带粘滞位的目录

（7）取消/bin/ping 和/bin/su 程序的 Suid 位（见图 5－3－11）。

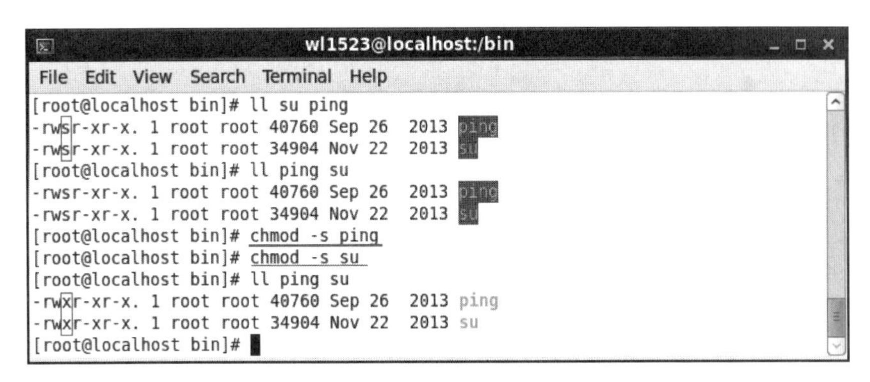

图 5－3－11　取消 suid 位

（8）使用文件扩展属性“chattr”命令为“aaa. txt”设置 i 隐藏属性，不能修改和删除，并使用“lsattr”命令查看文件扩展属性，测试效果（见图 5－3－12）。

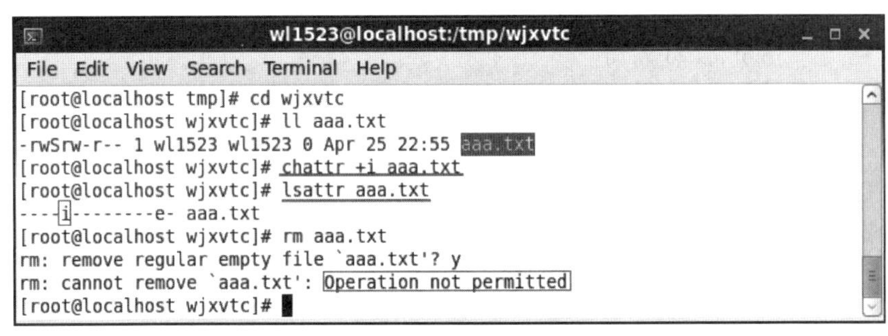

图 5－3－12　设置 i 隐藏属性

【实验作业】

（1）以自己的英文名创建用户，并设置密码为 456789，然后把“/tmp/orbit－root”的目录所属者从 root 改为自己创建的用户，提交操作截图。

（2）以自己创建的用户登录，并在“/tmp”创建目录“wjxvtc”，在目录“wjxvtc”中创建两个空文件“aaa. txt”“bbb. txt”，并查看它们的文件属性，提交操作截图。

（3）为创建的文件“aaa. txt”设置 Suid 位，为文件“bbb. txt”设置 Sgid 位，为目录“wjxvtc”设置粘滞位（t 位），提交操作截图。

（4）切换到 root 用户，查找根目录下所有带 Suid 位的文件和目录，查找根目录下所有带 Sgid 位的文件和目录，查找根目录下所有带粘滞位（t 位）的目录，提交操作截图。

（5）取消/bin/ping 和/bin/su 程序的 Suid 位，提交操作截图。

（6）使用文件扩展属性“chattr”命令为“aaa. txt”设置 i 隐藏属性，不能修改和删除，并使用“lsattr”命令查看文件扩展属性，测试效果，提交操作截图。

项目六

系统优化与安全加固

任务1　iptables 防火墙原理与应用

【学习目的】

（1）了解设置防火墙的模式、结构与原理。

（2）学会建立 iptables 防火墙。

（3）掌握防火墙的配置和管理。

【学习环境】

（1）硬件：PC 1 台。

（2）软件：VMware、CentOS 6.5。

【学习要点】

（1）防火墙的模式与结构。

（2）安装、配置和管理防火墙服务。

（3）验证防火墙配置的正确性。

【理论基础】

（1）Linux 操作系统中的 iptables 防火墙实际由 netfilter 和 iptables 两个组件构成，netfilter 是集成在内核中的一部分，其作用是定义、保存相应的规则，而 iptables 是一种工具，用来修改信息的过滤配置。netfilter 是 Linux 核心中的一个通用架构，其提供了一系列的表（tables），每个表中有若干个链（chains），每个链由一条或若干条规则（rules）组成。

（2）主要有 3 类表：filter 表、nat 表、mangle 表。

①filter 表里的 3 种主要链：INPUT、FORWARD、OUTPUT。

②nat 表里的 3 种主要链：PREROUTING、POSTROUTING、OUTPUT。

PREROUTING：进行路由判断之前所要进行的规则（DNAT/REDIRECT）。

POSTROUTING：进行路由判断之后所要进行的规则（SNAT/MASQUERADE）。

③mangle 表里的 5 种主要链：PREROUTING、INPUT、FORWARD、OUTPUT、POS-

TROUTING。这个表主要与特殊的封包路由旗标有关，在单纯的环境中较少使用。

（3）SNAT 与 DNAT 概念：

①SNAT：静态 NAT 地址转换，主要用来让外部的用户可以访问内部的服务器。

②DNAT：动态 NAT 地址转换，主要用来让内部 LAN 可以访问 Internet。

【素质修养】

1. Linux 防火墙的发展过程

Linux 防火墙的发展史就是从“墙”到“链”，再到“表”，也是从简单到复杂的过程。防火墙工具变化过程：ipfirewall – > ipchains – > iptables – > nftables。

Linux 2. 0 内核中：包过滤机制为 ipfw，管理工具是 ipfwadm。

Linux 2. 2 内核中：包过滤机制为 ipchain，管理工具是 ipchains。

Linux 2. 4 内核中：包过滤机制为 netfilter，管理工具是 iptables。

Linux 3. 1 内核中：包过滤机制为 netfilter，中间采取 daemon 动态管理防火墙，管理工具是 firewalld。

目前低版本的 firewalld 通过调用 iptables，可以支持老的 iptables 规则，同时 firewalld 兼顾了 iptables、ebtables、ip6tables 的功能。

2. iptables 和 nftables

nftables 诞生于 2008 年，2013 年底合并到 Linux 内核，从 Linux 3. 13 起开始作为 iptables 的替代品提供给用户。它采用新的数据包分类框架，新的 Linux 防火墙管理程序，旨在替代现存的{ip,ip6,arp,eb}_tables，它的用户空间管理工具是 nft。

nftables 实现了一组被称为表达式的指令，可通过在寄存器中储存和加载来交换数据。也就是说，nftables 的核心可视为一个虚拟机，nftables 的前端工具 nft 可以利用内核提供的表达式去模拟旧的 iptables 匹配，维持兼容性的同时获得更大的灵活性。

【任务实施】

1. 防火墙的安装、查看与模式设置

（1）用图 6 – 1 – 1 所示命令安装，按 Enter 键即可，一般默认安装。

```
./iptables-1.4.7-4.el6.i686.rpm
[root@mail Packages]# rpm -ivh iptables-1.4.7-4.el6.i686.rpm _
```

图 6 – 1 – 1　安装防火墙

查看防火墙的状态（见图 6 – 1 – 2）。

```
./iptables-1.4.7-4.el6.i686.rpm
[root@mail Packages]# service iptables status
Table: nat
```

图 6 – 1 – 2　查看防火墙状态

查看防火墙是否开启自启动：2~5级别为“on”，说明其是开机自启动（见图6-1-3）。

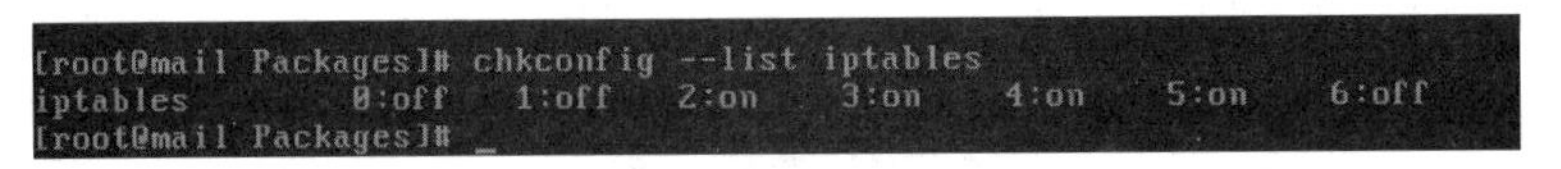

图6-1-3　查看防火墙是否开机自启动

（2）查看。

查看任何表的内容，可以用“iptables -t 表名 -L”。

（3）设置防火墙模式。

用“vi /etc/sysctl. conf”命令修改 net. ipv4. ip_forward 的值，0 为桥接模式，1 为路由模式。

然后更新系统内核：sysctl -p（一定要用这个参数）。

2. 基本配置

查看当前状态，如果如图6-1-4所示，则服务是开启的，但规则是空的。

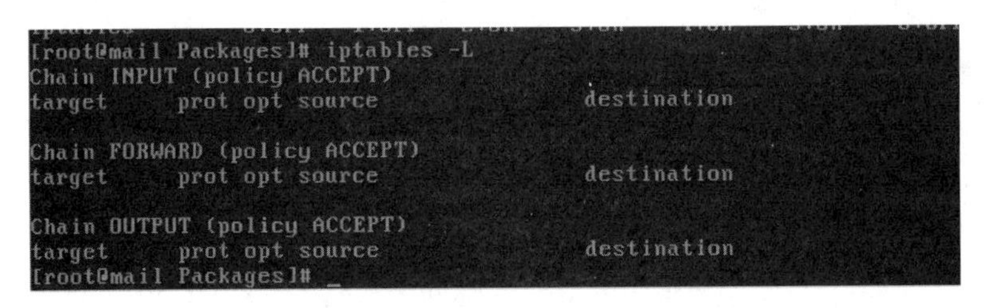

图6-1-4　查看防火墙默认表 filter 的内容

注意：

在下面的配置中一定要非常小心，在开始其他所有工作之前，首先创建一个规则，允许管理员接入。这是因为一旦将所有的规则都配置为 DROP，SSH 连接也会被禁止，这样连修改的机会也没了。

注意：“service iptables stop”“service iptables start”“service iptables restart”这几个命令会消除当前活跃的规则集，并从配置文件中重新载入，所以需要使用“service iptables save”命令保存当前活跃的规则集。

3. iptables 的基本语法格式

```
iptables [ -t 表名] 命令选项 [链名] [条件匹配] [ -j 目标动作或跳转]
```

说明：表名、链名用于指定iptables命令所操作的表和链，命令选项用于指定管理 iptables 规则的方式（比如插入、增加、删除、查看等）；条件匹配用于指定对符合什么样条件的数据包进行处理；目标动作或跳转用于指定数据包的处理方式（比如允许通过、拒绝、丢弃、跳转）。

主要配置参数说明：

-t：执行表（filter、nat 等）；

-s：源地址；

-d：目的地址；

－j：动作（ACCEPT、DROP、REJECT、REDIRECT、SNAT、DNAT、MASQUERADE、LOG、RETURN 等）；

－i：入口网卡设备（eth0 等）；

－o：出口网卡设备（eth1 等）；

－p：协议（TCP、UDP、ICMP 等）；

－m：指定数据包所使用的过滤模块（state、multiport 等）；

－A：增加规则；

－I：插入规则；

－D：删除规则；

－R：替换规则；

－L：查看规则；

－－to：指定 IP 地址；

－－sport：指定源端口号；

－－dport：指定目标端口号

－－icmp－type 0：ICMP 报文代码为 0，表示 echo－reply；

－－icmp－type 8：ICMP 报文代码为 8，表示 echo－request。

4. 防火墙的基本操作

（1）增加规则。

为 filter 表的 INPUT 链添加一条规则，将来自 IP 地址 10.128.64.254 的主机的数据包都丢弃，并查看，如图 6－1－5 所示。可以看出刚才添加的规则已经在 filter 表中了。

```
[root@mail Packages]# iptables -t filter -A INPUT -s 10.128.64.254 -j DROP
[root@mail Packages]# iptables -t filter -L INPUT
Chain INPUT (policy ACCEPT)
target     prot opt source               destination
DROP       all  --  10.128.64.254        anywhere
[root@mail Packages]# _
```

图 6－1－5　添加数据包丢弃规则

为 filter 表的 INPUT 链添加一条规则，接收来自 IP 地址 10.128.64.253 的主机的数据包，并查看，如图 6－1－6 所示。

```
root@mail Packages]# iptables -t filter -A INPUT -s 10.128.64.253 -j ACCEPT
root@mail Packages]# iptables -t filter -L INPUT
hain INPUT (policy ACCEPT)
arget     prot opt source               destination
ROP       all  --  10.128.64.254        anywhere
CCEPT     all  --  10.128.64.253        anywhere
root@mail Packages]# _
```

图 6－1－6　添加接收数据包规则

（2）插入规则。

在 filter 表的 INPUT 链规则列表中的第二条规则前插入一条规则，禁止 10.128.90.0 这个子网里的所有主机访问 TCP 协议的 80 端口，并查看，如图 6－1－7 所示。

```
[root@mail Packages]# iptables -t filter -I INPUT 2 -s 10.128.90.0/24 -p tcp --d
port 80 -j DROP
[root@mail Packages]# iptables -t filter -L INPUT
Chain INPUT (policy ACCEPT)
target     prot opt source               destination
DROP       all  --  10.128.64.254        anywhere
DROP       tcp  --  10.128.90.0/24       anywhere            tcp dpt:http
ACCEPT     all  --  10.128.64.253        anywhere
[root@mail Packages]# _
```

图6－1－7　插入规则

（3）删除规则。

删除filter表的INPUT链规则列表中的第三条规则，并查看，如图6－1－8所示。

```
[root@mail Packages]# iptables -t filter -D INPUT 3
[root@mail Packages]# iptables -t filter -L INPUT
Chain INPUT (policy ACCEPT)
target     prot opt source               destination
DROP       all  --  10.128.64.254        anywhere
DROP       tcp  --  10.128.90.0/24       anywhere            tcp dpt:http
[root@mail Packages]# _
```

图6－1－8　删除规则

（4）替换规则。

替换filter表里的INPUT链规则列表中的第二条规则，禁止10.128.91.0这个子网里的所有主机访问TCP协议的80端口，并查看，如图6－1－9所示。

```
[root@mail Packages]# iptables -t filter -R INPUT 2 -s 10.128.91.0/24 -p tcp --d
port 80 -j DROP
[root@mail Packages]# iptables -t fitler -L INPUT
iptables v1.4.7: can't initialize iptables table `fitler': Table does not exist
(do you need to insmod?)
Perhaps iptables or your kernel needs to be upgraded.
[root@mail Packages]# iptables -t filter -L INPUT
Chain INPUT (policy ACCEPT)
target     prot opt source               destination
DROP       all  --  10.128.64.254        anywhere
DROP       tcp  --  10.128.91.0/24       anywhere            tcp dpt:http
[root@mail Packages]# _
```

图6－1－9　替换规则

（4）CentOS 7版本防火墙firewalld

firewalld防火墙是CentOS 7系统默认的防火墙管理工具，也是工作在网络层，属于包过滤防火墙。firewalld和iptables都是用来管理防火墙的工具（属于用户态），定义防火墙的各种规则功能。内部结构都指向netfilter网络过滤子系统（属于内核态），实现包过滤防火墙功能。

firewalld提供了支持网络区域所定义的网络链接以及接口安全等级的动态管理工具，拥有两种配置模式：运行时配置与永久配置。firewalld防火墙的配置方法有三种：firewall－cmd命令行工具、firewall－config图形工具、编写/etc/firewalld/中的配置文件。

为了简化管理，firewalld防火墙将所有网络流量分为多个区域（zone），然后根据数据包的源IP地址或传入的网络接口等条件将流量传入相应区域，每个区域都定义了自己打开或者关闭的端口和服务列表。firewalld防火墙预定义了9个区域：

①Trusted（信任区域）：允许所有的传入流量。

②public（公共区域）：允许与ssh或dhcpv6－client预定义服务匹配的传入流量，其余均拒绝。是新添加网络接口的默认区域。

③external（外部区域）：允许与 ssh 预定义服务匹配的传入流量，其余均拒绝。默认将通过此区域转发的 IPv4 传出流量将进行地址伪装，可用于为路由器启用了伪装功能的外部网络。

④home（家庭区域）：允许与 ssh、ipp – client、mdns、samba – client 或 dhcpv6 – client 预定义服务匹配的传入流量，其余均拒绝。

⑤internal（内部区域）：默认值时与 home 区域相同。

⑥work（工作区域）：允许与 ssh、ipp – client、dhcpv6 – client 预定义服务匹配的传入流量，其余均拒绝。

⑦dmz（隔离区域也称为非军事区域）：允许与 ssh 预定义服务匹配的传入流量，其余均拒绝。

⑧block（限制区域）：拒绝所有传入流量。

⑨drop（丢弃区域）：丢弃所有传入流量，并且不产生包含 ICMP 的错误响应。

区域如同进入主机的安全门，每个区域都具有不同限制程度的规则，只会允许符合规则的流量传入。可以根据网络规模，使用一个或多个区域，但是任何一个活跃区域至少需要关联源地址或接口。默认情况下，public 区域是默认区域，包含所有接口（网卡）。

firewall 配置主要有两个目录：系统配置目录/usr/lib/firewalld 和用户配置目录/etc/firewalld。系统配置目录/usr/lib/firewalld/services 中存放定义好的网络服务、端口参数和系统参数，一般不能修改。

（6）删除所有规则。

设置了很多没有用的规则后，逐个删除很烦琐，可用命令“iptables – F”删除所有规则，如图 6 – 1 – 10 所示。

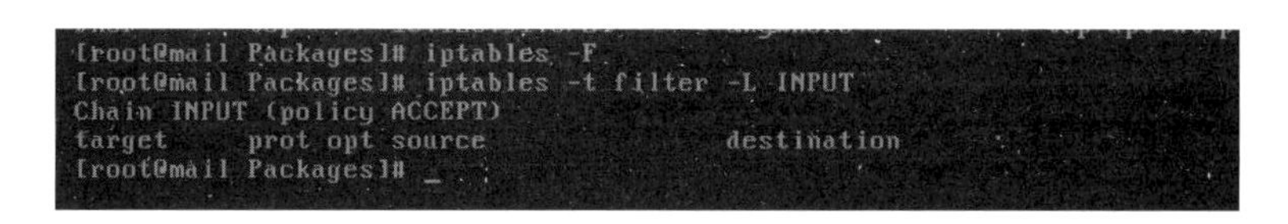

图 6 – 1 – 10　删除所有规则

（7）新建链和规则。

如新建立一个链：iptables –N WJXVTC。

再增加一些规则：iptables –A WJXVTC –d 192. 168. 20. 100 –p tcp --dport 21 –j DROP。

改名自建链：iptables –E WJXVTC wjxvtc。

删除自建链：iptables –X wjxvtc。

（8）预设策略。

iptables – P FORWARD REJECT

iptables – P OUTPUT ACCEPT

iptables – P IPNUT DROP

5. Centos7 防火墙 firewalld 基本操作

(1) 常用的 firewall - cmd 命令选项

--get -default -zone　　//显示当前默认区域

--set -default -zone = <zone>　　//设置默认区域

--get -active -zones　　//显示当前正在使用的区域及其对应的网卡接口

--get -zones　　//显示所有可用的区域

--get -zone -of -interface = <interface>　　//显示指定接口绑定的区域

--zone = <zone> --add -interface = <interface> //为指定接口绑定区域

--zone = <zone> --change -interface = <interface>　　//为指定的区域更改绑定的网络接口

--zone = <zone> --remove -interface = <interface>　　//为指定的区域删除绑定的网络接口

--list -all -zones　　//显示所有区域及其规则

[--zone = <zone>] --list -all　　//显示所有指定区域的所有规则，省略 --zone = <zone>时表示仅对默认区域操作

[--zone = <zone>] --list -services //显示指定区域内允许访问的所有服务

[--zone = <zone>] --add -service = <service>　//为指定区域设置允许访问的某项服务

[--zone = <zone>] --remove -service = <service>　　//删除指定区域已设置的允许访问的某项服务

[--zone = <zone>] --list -ports　//显示指定区域内允许访问的所有端口号

[--zone = <zone>] --add -port = <portid>[- <portid>]/<protocol>　　//为指定区域设置允许访问的某个/某段端口号(包括协议名)

[--zone = <zone>] --remove -port = <portid>[- <portid>]/<protocol>　　//删除指定区域已设置的允许访问的端口号(包括协议名)

[--zone = <zone>] --list -icmp -blocks　　//显示指定区域内拒绝访问的所有 ICMP 类型

[--zone = <zone>] --add -icmp -block = <icmptype>　　//为指定区域设置拒绝访问的某项 ICMP 类型

[--zone = <zone>] --remove -icmp -block = <icmptype>　　//删除指定区域已设置的拒绝访问的某项 ICMP 类型

firewall -cmd --get -icmptypes　　//显示所有 ICMP 类型

(2) 区域管理

显示当前系统中的默认区域：firewall - cmd -- get - default - zone

显示默认区域的所有规则：firewall－cmd　--list－all

显示当前正在使用的区域及其对应的网卡接口：firewall－cmd　--get－active－zones

设置默认区域：firewall－cmd　--set－default－zone＝home

（3）服务管理

查看默认区域内允许访问的所有服务：firewall－cmd　--list－service

添加 httpd 服务到 public 区域：firewall－cmd　--add－service＝http　--zone＝public 查看 public 区域已配置规则：firewall－cmd　--list－all　--zone＝public

删除 public 区域的 httpd 服务：firewall－cmd　--remove－service＝http　--zone＝public

同时添加 httpd、https 服务到默认区域，设置成永久生效：

```
firewall-cmd --add-service=http --add-service=https --permanent
firewall-cmd --reload
firewall-cmd --list-all
```

注意：添加使用 --permanent 选项表示设置成永久生效，需要重新启动 firewalld 服务或执行 firewall－cmd　--reload 命令，重新加载防火墙规则时才会生效。若不带有此选项，表示运行时规则，在系统或 firewalld 服务重启时将失效。--runtime－to－permanent 选项表示将当前的运行时配置写入规则配置文件中，使之成为永久性配置。

（4）端口或服务管理示例

a. 允许 TCP 的 443 端口到 internal 区域：

firewall－cmd　--zone＝internal　--add－port＝443/tcp

firewall－cmd　--list－all　--zone＝internal

b. 从 internal 区域将 TCP 的 443 端口移除：

firewall－cmd　--zone＝internal　--remove－port＝443/tcp

c. 允许 UDP 的 2048－2050 端口到默认区域：

firewall－cmd　--add－port＝2048－2050/udp

firewall－cmd　--list－all

d. 添加 ssh 服务：

firewall－cmd　--permanent　--add－service＝ssh

e. 移除 ssh 服务：

firewall－cmd　--permanent　--remove－service＝ssh

f. 重启防火墙：

firewall－cmd　--reload

【实验作业】

（1）删除 INPUT 链的第一条规则。

```
iptables -D INPUT 1
```

这是 iptables 防火墙常用的策略。

（2）拒绝进入防火墙的所有 ICMP 协议数据包。

```
iptables -I INPUT -p icmp -j REJECT
```

(3) 拒绝转发来自192.168.1.10主机的数据，允许转发来自192.168.0.0/24网段的数据。

```
iptables -A FORWARD -s 192.168.1.11 -j REJECT
iptables -A FORWARD -s 192.168.0.0/24 -j ACCEPT
```

说明：注意要把拒绝的放在前面，不然就不起作用了。

(4) 丢弃从外网接口（eth1）进入防火墙本机的源地址为私网地址的数据包。

```
iptables -A INPUT -i eth1 -s 192.168.0.0/16 -j DROP
iptables -A INPUT -i eth1 -s 172.16.0.0/12 -j DROP
iptables -A INPUT -i eth1 -s 10.0.0.0/8 -j DROP
```

(5) 只允许管理员从202.13.0.0/16网段使用SSH远程登录防火墙主机。

```
iptables -A INPUT -p tcp --dport 22 -s 202.13.0.0/16 -j ACCEPT
iptables -A INPUT -p tcp --dport 22 -j DROP
```

说明：这个用法比较适合对设备进行远程管理时使用，比如位于分公司中的SQL服务器需要被总公司的管理员管理时。

(6) 允许本机开放从TCP端口20～1024提供的应用服务。

```
iptables -A INPUT -p tcp --dport 20:1024 -j ACCEPT
iptables -A OUTPUT -p tcp --sport 20:1024 -j ACCEPT
```

(7) 允许转发来自192.168.0.0/24网段的DNS解析请求数据包。

```
iptables -A FORWARD -s 192.168.0.0/24 -p udp --dport 53 -j ACCEPT
iptables -A FORWARD -d 192.168.0.0/24 -p udp --sport 53 -j ACCEPT
```

(8) 禁止其他主机ping防火墙主机，但是允许从防火墙ping其他主机。

```
iptables -I INPUT -p icmp --icmp-type Echo-Request -j DROP
iptables -I INPUT -p icmp --icmp-type Echo-Reply -j ACCEPT
iptables -I INPUT -p icmp --icmp-type destination-Unreachable -j ACCEPT
```

(9) 禁止转发来自MAC地址为00:0C:29:27:55:3F的主机的数据包。

```
iptables -A FORWARD -m mac --mac-source 00:0C:29:27:55:3F -j DROP
```

说明：iptables中使用“-m 模块关键字”的形式调用显示匹配。这里用“-m mac-mac-source”表示数据包的源MAC地址。

(10) 允许防火墙本机对外开放TCP端口20、21、25、110以及被动模式FTP端口1250～1280。

```
iptables -A INPUT -p tcp -m multiport --dport 20,21,25,110,1250:1280 -j ACCEPT
```

说明：这里用“-m multiport-dport”指定目的端口及范围。

(11) 禁止转发源IP地址为192.168.1.20～192.168.1.99的TCP数据包。

```
iptables -A FORWARD -p tcp -m iprange --src-range 192.168.1.20-
```

```
192.168.1.99 -j DROP
```

说明：此处用“-m -iprange -src -range”指定 IP 范围。

（12）只开放本机的 Web 服务（80）、FTP 服务（20、21、20450 ~ 20480），放行外部主机发往服务器其他端口的应答数据包，将其他入站数据包予以丢弃处理。

```
iptables -I INPUT -p tcp -m multiport --dport 20,21,80 -j ACCEPT
iptables -I INPUT -p tcp --dport 20450:20480 -j ACCEPT
iptables -I INPUT -p tcp -m state --state ESTABLISHED -j ACCEPT
iptables -P INPUT DROP
```

（13）iptables 保存配置，把规则自动保存在“/etc/sysconfig/iptables”中，也可查看自己机器里的 iptables。当计算机启动时，“rc. d”下的脚本将用命令“iptables - restore”调用这个文件，从而自动恢复规则。

```
service iptables save
cat /etc/sysconfig/iptables
```

任务2　系统性能优化

【学习目的】

（1）掌握关闭不必要开机自启动服务的方法。

（2）掌握查看系统所有用户、删除不必要的系统用户的方法。

（3）掌握优化 Linux 操作系统内核参数的方法。

【学习环境】

（1）硬件：PC 1 台。

（2）软件：VMware、CentOS 6. 5。

【学习要点】

（1）系统主机名设置。

（2）关闭不必要的开机自启动服务。

（3）查看系统所有用户。

（4）去除系统相关显示信息。

（5）优化 Linux 操作系统内核参数。

【理论基础】

系统默认的参数都是比较保守的，所以可以通过调整系统参数来提高系统内存、CPU、内核资源的占用，通过禁用不必要的服务、端口来提高系统的安全性，以更好地发挥系统的可用性。

Linux 操作系统被广泛应用于大、中、小型企业的服务器。作为 IDC 的运维人员、公司的运维人员、公司的网管等，必须明白：最小的权限 + 最小的服务 = 最大的安全。所以配置任何服务器都必须把不用的服务关闭、使系统权限最小化，这样才能保证服务器的安全。

切记，在进行这些操作之前一定要确保“/etc”下对应的配置文件有备份。

【素质修养】

1. Linux 服务器安全防护的思路

（1）源头控制。源头是发起请求端的客户端，请求则是通过 IP 来定位服务器的。服务器的 IP 是公开的，而客户端的 IP 则是不确定的。通过分析和控制客户端的 IP，将不安全遏制在源头。

（2）端口防护。对应用场景和频率进行分析控制。

（3）措施部署。一般有三种：停止响应、节约性能、拉黑处理。

2. 信息安全、网络安全、数据安全概念的联系与区别

（1）信息安全：主要是强调信息本身的安全，以信息的机密性、完整性、可用性三大基本属性为保护核心，辅以信息的不可否认性、真实性、可控性等扩展属性等保护。信息安全的要义在于保护信息自身的安全和信息驻留载体（即信息系统）的安全。100 年前，没有计算机，自然就没有计算机安全问题；50 年前，没有计算机网络，网络安全就无从谈起。但 100 年前，信息肯定存在，信息安全问题也早就存在。所以 50 年后、100 年后，信息载体是否是计算机或网络，也不得而知，但那时候，信息安全问题依然存在，不因信息载体即信息系统的形态而有本质改变。

（2）网络安全：狭义的网络安全是指由于信息系统要素通过互联互通网络实现互操作而带来的安全问题，与“系统安全”“物理安全”“应用安全”“数据安全”相提并论。广义的网络安全通常泛指网络空间信息系统及信息的安全问题，即“网络空间安全”。

（3）数据安全：数据安全的定义相对来说比较明确。我国《数据安全法》给出了明确定义。该法所称数据，是指任何以电子或者其他方式对信息的记录。数据处理，包括数据的收集、存储、使用、加工、传输、提供、公开等。而数据安全，则是指通过采取必要措施，确保数据处于有效保护和合法利用的状态，以及具备保障持续安全状态的能力。由此看出，它的概念要小于信息安全和广义的网络安全范畴。

【任务实施】

1. 主机名设置（见图 6－2－1）

```
[root@localhost]# vi /etc/sysconfig/network
HOSTNAME = test.com
[root@localhost]# hostname test.com    //临时生效
[root@localhost]# hostname -s      //查看主机名
[root@localhost]# hostname -v      //查看主机名
```

```
root@localhost:~ (on localhost.localdomain)
File Edit View Search Terminal Help
[root@localhost ~]# vi /etc/sysconfig/network
[root@localhost ~]# hostname test.com
[root@localhost ~]# hostname -s
test
[root@localhost ~]# hostname -v
gethostname()=`test.com'
test.com
[root@localhost ~]#
```

图 6－2－1　主机名设置

2. 关闭 SELinux（见图 6－2－2）

[root@localhost ~]# vi /etc/selinux/config

把 SELINUX 的键值设置为 disabled

[root@localhost ~]# setenforce 0　　//临时生效

[root@localhost ~]# getenforce　　//查看 SELinux 状态

```
root@localhost:~ (on localhost.localdomain)
File Edit View Search Terminal Help
[root@localhost ~]# vi /etc/selinux/config
[root@localhost ~]# setenforce
usage:  setenforce [ Enforcing | Permissive | 1 | 0 ]
[root@localhost ~]# setenforce 0
setenforce: SELinux is disabled
[root@localhost ~]# getenforce
Disabled
[root@localhost ~]#
```

图 6－2－2　关闭 SELinux

3. 清空防火墙并设置规则（见图 6－2－3）

[root@localhost ~]# iptables -F　//清空防火墙规则

[root@localhost ~]# iptables -L　//查看防火墙规则

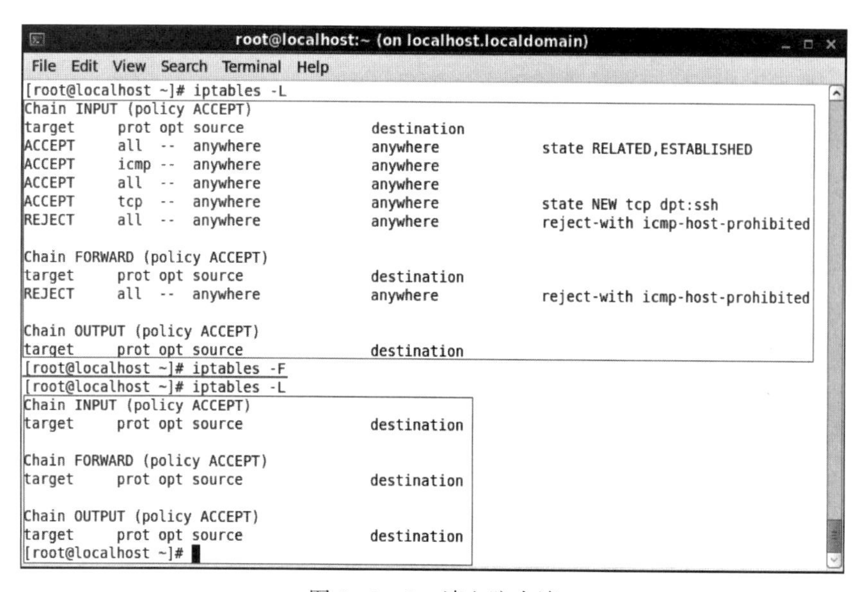

```
root@localhost:~ (on localhost.localdomain)
File Edit View Search Terminal Help
[root@localhost ~]# iptables -L
Chain INPUT (policy ACCEPT)
target     prot opt source               destination
ACCEPT     all  --  anywhere             anywhere            state RELATED,ESTABLISHED
ACCEPT     icmp --  anywhere             anywhere
ACCEPT     all  --  anywhere             anywhere
ACCEPT     tcp  --  anywhere             anywhere            state NEW tcp dpt:ssh
REJECT     all  --  anywhere             anywhere            reject-with icmp-host-prohibited

Chain FORWARD (policy ACCEPT)
target     prot opt source               destination
REJECT     all  --  anywhere             anywhere            reject-with icmp-host-prohibited

Chain OUTPUT (policy ACCEPT)
target     prot opt source               destination
[root@localhost ~]# iptables -F
[root@localhost ~]# iptables -L
Chain INPUT (policy ACCEPT)
target     prot opt source               destination

Chain FORWARD (policy ACCEPT)
target     prot opt source               destination

Chain OUTPUT (policy ACCEPT)
target     prot opt source               destination
[root@localhost ~]#
```

图 6－2－3　清空防火墙

[root@localhost ~]# iptables -A INPUT -ptcp --dport 80 -j ACCEPT

[root@localhost ~]# iptables -A INPUT -ptcp --dport 22 -j ACCEPT

[root@localhost ~]# iptables -A INPUT -ptcp --dport 53 -j ACCEPT

[root@localhost ~]# iptables -A INPUT -pudp --dport 53 -j ACCEPT

[root@localhost ~]# iptables -A INPUT -pudp --dport 123 -j ACCEPT

[root@localhost ~]# iptables -A INPUT -picmp -j ACCEPT

[root@localhost ~]# iptables -P INPUT DROP

[root@localhost ~]# /etc/init.d/iptables save

[root@localhost ~]# cat /etc/sysconfig/iptables

根据需求开启相应端口，例如：

端口 123：网络时间协定 NTP，是计算机的时间与世界标准时间同步（见图 6－2－4）。

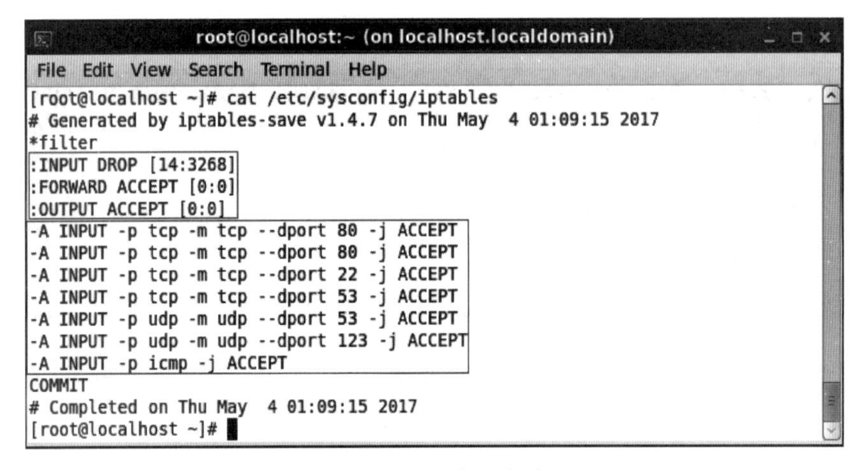

图 6－2－4　开启相应端口

4. 添加普通用户并进行 sudo 授权管理

“sudo”命令用来以其他身份执行命令，预设的身份为 root。在“/etc/sudoers”中设置了可执行“sudo”命令的用户。若未经授权的用户企图使用“sudo”命令，则会发出警告的邮件给管理员。用户使用“sudo”命令时，必须先输入密码，之后有 5 分钟的有效期限，超过有效期限则必须重新输入密码。

[root@localhost /]# useradd <user 用户名>

[root@localhost /]# echo "123456" | passwd --stdin <user 用户名> //设置密码

[root@localhost ~]# vi /etc/sudoers //或用"visudo"命令打开，添加 user 用户所有权限

root　　　　　　ALL=(ALL)　　ALL

<user 用户名>　ALL=(ALL)　　ALL

切换到 user 用户，并测试效果（见图 6－2－5）。

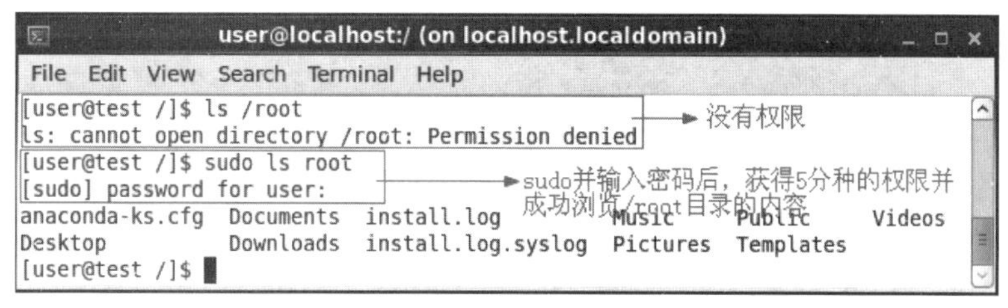

图6-2-5　添加普通用户并进行sudo授权管理

5. 禁用root远程登录

```
[root@localhost ~]# vi /etc/ssh/sshd_config
PermitRootLogin no       //禁用 root 远程登录
PermitEmptyPasswords no       //禁止空密码登录
UseDNS no       //关闭 DNS 查询
```

6. 关闭不必要的开机自启动服务

具体如图6-2-6所示。

```
[root@localhost ~]# chkconfig --list | grep 3:on
auditd          0:off   1:off   2:on    3:on    4:on    5:on    6:off
blk-availability        0:off   1:on    2:on    3:on    4:on    5:on    6:off
crond           0:off   1:off   2:on    3:on    4:on    5:on    6:off
ip6tables       0:off   1:off   2:on    3:on    4:on    5:on    6:off
lvm2-monitor    0:off   1:on    2:on    3:on    4:on    5:on    6:off
netfs           0:off   1:off   2:off   3:on    4:on    5:on    6:off
network         0:off   1:off   2:on    3:on    4:on    5:on    6:off
postfix         0:off   1:off   2:on    3:on    4:on    5:on    6:off
rsyslog         0:off   1:off   2:on    3:on    4:on    5:on    6:off
sshd            0:off   1:off   2:on    3:on    4:on    5:on    6:off
udev-post       0:off   1:on    2:on    3:on    4:on    5:on    6:off
[root@localhost ~]# chkconfig auditd off
[root@localhost ~]# chkconfig blk-availability off
[root@localhost ~]# chkconfig ip6tables off
[root@localhost ~]# chkconfig lvm2-monitor off
[root@localhost ~]# chkconfig netfs off
[root@localhost ~]# chkconfig udev-post off
[root@localhost ~]# chkconfig --list | grep 3:on
crond           0:off   1:off   2:on    3:on    4:on    5:on    6:off
network         0:off   1:off   2:on    3:on    4:on    5:on    6:off
postfix         0:off   1:off   2:on    3:on    4:on    5:on    6:off
rsyslog         0:off   1:off   2:on    3:on    4:on    5:on    6:off
sshd            0:off   1:off   2:on    3:on    4:on    5:on    6:off
[root@localhost ~]#
```

图6-2-6　关闭不必要的开机自启动服务

7. 删除不必要的系统用户

具体如图6-2-7所示。

```
[root@localhost ~]# awk -F ":" '{print $1}' /etc/passwd       //查看系统用户
```

8. 关闭重启【Ctrl + Alt + Delete】组合键

```
[root@localhost ~]# vi /etc/init/control-alt-delete.conf
#exec /sbin/shutdown -r now "Control-Alt-Deletepressed"       //注释掉
```

9. 调整文件描述符大小

打开的文件和socket都要占用文件描述符fd，在某些场景fd不够用，这时需要用“ulimit”命令来调整当前系统的最大fd数量。

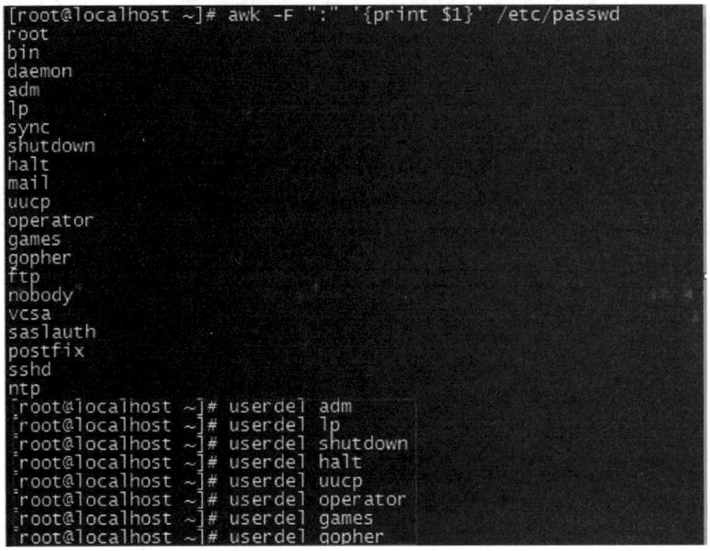

```
[root@localhost ~]# awk -F ":" '{print $1}' /etc/passwd
root
bin
daemon
adm
lp
sync
shutdown
halt
mail
uucp
operator
games
gopher
ftp
nobody
vcsa
saslauth
postfix
sshd
ntp
[root@localhost ~]# userdel adm
[root@localhost ~]# userdel lp
[root@localhost ~]# userdel shutdown
[root@localhost ~]# userdel halt
[root@localhost ~]# userdel uucp
[root@localhost ~]# userdel operator
[root@localhost ~]# userdel games
[root@localhost ~]# userdel gopher
```

图 6-2-7　删除不必要的系统用户

"ulimit" 命令限制的是当前 Shell 进程以及其派生的子进程。如果没有 root 权限，则只能压低限制而不能提升。

可以将其放在启动脚本中，或者直接在 Shell 中运行。

```
ulimit -a      //查看所有限制

[root@localhost ~]# cp  /etc/profile  /etc/profilebak2
[root@localhost ~]# vi /etc/profile
ulimit -n 1000000    //文件描述符数量
ulimit -f 1000       //创建文件的大小 KB
ulimit -v 1000       //每个进程能够使用的虚拟内存上限 KB
ulimit -s 1024       //线程堆栈的最大值,KB
ulimit -c unlimited    //文件限制,默认关闭

[root@localhost ~]# echo "ulimit -SHn 102400" >> /etc/rc.local
//开机自动生效,注意 >> 是追加模式,> 是覆盖模式(原有的东西会没有)
```

10. 去除系统相关信息

```
[root@localhost ~]# echo "Welcome to Server" > /etc/issue
[root@localhost ~]# echo "Welcome to Server" > /etc/redhat-release
```

11. 修改 history 记录

```
[root@localhost ~]# vi /etc/profile      //修改记录 10 个
```

```
HISTSIZE=10                          //默认为1000
```

12. 优化 Linux 内核参数

```
[root@localhost ~]# cp /etc/sysctl.conf  /etc/sysctl.confbak
[root@localhost ~]# vi /etc/sysctl.conf
net.ipv4.tcp_max_syn_backlog=65536
net.core.netdev_max_backlog=32768
net.core.somaxconn=32768
net.core.wmem_default=8388608
net.core.rmem_default=8388608
net.core.rmem_max=16777216
net.core.wmem_max=16777216
net.ipv4.tcp_timestamps=0
net.ipv4.tcp_synack_retries=2
net.ipv4.tcp_syn_retries=2
net.ipv4.tcp_tw_recycle=1
#net.ipv4.tcp_tw_len=1
net.ipv4.tcp_tw_reuse=1
net.ipv4.tcp_mem=94500000 915000000 927000000
net.ipv4.tcp_max_orphans=3276800
#net.ipv4.tcp_fin_timeout=30
#net.ipv4.tcp_keepalive_time=120
net.ipv4.ip_local_port_range=10024  65535
```

#表示用于向外连接的端口范围，缺省情况下范围很小，为 32768 ~ 61000。

注意：这里不要将最低值设得太小，否则可能占用正常的端口！

```
[root@localhost ~]# /sbin/sysctl -p  //使配置立即生效
```

【实验作业】

（1）清空防火墙，再设置只打开 80、53、23、21、22 端口，并允许 ping 命令 4 项规则，其他所有的输入全部拒绝，提交操作截图。

（2）添加自己的英文名为普通用户，密码为 654321，并进行 sudo 授权管理，切换自己的用户，测试访问“/root”目录，提交操作截图。

（3）禁用 root 远程登录，禁止空密码登录，关闭 DNS 查询，提交操作截图。

（4）关闭不必要的开机自启动服务——auditd、blk - availability、netfs。提交操作截图。

（5）查看系统所有用户，删除不必要的系统用户——adm、lp、shutdown、halt、uucp、operator、games、gopher、vcsa，提交操作截图。

（6）关闭重启【Ctrl + Alt + Delete】组合键，提交操作截图。

（7）查看Shell进程的所有限制，并调整文件描述符数量为65535，每个进程能够使用的虚拟内存为1024 MB，线程堆栈的大小为2048 MB，提交操作截图。

任务3　Linux密码分析与加密方法

【学习目的】

（1）了解John工具的4种破解模式与破解原理。

（2）掌握John的源码安装过程。

（3）掌握John的密码破解操作，提高安全防范意识。

（4）掌握md5加密字符串和文件的方法。

【学习环境】

（1）硬件：PC 1台。

（2）软件：VMware、CentOS 6.5、John工具源码安装包。

【学习要点】

（1）John工具的4种破解模式。

（2）John工具的下载与源码安装。

（3）John工具密码分析的基本操作。

（4）Openssl md5加密基本操作。

【理论基础】

John工具有4种破解模式：字典破解模式、简单破解模式、增强破解模式、外挂破解模式。

字典破解模式是最简单的一种，它将字典里字词的变化规则自动使用在每个单词中来提高破解概率；简单破解模式是根据用户平时使用密码的规律进行破解；增强破解模式破解率高但需要时间长，该模式将尝试所有可能字词之前的组合变化，也可以说它是一种暴力破解法；外挂破解模式是通过自己编写C语言小程序来提高破解效率。

John有别于Hydra之类的工具。Hydra进行盲目的蛮力攻击，其方法是在FTP服务器或Telnet服务器的服务后台程序上尝试用户名与密码组合。不过，John工具首先需要散列。所以，对黑客来说更大的挑战是，先得到需要破解的散列。如今，使用网上随处可得的免费彩虹表（rainbow table），比较容易破解散列。只要进入其中一个网站，提交散列。如果散列由一个常见单词组成，那么该网站几乎立马就会显示该单词。彩虹表基本上将常见单词及对应散列存储在一个庞大的数据库中。数据库越大，涵盖的单词就越多。

使用“unshadow”命令连同John工具，在Linux操作系统中破解用户的密码。在Linux操作系统中，用户名/密钥方面的详细信息存储在下面这两个文件中：

```
/etc/passwd
```

/etc/shadow

实际的密码散列就存储在"/etc/shadow"中。只要对该机器拥有访问权，就可以访问该文件，并进行破解，如图6-3-1所示。

图6-3-1　查看用户名和密钥信息存储文件

【素质修养】

1. 信息加密技术

从最初的保密通信发展到目前的网络信息加密，信息加密技术一直伴随着信息技术的发展而发展。作为计算机信息保护的最实用和最可靠的方法，信息加密技术被广泛应用到信息安全的各个领域。

信息加密技术是一门涉及数学、密码学和计算机的交叉学科。现代密码学的发展，使信息加密技术已经不再依赖于加密算法本身的保密，而是通过在统计学上提高破解的成本来提高加密算法的安全性。

密码学是一门古老而又年轻的学科，它用于保护军事和外交通信，可追溯到几千年前。最近几十年，随着计算机网络及通信技术的民用化发展，尤其是商业和金融事务的介入，密码学的研究才得到前所未有的广泛重视。

2. 加密系统

所谓加密，就是把数据信息（即明文）转换为不可辨识的形式（即密文）的过程，目的是使不应了解该数据信息的人不能够知道和识别。将密文转换为明文的过程就是解密。加密和解密的过程形成加密系统，明文与密文统称为报文。

长久以来，人们发明了各种各样的加密方法，为便于研究，通常把方法分为传统加密方法和现代加密方法两大类。前者的共同特点是采用单钥技术，即加密和解密过程中使用同一密钥，所以也称为对称式加密方法；而后者的共同特点是采用双钥技术，也就是加密和解密过程中使用两个不同的密钥，它也称为非对称加密方法。

【任务实施】

1. 下载并解压John工具源码安装包

具体如图6-3-2所示。

```
wget http://www.openwall.com/john/j/john-1.8.0.tar.gz
tar -vzxf john-1.8.0.tar.gz
cd john-1.8.0/src/
```

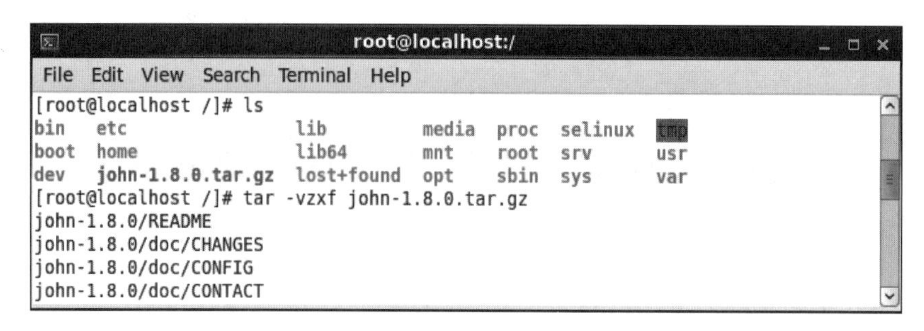

图 6－3－2　下载解压 john 源码安装包

2. 编译安装

具体如图 6－3－3～图 6－3－5 所示。

yum －y install gcc gcc－c++ make　//源安装 gcc、gcc－c++、make 三个软件

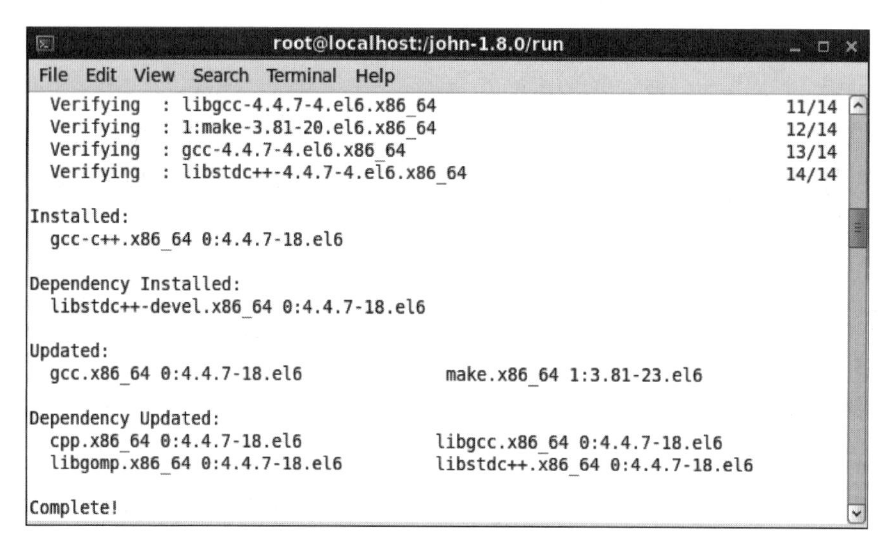

图 6－3－3　安装 gcc、gcc－c++、make 三个软件

```
root@localhost:/john-1.8.0/run
File Edit View Search Terminal Help
[root@localhost src]# make linux-x86-64
ln -sf x86-64.h arch.h
make ../run/john ../run/unshadow ../run/unafs ../run/unique \
                JOHN_OBJS="DES_fmt.o DES_std.o DES_bs.o DES_bs_b.o BSDI_fmt.o MD
5_fmt.o MD5_std.o BF_fmt.o BF_std.o AFS_fmt.o LM_fmt.o trip_fmt.o dummy.o batch.
o bench.o charset.o common.o compiler.o config.o cracker.o crc32.o external.o fo
rmats.o getopt.o idle.o inc.o john.o list.o loader.o logger.o math.o memory.o mi
sc.o options.o params.o path.o recovery.o rpp.o rules.o signals.o single.o statu
s.o tty.o wordlist.o unshadow.o unafs.o unique.o c3_fmt.o x86-64.o" \
                CFLAGS="-c -Wall -Wdeclaration-after-statement -O2 -fomit-frame-
pointer  -DHAVE_CRYPT" \
                LDFLAGS="-s  -lcrypt"
make[1]: Entering directory `/john-1.8.0/src'
gcc -c -Wall -Wdeclaration-after-statement -O2 -fomit-frame-pointer  -DHAVE_CRYP
T -funroll-loops DES_fmt.c
```

图 6－3－4　编译安装 john

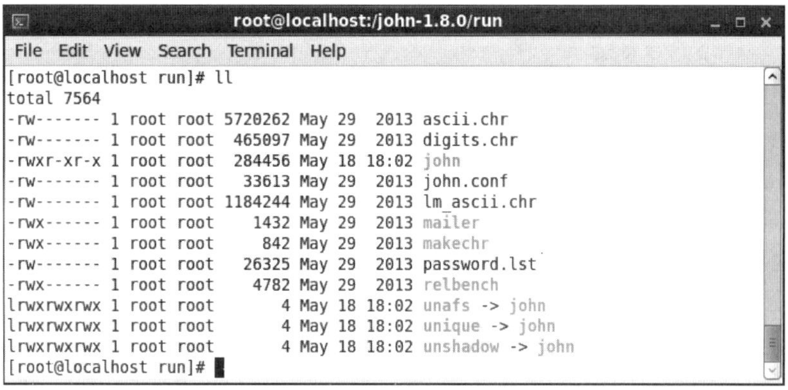

```
root@localhost:/john-1.8.0/run
File Edit View Search Terminal Help
[root@localhost run]# ll
total 7564
-rw------- 1 root root 5720262 May 29  2013 ascii.chr
-rw------- 1 root root  465097 May 29  2013 digits.chr
-rwxr-xr-x 1 root root  284456 May 18 18:02 john
-rw------- 1 root root   33613 May 29  2013 john.conf
-rw------- 1 root root 1184244 May 29  2013 lm_ascii.chr
-rwx------ 1 root root    1432 May 29  2013 mailer
-rwx------ 1 root root     842 May 29  2013 makechr
-rw------- 1 root root   26325 May 29  2013 password.lst
-rwx------ 1 root root    4782 May 29  2013 relbench
lrwxrwxrwx 1 root root       4 May 18 18:02 unafs -> john
lrwxrwxrwx 1 root root       4 May 18 18:02 unique -> john
lrwxrwxrwx 1 root root       4 May 18 18:02 unshadow -> john
[root@localhost run]#
```

图6－3－5　安装完成并进入 run 目录

make

make linux-x86-64

安装完成：

#ls john-1.8.0/run/

3. 一个简单的破解案例

useradd zhangsan　　　//创建 zhangsan 用户名

echo 456789 |passwd -- stdin zhangsan　//也可以用“passwd”命令设置密码（见图6-3-6）

cp /etc/passwd /etc/shadow .　　//“.”代表当前目录

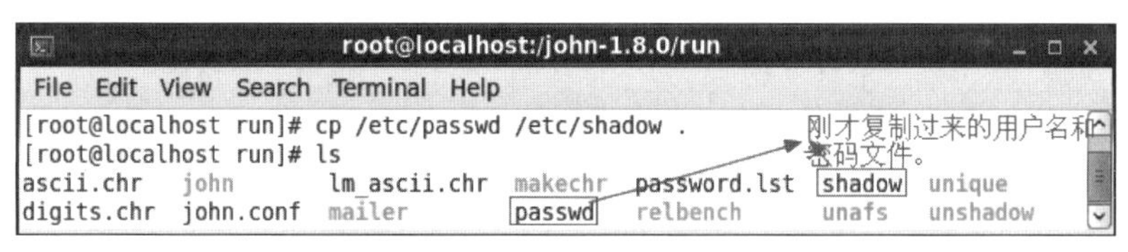

图6－3－6　复制用户名和密码文件

./unshadow passwd shadow > mypasswd　　　//注意“./”是执行命令

./john --show mypasswd　　//输出结果，可以看到 zhangsan 的密码已经被破解（见图6-3-7）

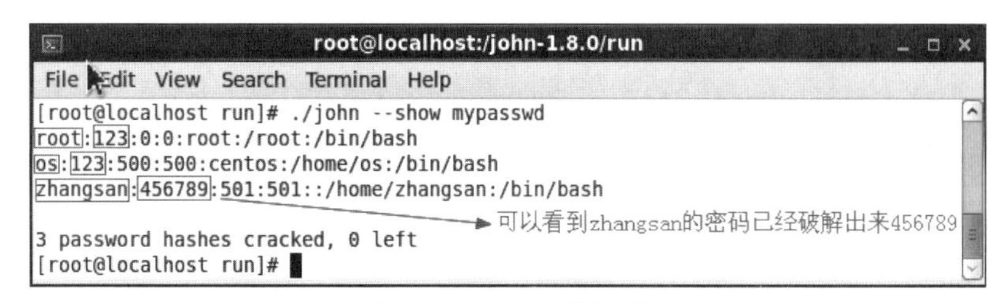

图6－3－7　破解密码

4. 破解方式

./unshadow /etc/passwd /etc/shadow > password.txt　//先把用户密码

导出到当前 txt 文档里

./john --single password.txt //简单模式破解

./john --wordlist =password.lst password.txt //字典模式破解,可以在里面继续增加一些规则

./john --incremental password.txt //增强破解模式,耗时、耗力

./john --show password.txt //查看破解成功的密码,"john.pot"文件里有对应的破解密码(见图 6-3-8)

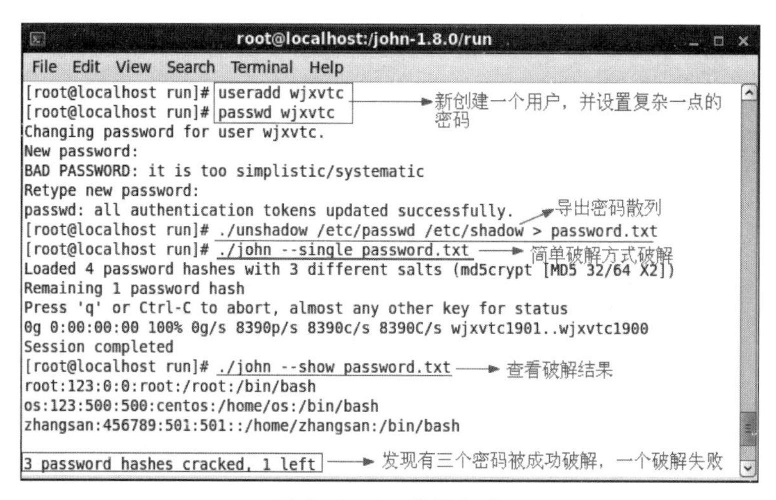

图 6-3-8　破解方式

例如:

./john --incremental =Digits --fork =30 mypassword　//利用增强破解模式破解,用 30 个进程加快破解

5. 用 openssl md5 加密字符串和文件

(1) 手动输入命令及过程，如对"123456"字符串进行 md5 加密:

#openssl　　//在终端中输入 openssl 后回车。

OpenSSL > md5 //输入 md5 后回车。

123456　　//接着输入 123456,不要输入回车。然后按 3 次 ctrl +d 执行加密。

123456e10adc3949ba59abbe56e057f20f883e　//123456 后面的就是 md5 加密密文了。

注意：为何在输入 123456 后不回车呢？因为 openssl 默认会把回车符当做要加密的一个字符，所以得到的结果不同。例如上例你输入 123456 后回车，再按 2 次 ctrl + d 执行加密，得到的结果是：f447b20a7fcbf53a5d5be013ea0b15af。

(2) 直接用管道命令，如对"123456"字符串进行 md5 加密:

#echo -n 123456 |openssl md5　　//必须要有 -n 参数,否则就不是这个结果了。

e10adc3949ba59abbe56e057f20f883e　　//md5 加密密文

注意：为何要加 -n 这个参数？因为 -n 就表示不输入回车符，这样才能得到正确的结

果。如果你不加 - n，那么结果和前面说的一样为 f447b20a7fcbf53a5d5be013ea0b15af，这也是 openssl 不忽略回车符导致的。

（3）用 openssl md5 加密文件

如创建一个文件 1. txt，内容为 123456，然后对文件进行 md5 加密：

```
#echo -n 123456 >1.txt
#openssl md5 1.txt
e10adc3949ba59abbe56e057f20f883e        //md5 加密密文
```

6. 用 openssl 命令进行 BASE64 编码与解码

（1）BASE64 编码，如对字符串‘abc’进行 base64 编码：

```
# echo -n abc|openssl base64
YWJj        //编码结果
```

（2）对文件进行 base64 编码，如创建一个文件 2. txt，内容为 abc，然后对文件进行 base64 编码：

```
#echo -n abc >2.txt
# openssl base64 -in 2.txt
YWJj        //编码结果
```

（3）BASE64 解码，如求 base64 编码字符串‘YWJj’的原文：

```
#echo YWJj|openssl base64 -d
abc        //解码结果
```

7. 用 openssl 命令进行 AES/DES3 加密与解密

（1）加密，如对字符串‘abc’进行 aes 加密，使用密钥 123，输出结果以 base64 编码格式给出：

```
#echo abc | openssl aes-128-cbc -k 123 -base64
U2FsdGVkX18ynIbzARm15nG/JA2dhN4mtiotwD7jt4g= //aes 加密结果
```

（2）解密，例如对以上结果进行解密处理：

```
#echo U2FsdGVkX18ynIbzARm15nG/JA2dhN4mtiotwD7jt4g= | openssl aes-128-cbc -d -k 123 -base64
abc            //aes 解密结果
```

说明：若要对文件进行加密或解密，加上 - in 参数，指向文件名。若要进行 des3 加解密或解密，把命令中的 aes - 128 - cbc 换成 des3。

【实验作业】

（1）创建新用户 test1、test2、test3，密码分别设置为 123password、123@ test、Test77user。提交操作截图。

（2）利用 John 导出用户密码文件，文件名称为“test”。提交操作截图。

（3）利用 John 破译密码，观察并记录哪些密码可以被破译。提交操作截图。

参 考 文 献

[1] 丁传炜 . CentOS Linux 服务器技术与技能大赛实战［M］. 北京：人民邮电出版社，2016.

[2] 鸟哥 . 鸟哥的 Linux 私房菜服务器架设篇（第三版）［M］. 北京：机械工业出版社，2012.

[3] 宋士伟 . 超容易的 Linux 操作系统管理入门书［M］. 北京：清华大学出版社，2014.

[4] 张勤，鲜学丰 . Linux 从初学到精通［M］. 北京：电子工业出版社，2011.

[5] 姚越 . Linux 网络管理与配置［M］. 北京：机械工业出版社，2012.

[6] 高俊峰 . 循序渐进 Linux［M］. 北京：人民邮电出版社，2009.

[7]［美］W Richard Stevens. TCP/IP 详解 卷 1：协议［M］. 北京：机械工业出版社，2013.

[8]［美］奈米斯 . Linux 操作系统管理技术手册［M］. 北京：人民邮电出版社，2008.